U0317376

山地城镇建设安全与防灾协同创新专著系列

山地城市排水管网结构安全性评估与预警系统

——以重庆主城排水干管为例

陈朝晖　何　强　著

科 学 出 版 社

北　京

内 容 简 介

本书针对山地城市特有的地形地质条件，全面论述降雨、滑坡、洪水冲击、污水腐蚀等多种管道破坏风险分析理论；结合管道结构力学性能分析理论和方法、结构耐久性分析与检测的研究成果，研究山地城市排水管网系统在多种荷载综合影响下的结构损伤破坏机制与失效模式；结合系统风险分析理论和方法的研究成果，建立山地城市排水管网系统综合风险评估方法与预警理论；介绍适于山地环境的雨量、管道流量、边坡位移、复杂地形条件下土压力以及管道力学效应等城市排水管网结构安全监控技术；论述基于地理信息系统的山地城市排水管网结构安全性监测与管理数字化系统构建原理与方法，并提供示范应用工程——重庆主城排水干管结构安全运行网络化监控与预警示范工程。

本书可作为相关工程设计人员与管理人员的参考书，也可供土木工程、给排水与市政工程等相关专业的高年级本科生与研究生参考。

图书在版编目（CIP）数据

山地城市排水管网结构安全性评估与预警系统：以重庆主城排水干管为例 / 陈朝晖，何强著. —北京：科学出版社，2019.1

（山地城镇建设安全与防灾协同创新专著系列）

ISBN 978-7-03-059709-0

Ⅰ. ①山… Ⅱ. ①陈… ②何… Ⅲ. ①山区城市–排水系统–安全评价–重庆 ②山区城市–排水系统–预警系统–重庆 Ⅳ. ①TU992.03

中国版本图书馆 CIP 数据核字（2018）第 263179 号

责任编辑：韩卫军 / 责任校对：王萌萌
责任印制：罗 科 / 封面设计：墨创文化

科学出版社 出版
北京东黄城根北街 16 号
邮政编码：100717
http://www.sciencep.com
四川煤田地质制图印刷厂印刷
科学出版社发行 各地新华书店经销

*

2019 年 1 月第 一 版 开本：720×1000 B5
2019 年 1 月第一次印刷 印张：14 1/4
字数：290 000

定价：150.00 元

（如有印装质量问题，我社负责调换）

山地城镇建设安全与防灾协同创新专著系列
编委会名单

主　任　周绪红

副主任　张四平　毛志兵　文安邦　王清勤　刘汉龙

委　员（按姓氏笔画排序）

卢　峰　申立银　任　宏　刘贵文　何　强

杜春兰　李正良　李百战　李英民　李和平

吴艳宏　陈宁生　单彩杰　胡学斌　高文生

黄世敏　蒋立红

总　序

中国是一个多山国家，山地面积约为 666 万 km^2，占陆地国土面积的 69%，山地县级行政机构数量约占全国的 2/3，蓄积的人口与耕地分别占全国的 1/3 和 2/5。山地区域是自然、文化资源的巨大宝库，蕴含着丰富的水力、矿产、森林、生物、旅游等自然资源，也因多民族数千年的聚居繁衍而积淀了灿烂多姿的历史遗迹与文化遗产。

然而，受制于山地地形复杂、灾害频发、生态脆弱的地理环境特点，山地城镇建设挑战多、难度大、成本高，导致山地区域城镇化水平低，经济社会发展滞后，存在资源低效开发、人口流失严重、生态环境恶化、文化遗产衰落等众多经济社会问题。截至 2014 年，我国云南、贵州、西藏、甘肃、新疆等省、自治区的山地城镇化率不足 40%，距离《国家新型城镇化规划（2014—2020 年）》提出的常住人口城镇化率达到 60%左右的发展目标仍有很大差距。因此，采用“开发与保护”并重的方式推进山地城镇建设，促进山地城镇可持续发展，对于推动我国经济结构顺利转型、促进经济社会和谐发展、支撑国家“一带一路”倡议具有不可替代的重要意义。

为解决山地区域城镇化建设的重大需求，2012 年 3 月重庆大学联合中国建筑股份有限公司、中国建筑科学研究院、中国科学院水利部成都山地灾害与环境研究所等单位共同成立了“山地城镇建设协同创新中心”，针对山地城镇建设面临的安全与防灾关键问题开展人才培养、科技研发、学科建设等创新工作。经过三年的建设，中心围绕“规划—设计—建造—管理”的建筑产业链，大力整合政府、企业、高校、科研院所的优势资源，在山地城镇建设安全与防灾领域汇聚了一流科研团队，建设了高水平综合性示范基地，取得了有重大影响的科研理论与技术成果。迄今为止，中心已在山地城镇生态规划、山地城镇防灾减灾、山地城镇环境安全、山地城镇绿色建造、山地城镇建设管理五大方向取得了一系列重大科研成果，培养和造就了一批高素质建设人才，有力地支撑了山地城镇的重大工程建设，并着力营造出城镇建设主动依靠科技创新、科技创新更加贴近城镇发展需求的良好氛围。

山地城镇建设安全与防灾协同创新专著系列丛书集中展示了山地城镇建设协同创新中心在山地城镇生态规划与文化遗产保护、山地灾害形成理论与减灾关键技术、山地环境安全理论与可再生能源利用、山地城镇建设管理与可持续发展等领域的最新科研成果，是山地城镇建设领域科技工作者智慧与汗水的结晶。本套丛书的出版，力图服务于山地城镇建设领域科学交流与技术转化，促进该领域高层次的学术传播、科技交流、技术推广与人才培养，努力营造出政产学研高效整合的协同创新氛围，为山地城镇的全面、协调与可持续发展做出新的重大贡献。

中国工程院院士、重庆大学校长

周绪红

2015年12月

前　　言

随着我国城市化进程的加快，城市排水管网系统快速增长，整体规模持续扩大，其科学合理的管理任务日益艰巨。长期以来，我国缺乏有效的管网结构性能状态评估和监测手段，不能及时准确地把握管网运行状况，基于在线数据的管网系统结构性能分析与监测管理模式鲜有应用案例，缺乏全面完整、科学有效的管道结构性能评价数据库，排水管网系统维护随意性与主观性大，难以做到有的放矢。

为此，本书针对山地城市特有的地形地质条件，综合应用统计分析、物理建模、理论分析、数值模拟、系统分析等方法，从建立山地城市排水管道危险工况模型入手，研究管道失效机制与失效模式，确立管道安全性临界状态及其相应参数。结合系统风险分析理论和方法，兼顾理论普遍性与工程实用性，以定量计算与定性分析相结合、技术手段与理论方法相支撑的思想，建立山地城市排水管网系统安全性分析理论与方法，基于地理信息系统（GIS）技术，构建山地城市排水管网结构安全性监测与管理数字化系统的原理与方法，并提供示范应用工程——重庆主城排水干管结构安全运行网络化监控与预警示范工程。

本书共 10 章。第 1 章概述我国当前山地城市排水管网运行总体现状以及实施安全性评价、监测与管理存在的关键技术难题。第 2 章基于历史降雨记录，统计分析山地城市降雨时间变化规律，修正排水管道设计暴雨强度，并对强降雨下重庆主城排水干管实际排放能力进行风险评估。第 3 章建立降雨型滑坡危险性分析与预警理论。第 4 章和第 5 章在研究山地城市埋地管道土压力分布特点与冲沟洪水荷载模型的基础上，建立架空管道和埋地管道结构安全性分析与评价方法。第 6 章介绍管道腐蚀机制及其耐久性检测修复技术。第 7 章为多种荷载工况与破坏模式并存下排水管网系统安全性综合分析理论。第 8 章和第 9 章构建低能耗、高环境适应性、多参数并存、易于维护的山地城市排水管网安全在线监控网络化技术。第 10 章以重庆主城 A 线排水管网结构安全性监控与管理示范工程为例，阐述山地城市排水管网结构安全性监测与管理数字化系统的构建原理及方法。

本书为山地城市排水管网系统安全运行提供监控、预警与管理决策系统的理论及方法，为构建应对多种风险综合影响下的排水管网安全监控预警和维护管理体系、保障山地城市排水系统安全运行、充分发挥污染治理设施效用提供技术支撑。本书所建立的排水管网体系风险分析、监控与预警理论和方法对我国其他长距离输运管网系统的安全评估监控与预警、维护与管理决策提供有益且实用的参考价值。

本书是在作者主持和参与的城市重大基础设施的风险分析、评估与监测、决策的研究成果基础上总结而成的，并得到了国家“十一五”科技支撑项目“三峡库区山地城市排水系统安全运行与预警系统研究与示范”和山地城镇建设与新技术教育部重点实验室（重庆大学）的大力支持。本书其他作者包括范文亮、文海家、黄景华、王桂林、谢强、卿晓霞、金超等，李环禹为本书图表排版等做了大量烦琐的工作，在此一并表示由衷的感谢。

目　　录

第1章 绪　论

城市排水管网系统是保障城市正常运转的重要生命线工程，具有收集城市生活污水与各类工业生产废水、及时排除城区雨水的多重功能，是保障城市公共卫生安全、控制水体污染和排洪防涝的基础工程。排水管网一旦发生管道破损、开裂、变形或倾覆，将对人们的生产生活造成巨大影响，对环境造成极大污染。

目前我国绝大多数城市存在排水管网系统布线复杂、老化现象普遍且严重、使用状况良莠不齐的现状。城市排水管网的管理水平较低、排水管网设施的老化和排水管网连接关系的复杂化，导致排水管网坍塌、污水溢流、城市内涝等问题日益突出；管道耐久性损伤、市政施工、有害气体爆炸或其他人为因素导致管网结构安全性下降。而对于山地城市，城市管网系统的正常运营还受强降雨及其诱发的地质灾害、洪水荷载等自然灾害的威胁，管道的排放能力以及设计内压承载力在强降雨下面临严峻考验（图 1.1 和图 1.2）。

图 1.1　山地城市降雨导致的地质灾害

随着城市发展速度的加快，城市区域的不透水地表比例加大，从而破坏了原有的自然降雨径流过程，导致地表径流量增大，如果不及时排除，不仅会给城市居民生活和城市工业生产带来不便，而且可能引发洪涝灾害，导致严重后果。我国现有城市排水系统设计排放能力依据的是暴雨强度公式，推导的数据区间大多不满足规定的最低十年样本数据的要求，而且基础资料陈旧，与近年来强降雨普遍加剧的趋势不吻合。近年来，我国许多大中城市经常发生由于降雨造成的城市

图 1.2 洪水对管道的威胁

内涝现象，对社会秩序、城市功能、环境与资源等造成了不同程度的破坏[1-3]。因此，如何科学有效地管理维护错综复杂的排水管网，已经成为城市管理者面临的难题之一。

随着我国城市化进程的加快，城市排水管网系统快速增长，整体规模持续扩大，排水管网管理的难度也越来越大。长期以来，我国排水管网系统管理中存在的问题主要包括以下六个方面[4]：

（1）管理法规和相关技术标准不完善，缺乏完善可靠的排水管网数字化管理技术规范，各个城市排水管网数字化管理水平和技术标准差异较大；

（2）大部分城市排水管网数据资料管理方式分散、不系统，数据存储方式多样，部分城市“重建设轻管理”，造成排水管网数据不完整、不准确，对排水管网资产状况掌握不全面；

（3）现有分散和不系统的管理模式以及低效的查询分析方法，难以体现管网的复杂网络特征和上下游关系，使分析决策水平还停留在主观判断和简单推理的层面；

（4）排水管网的调度控制分析、布局优化分析和应急事故分析缺乏科学依据，流域级别的综合管理模式无法实现，在应对城市防汛抢险等危机事件过程中，现有的管理调度手段略显乏力；

（5）缺乏全面完整、科学有效的管道养护数据库，难以制订高效的管道养护计划，排水管网及排水设施的管理养护随意性与主观性大，养护效果也较难评估；

（6）缺乏有效的管网结构性能状态评估和运行监测手段，不能及时准确地掌握管网运行状况的变化，基于在线数据的全管网系统分析和动态模拟管理模式少有应用案例。

而对管网结构运行工况的全面把握、管道结构性能的科学分析、管道运行安全性的合理评价、评价参数的选取以及评价标准的制定是解决上述问题的基础与关键。因此，只有从影响城市排水管网结构性能的主要外因入手，确立荷载工况的物理模型，分析管网结构性能，把握管道失效机制与表征其运行状态的关键参数，建立科学合理可行的评价方法与指标体系，才能有的放矢地实施城市排水管网结构安全运行的监测与管理。

降雨是城市排水管网系统安全运营面临的主要危险之一，也是其他管网危险工况的重要诱因之一，因此应从降雨入手进行排水管网荷载工况的研究。降雨具有典型的区域性和时间性，各地区极值降雨规律以及降雨的年度分布规律均有所不同，表现出空间与时间的不均匀性。近年来，随着全球气候变化，部分城市的降雨呈现频度高、强度大的趋势。因此，为合理评估降雨对城市排水管道排放能力与设计内压承载能力的影响，需对我国城市降雨规律进行统计分析，并在此基础上对相应城市的现行设计暴雨强度公式予以合理修正。

与平原城市不同，山地城市排水管道多分布于斜坡地段，受滑坡、基础不均匀沉降、土压不均匀、冲沟洪水冲击等威胁。而降雨是诱发滑坡、洪水等灾害的主要因素。大量降雨型滑坡案例分析与理论研究表明，降雨型滑坡的时空分布受降雨区域、降雨时间与降雨强度的影响显著。雨量越大的地区滑坡越发育，且滑坡剧烈活动的时间与降雨时间基本吻合或略滞后[5-7]。目前，对于滑坡和降雨主要采用针对滑坡案例的统计研究，通常从降雨历时、降雨量、降雨强度及降雨形式等方面着手，一般只适用于本区域或类似的地区，对地质条件与降雨的耦合机制定量研究尚不成熟，成果的应用范围存在一定局限性。而对滑坡灾害预报预警的研究也大多局限于根据降雨情况预测灾害可能发生的区域，未将滑坡风险区划成果与所预报区域的城市基础设施的风险评价相结合，导致在制定减灾防灾预案时缺乏针对性。

城市排水管道大多埋于地下，直接与间接土压力是其主要外部荷载，由于受管-土相互作用、管道与回填土之间的摩擦、基础刚度不均匀等影响，管道横截面土压力存在偏压；实际工程中，回填施工质量、基础不均匀沉降等还导致管道纵向基础刚度的非均匀性，使设计所采用的连续支撑 Winkler 弹性地基梁理论不适于实际管道结构承载力与安全性评估。山地城市埋地管道往往经过大量斜坡地段，管道本身存在大量地质偏压段，其土压力分布情况较平原地带更为复杂多变。而目前我国管道结构设计规范采用的土压力分布形式，未考虑斜坡地形、管-土相对刚度等对管道周围土压力的影响，而这个不合理的土压力分布形式会导致对服役期埋地管道受力性能与安全性评价的误判。

架空管道是山地城市排水管道跨越冲沟惯用的结构形式，也称为“过水桥梁”。强降雨致山洪对跨越结构的破坏受到世界各国的普遍关注，但目前研究多集中于洪水波浪荷载对桥梁的作用，对山地城市排水架空管道洪水作用的研究并不多见。架空排水管道不同于桥梁，前者无通航要求，设计净高较小，而山地冲沟一般较狭窄、坡度陡，在强降雨下，冲沟极易汇水成山洪，淹没或冲击架空管道。管道在冲沟洪水的侧向冲击力与竖向上浮力共同作用下，存在整体倾覆或移位的风险，对冲沟洪水荷载特性的研究是山地城市架空管道的力学性能分析与安全性评估的重要依据。

以架设支撑方式区分，山地城市排水管道可分为埋地管道与架空管道两大类，根据地形地质条件、管道材料、排水系统的等级要求、管道截面形状与几何尺寸等因素，各类管道又有具体差别，同一类型管道在不同荷载工况下以及不同类型管道在相同荷载工况下，其力学性能不同。因此，排水管道结构安全性评估需针对管道类型及其使用过程中的典型工况加以区别，不能以一概全。应在土压力分布、洪水荷载分布、强降雨下流量超载、滑坡风险等多种工况与使用条件下，有针对性地研究相应管道的受力变形特点、失效机制与失效模式，提取管道结构安全运行临界状态的关键参数，从而确定评定标准与检测、监测方法。

我国城市现有排水管道部分修建于20世纪50年代左右，多采用钢筋混凝土管道，距今已超过50年的使用寿命。它们在污水长年累月的磨蚀和腐蚀以及其他外界因素的作用下，容易受到破损而引起污水泄漏（图1.3），造成环境污染，严重影响人们的身体健康、工业生产和城市发展。而污水管道多埋于地下，破损不易发现。近年来，我国经济的飞速发展，对环境保护的要求也相应提高，全国各大城市原有的地下污水管网已远远满足不了现在的要求，城市污水管网新、扩建速度快、规模大。因此，城市排水管道的污水腐蚀机理研究，对有效制定现有老化管道维护维修措施、保障新建管道的使用功能与使用寿命，并以此制定相应检测、监测方法十分迫切和必要。

图1.3　受生活污水腐蚀的钢筋混凝土管道

山地城市排水管道运行工况复杂多样，管道结构安全性受多种自然或人为因素影响，对其进行合理的结构安全性评估、对管网运行参数实施有效监测与检测、对在线监测数据进行合理分析与应用、构建高效的管理与预警系统是保障山地城市排水管网安全运营的有力手段。

山地城市排水管网的管道类型与管道数量多样、分布范围广、管道所处环境的地形地质条件复杂，多种荷载工况并存且具有耦合效应。管道内部水利和水质条件复杂，监测内容综合性强，而潮湿多雨的环境不利于常规室外监测设备的长期稳定运行，监测设备的能源供应较高，施工难度和风险大。因此，山地城市排水管道结构安全性在线监测、管理与预警系统的构建还应充分考虑监测参数的针对性与可测性，监测对象的典型性与集中性，设备安装的可行性、低能耗与易维护性，以及管理与预警系统的可视化、实时性与有效性。

综上所述，山地城市排水管网所处地形地质条件复杂，地势起伏大，降雨密集，崩塌、滑坡等地质灾害时有发生，威胁着管道的安全，与边坡位移监测技术相结合的降雨滑坡气象预报预警技术是预防和减轻滑坡等地质灾害的有力手段；强降雨导致山洪对跨越结构的破坏已引起了世界各国的普遍关注，但研究多集中于洪水荷载对桥梁的作用，缺乏对山地城市跨越冲沟的管网破坏风险的研究；城市污水、环境腐蚀介质等导致管道材料的腐蚀破坏，对管道结构性能影响程度的评定目前也缺乏全面合理的理论依据和适用方法；频发的强降雨导致管道排放能力超载，而市政工程改造会造成管道土压超载，工程施工不当等也对管道的安全运营造成威胁（图 1.4）。为实现山地城市排水系统的高效安全运行，有效减少城市污水管网泄漏造成的环境污染，对山地城市排水管网系统结构安全性分析、监测和预警的研究及应用迫在眉睫。

图 1.4　市政施工对管道的潜在威胁

因此，本书总结国家“十一五”科技支撑项目“三峡库区山地城市排水系统安全运行与预警系统研究与示范”的研究成果，针对山地城市特有的地形地质条件，全面论述降雨、滑坡、洪水冲击、污水腐蚀等多种管道破坏风险分析理论；结合管道结构力学性能分析理论和方法、结构耐久性分析与检测的最新研究成果，研究山地城市排水管网系统在多种荷载综合影响下的结构损伤破坏机制与失效模式；结合系统风险分析理论和方法，建立山地城市排水管网系统综合风险评估方法与预警理论；介绍适合山地环境的雨量、管道流量、边坡位移、复杂地形条件下土压力以及管道力学效应等城市排水管网结构安全监控技术；论述基于GIS技术的山地城市排水管网结构安全性监测与管理数字化系统构建原理与方法，并提供示范应用工程——重庆主城排水干管结构安全运行网络化监控与预警示范工程。

参考文献

[1] 司国良，黄翔. 沿江城市内涝灾害的反思与对策[J]. 中国水利，2009，(19)：39-40.

[2] 张悦. 关于城市暴雨内涝灾害的若干问题和对策[J]. 中国给水排水，2010，26（16）：41-42.

[3] 朱思诚，任希岩. 关于城市内涝问题的思考[J]. 行政管理改革，2011，(11)：62-66.

[4] 陈吉宁，赵冬泉. 城市排水管网数字化管理理论与应用[M]. 北京：中国建筑工业出版社，2010.

[5] 秦文涛. 降雨特性对非饱和土边坡稳定可靠性的影响研究[D]. 重庆：重庆大学，2015.

[6] 林鸿州，于玉贞，李广信，等. 降雨特性对土质边坡失稳的影响[J]. 岩石力学与工程学报，2009，28（1）：198-204.

[7] 吴仁铣. 降雨诱发的滑坡作用机制研究[D]. 长沙：中南大学，2013.

第2章　山地城市降雨规律与排水管道设计暴雨强度

重庆市处于我国西部高山、高原与东部平原区的过渡地带，属于低山、丘陵区，当地气候除受地形复杂等因素的影响外，还受亚热带季风环流和低空冷气流的制约，多暴雨天气。长江和嘉陵江是重庆城区最重要的河流，既是重庆市生活饮用水、工业用水的主要水源，也是生活污水、工业废水和地表径流雨水的收纳水体。生活污水、工业废水以及雨水的收集与排除方式称为排水系统的体制，一般分为分流制和合流制。主城排水工程是按分流制设计的，但由于大部分现有排水管道（三级管网）分流制改造尚未完成，仍为合流制，所以现阶段主城排水工程仍属于合流制排水体制。

滑坡、管道流量过大形成的内压超载以及洪水冲击等均会对山地城市排水管道的结构安全造成威胁，而这类灾害的发生均与强降雨有关。因此，本章以重庆地区降雨历史数据为依据，从以下三方面论述强降雨的统计分析方法及其变化规律：区域不同周期最大日降雨量统计分析、针对边坡稳定性的有效降雨量统计分析以及排水干管设计暴雨强度公式修正。

2.1　极值分析方法概述

工程结构在设计、建造及使用期间，常常遭受自然及人为因素造成的灾害，导致结构破坏，因此需通过对灾害性事件极值情况的统计分析，预测结构破坏风险，制定相应对策。例如，高层建筑或构筑物设计时，需考虑强风的影响及一定时期内可能出现的最大风速；水库建设中，需考虑流域内的降水量和暴雨出现的情况，估计今后若干年内可能出现的大暴雨和最大降水量。这类问题就是统计学的极值问题。从概率意义来说，极值表示随机变量或随机场的极端变异性；从集合意义来说，极值是指数据集合中的最小值或最大值。

统计学中，极值统计是针对所观测到的样本极值建立相应的概率模型。进行极值统计的观测对象具备以下条件：①观测对象为随机变量或随机场量；②这个随机变量的底分布应保持不变，或者如果有任何变化，可以经数据变换减少这种变化带来的影响；③观测到的极值相互独立，否则需对模型进行相应的修正[1]。

设从某个随机变量 X 的总体中取出 N 个样本，并从中挑选出最大值。这样取样 n 次，可得 $N\times n$ 个样本，即

$$x_{11},x_{21},\cdots,x_{N1}\rightarrow \text{最大值 } x_1 \text{（第 1 次抽样）}$$

$$x_{12},x_{22},\cdots,x_{N2} \to \text{最大值}\ x_2 \text{（第 2 次抽样）}$$

$$\vdots \qquad\qquad \vdots$$

$$x_{1n},x_{2n},\cdots,x_{Nn} \to \text{最大值}\ x_n \text{（第}\ n\ \text{次抽样）}$$

将上述取样中的最大值 $x_1, x_2, \cdots, x_n$ 按从小到大的顺序排列，可得

$$x_1^* \leqslant x_2^* \leqslant \cdots \leqslant x_m^* \leqslant \cdots \leqslant x_n^*,\quad 1 \leqslant m \leqslant n$$

若以 $F_n^*(x) = P^*(X < x)$ 表示极值 X 的观测值小于数 x 的频率，则函数

$$F_n^*(x) = \begin{cases} 0, & x \leqslant x_1^* \\ \dfrac{m}{n}, & x_m^* < x \leqslant x_{m+1}^* \\ 1, & x > x_n^* \end{cases} \tag{2.1}$$

为 $x_1, x_2, \cdots, x_n$ 的经验分布函数[2]。由伯努利大数定律可知，当 $n \to \infty$时，经验分布函数 $F_n^*(x)$ 趋于 X 的极值的理论分布函数 $F(x)$。因此，只要样本容量足够大，就可以利用经验分布近似估计 X 的极值总体的概率分布。

极值分析中，应用较多的经验分布有皮尔逊-III型（P-III）分布，水文气象上常用其拟合风速极值和降雨量极值。P-III分布的概率密度函数（probability density function，PDF）和累计分布函数（cumulative distribution function，CDF）分别为

$$f(x) = \frac{\beta^\gamma}{\Gamma(\gamma)}(x-\alpha)^{\gamma-1}\exp[-\beta(x-\alpha)] \tag{2.2}$$

$$F(x) = \int_\alpha^x \frac{\beta^\gamma}{\Gamma(\gamma)}(t-\alpha)^{\gamma-1}\exp[-\beta(t-\alpha)]\,\mathrm{d}t \tag{2.3}$$

式中，$\Gamma(\gamma)$为伽马函数；α 为位置参数；$\beta>0$ 为尺度参数；$\gamma>0$ 为形状参数。

极值分布的理论形式则可由 Fisher-Tippett 的极值类型定理得到，它说明了极值分布的收敛特性。设 $X_1, X_2, \cdots, X_n$ 是相互独立且同分布的随机变量，其分布函数为 $F(x)$（称为底分布），对于自然数 n，令

$$M_n = \max\{X_1, X_2, \cdots, X_n\},\quad m_n = \min\{X_1, X_2, \cdots, X_n\} \tag{2.4}$$

分别表示 n 个随机变量的最大值与最小值，则

$$\Pr(M_n \leqslant x) = \Pr(X_1 \leqslant x, X_2 \leqslant x, \cdots, X_n \leqslant x) = F^n(x),\quad x \in \mathbf{R} \tag{2.5}$$

$$\Pr(m_n \leqslant x) = 1 - \Pr(m_n \geqslant x) = 1 - [1 - F(x)]^n,\quad x \in \mathbf{R} \tag{2.6}$$

式中，**R** 表示实数集。若已知分布函数 $F(x)$，就可以根据式(2.5)和式(2.6)求出最大值和最小值的分布形式。

进一步，若存在常数列 $\{a_n > 0\}$ 和 $\{b_n\}$，使得

$$\lim_{n\to\infty}\Pr\left(\frac{M_n-b_n}{a_n}\leqslant x\right)=H(x),\quad x\in\mathbf{R} \tag{2.7}$$

成立，其中 $H(x)$是非退化的分布函数，那么 $H(x)$必属于下列三种类型之一。

极值 I 型分布：

$$H_1(x)=\exp(-\mathrm{e}^{-x}),\quad -\infty<x<+\infty \tag{2.8}$$

极值 II 型分布：

$$H_2(x;\alpha)=\begin{cases}0, & x\leqslant 0\\ \exp(-x^{-\alpha}), & x>0,\alpha>0\end{cases} \tag{2.9}$$

极值III型分布：

$$H_3(x;\alpha)=\begin{cases}\exp[-(-x)^{\alpha}], & x\leqslant 0,\alpha>0\\ 1, & x>0\end{cases} \tag{2.10}$$

式中，极值I型分布、极值II型分布和极值III型分布又分别称为 Gumbel 分布、Fréchet 分布和 Weibull 分布。当 $\alpha=1$ 时，$H_2(x;1)$、$H_3(x;1)$分别称为标准 Fréchet 分布与标准 Weibull 分布。

上述三种极值分布的概率密度函数分别如下。

极值 I 型分布：

$$h_1(x)=\mathrm{e}^{-x}H_1(x)\quad,\quad -\infty<x<+\infty \tag{2.11}$$

极值 II 型分布：

$$h_2(x;\alpha)=\alpha x^{-(1+\alpha)}H_2(x;\alpha),\quad x>0 \tag{2.12}$$

极值III型分布：

$$h_3(x;\alpha)=\alpha(-x)^{\alpha-1}H_3(x;\alpha),\quad x\leqslant 0 \tag{2.13}$$

三种极值分布的概率密度函数如图 2.1 所示。

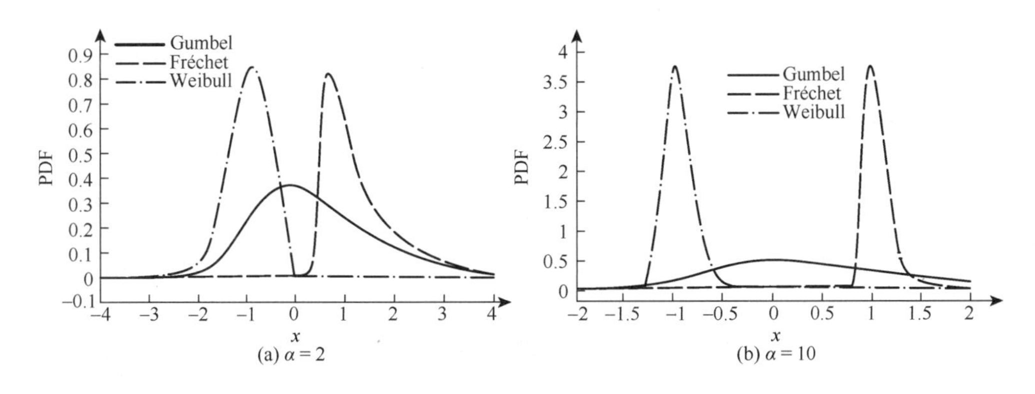

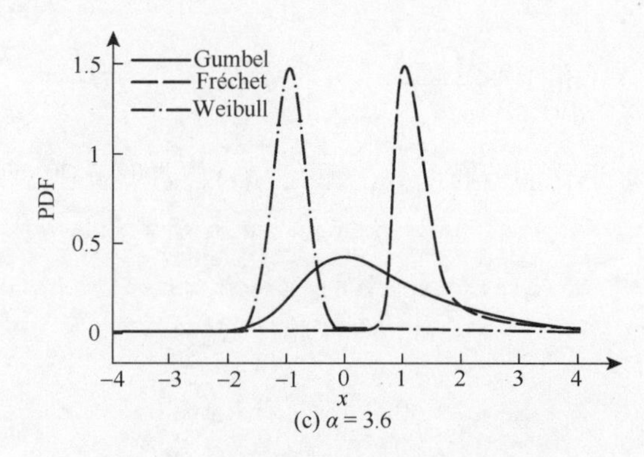

图 2.1　三种极值分布的概率密度函数

上述三种极值分布可用广义极值（generalized extreme value，GEV）分布统一表示为[3, 4]

$$H(x;\mu,\sigma,\xi)=\exp\left\{-\left(1+\xi\frac{x-\mu}{\sigma}\right)^{-1/\xi}\right\},\quad 1+\xi(x-\mu)/\sigma>0 \qquad (2.14)$$

式中，μ 为位置参数；$\sigma>0$ 为尺度参数；ξ 为形状参数。当 $\xi\to 0$ 时，为极值 I 型分布；当 $\xi>0$ 时，为极值 II 型分布；当 $\xi<0$ 时，为极值III型分布。

广义极值分布的概率密度函数为

$$h(x;\mu,\sigma,\xi)=\frac{1}{\sigma}H(x;\mu,\sigma,\xi)\left(1+\xi\frac{x-\mu}{\sigma}\right)^{-(1/\xi+1)},\quad 1+\xi(x-\mu)/\sigma>0 \qquad (2.15)$$

以上经典的极值分布模型是建立在时段最大值取样方法上的，通常只考虑每组数据的最大值或最小值，不能充分利用数据中包含的极值信息，造成数据的较大浪费。因此，Pickands[5]提出了广义 Pareto 分布（generalized Pareto distribution，GPD），GPD 可以处理超过某一阈值的极值分布的概率问题。若 $X_1, X_2, \cdots, X_n$ 为取自母体概率分布 $F(x)$的子样，设定足够大的阈值 u，使超过阈值 u 的次数服从泊松分布，则$\{X_i \mid X_i>u\}$的渐进分布为 GPD。GPD 被广泛应用于极值分析、可靠性研究及金融风险管理等领域[6-9]。

GPD 的累计分布函数与概率密度函数分别为

$$\begin{cases} G(x)=1-\left(1+\xi\dfrac{x-\mu}{\sigma}\right)^{-1/\xi} \\ g(x;\mu,\sigma,\xi)=\dfrac{1}{\sigma}\left(1+\xi\dfrac{x-\mu}{\sigma}\right)^{-1/\xi-1}, \end{cases} \quad x\geqslant\mu, 1+\xi(x-\mu)/\sigma>0 \qquad (2.16)$$

与经典极值模型相比，阈值模型可以充分利用包含在数据中的信息，而阈值 u 选取合适与否，关系到极值理论应用的成败。若选取的阈值过高，会使绝大部分数据都处在阈值以下，造成信息浪费，而且数据太少，统计结论不够稳定；而阈

值 u 过低，又不符合极值模型的理论要求。因此，实际应用中，需要在统计样本容量与阈值大小之间寻求平衡，既充分利用数据信息，又能保持模型的合理性。

2.2　降雨量统计分析

2.2.1　重庆市最大日降雨量统计分析

根据重庆市 1951～2008 年共 58 年的降雨数据，分析每月最大日降雨量、每季度最大日降雨量以及每年最大日降雨量的概率密度函数（PDF）和累计分布函数（CDF），分别如图 2.2～图 2.4 所示，其中，图 2.2(a)、图 2.3(a)和图 2.4(a)给出了基于降雨历史记录的等间距频数直方图，区间大小取标准差的 40%[10]。由频数直方图可见，最大日降雨量的概率结构与常用概率密度函数有显著差异，主要体现在概率密度函数的多峰特性：每月最大日降雨量与每年最大日降雨量均具有一

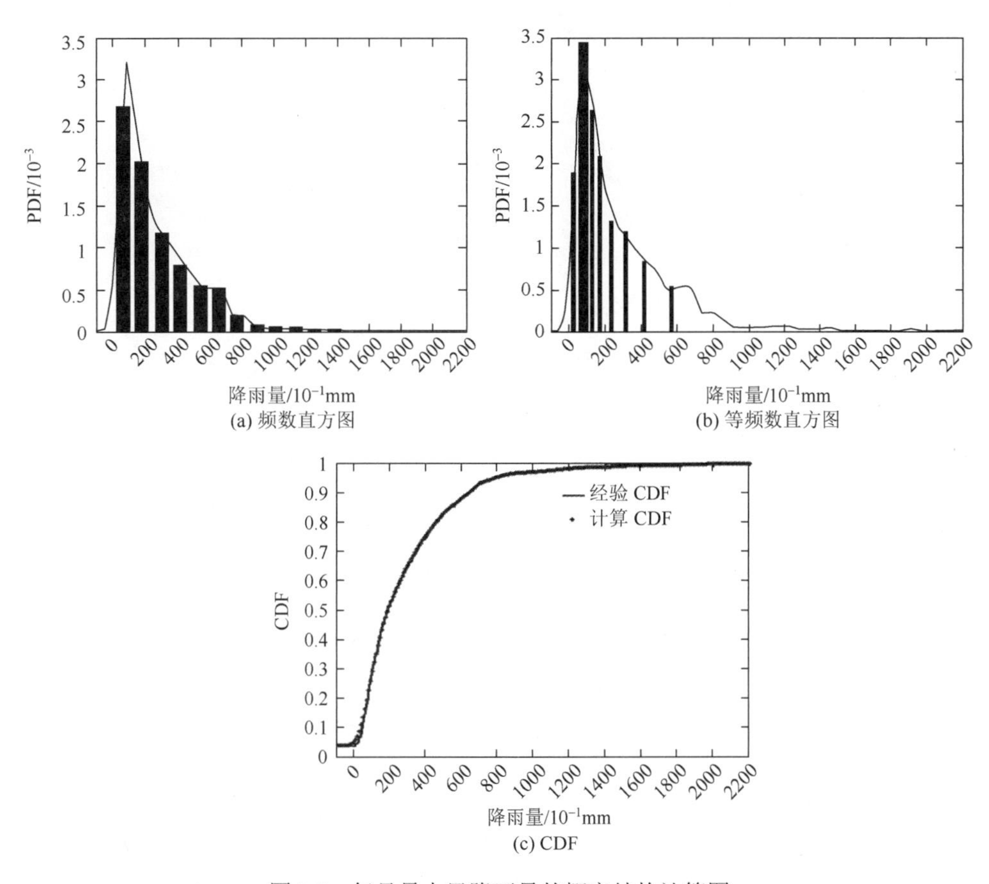

图 2.2　每月最大日降雨量的概率结构计算图

个异常明显的主峰，而每季度最大日降雨量包含两个主峰。此外，表 2.1 给出了前两阶矩统计参数，结果显示，每月最大日降雨量、每季度最大日降雨量和每年最大日降雨量的均值呈递增趋势，而变异系数呈下降趋势。

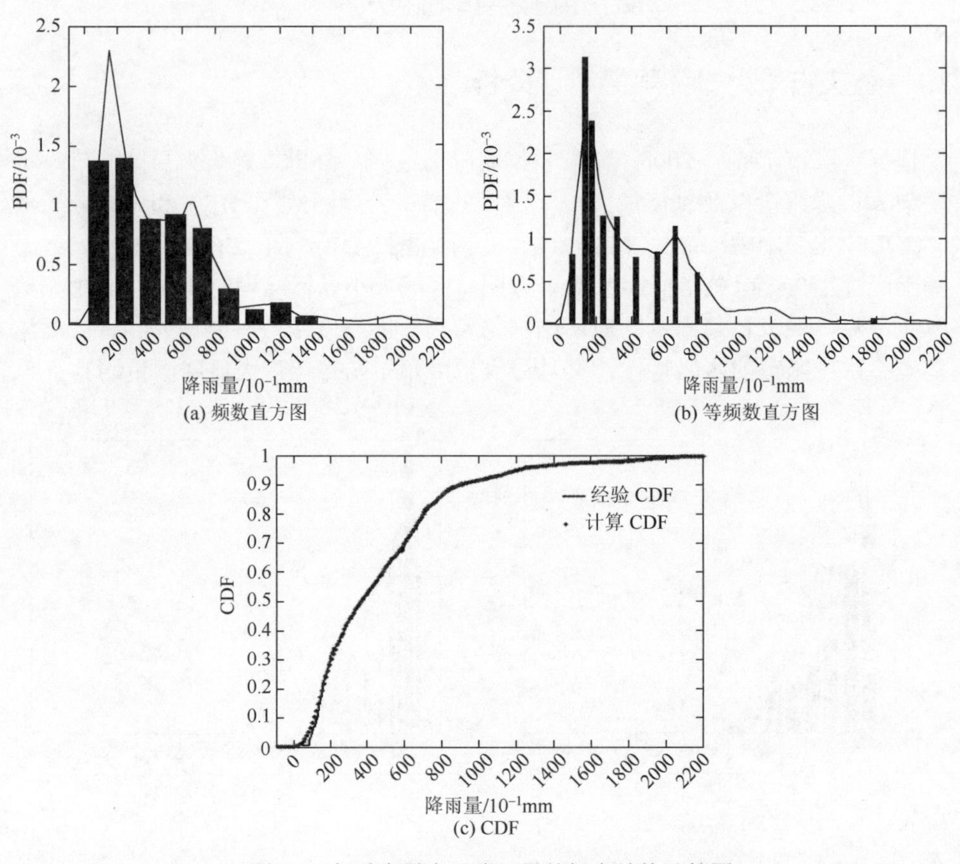

(a) 频数直方图

(b) 等频数直方图

(c) CDF

图 2.3　每季度最大日降雨量的概率结构计算图

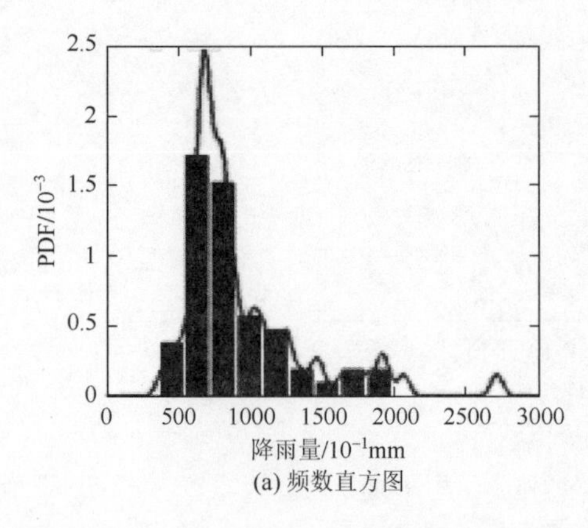

(a) 频数直方图

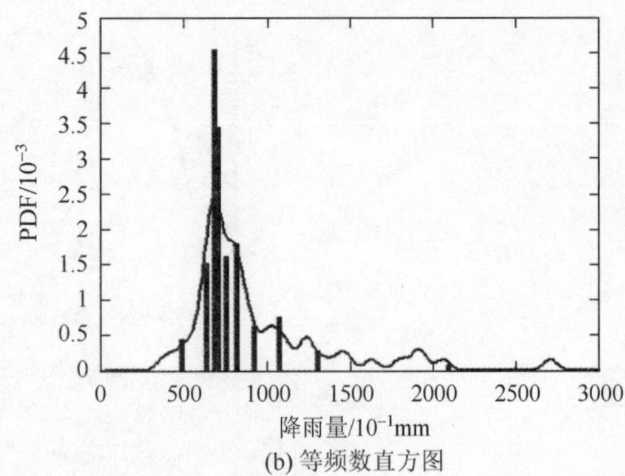

(b) 等频数直方图

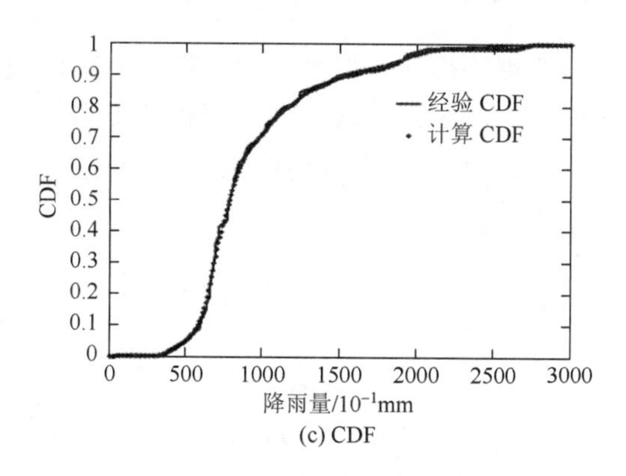

(c) CDF

图 2.4　每年最大日降雨量的概率结构计算图

表 2.1　最大日降雨量统计参数

项目	每月	每季度	每年
均值/10^{-1}mm	296.96	476.04	947.34
变异系数	1.01	0.84	0.47

采用等间距的频数直方图很难获得此区域内的准确估计，甚至在定性分析上也存在偏差。以每月最大日降雨量为例，其中值点应该位于大于零的某一区段内，过大的日降雨量和过小的日降雨量出现的概率均应较小，表现在概率密度函数上应该具有明显的上升段和下降段；但图 2.2(a)的直方图给出了随日降雨量增大概率密度函数递减的规律，其原因是中值点位于直方图的第一区间内，掩盖了此区间内概率密度函数变化的真实规律。因此，引入不等间距的频数直方图——等频数直方图，如图 2.2(b)、图 2.3(b)和图 2.4(b)所示，其中，将等频数直方图分为十个概率区间。

因此，应用概率密度演化理论建立月、季度和年的最大日降雨量概率密度函数以及实用概率模型。概率密度演化理论是适用于一般随机动力系统随机响应的概率密度函数随时间演化分析的一种普适且高效的理论。该理论针对动力系统的解析解，基于概率守恒原理，导出随机响应的概率密度函数随时间演化的偏微分方程，其维数仅取决于所考察目标的维数，而与结构的自由度数无关[11-13]，这是因为动力系统的形式解不仅适用于动力系统，而且适用于一般的时变过程。若引入虚拟随机过程技巧，则可将一般的随机变量转变为虚拟时变过程的一个特定的截口。因此，在利用概率密度演化理论获取虚拟时变过程的概率密度演化过程中，可以方便地得到目标随机变量的概率密度函数[14, 15]。此外，基于概率密度演化理论的静力系统概率密度变换解则是获得目标随机变量的概率密度函数的另一途径[16]。

参照物理学中守恒原理的描述，概率守恒原理可以阐述为：在保守的随机系统中，系统的概率守恒[11]。基于此原理，对于随机动力系统，有

$$X = H(X_0, \widetilde{\Theta}, t) = H(\Theta, t) \tag{2.17}$$

可导出广义密度演化方程为

$$\frac{\partial p_{X\Theta}(x,\theta,t)}{\partial t} + \dot{H}(\theta,t)\frac{\partial p_{X\Theta}(x,\theta,t)}{\partial x} = 0 \tag{2.18}$$

$$p_{X\Theta}(x,\theta,t_0) = \delta(x - x_0)\, p_{\Theta}(\theta) \tag{2.19}$$

式中，X 为系统响应量；X_0 为初始条件；$\widetilde{\Theta}$ 为由除初始条件以外的随机变量构成的向量；$\Theta = (X_0, \widetilde{\Theta})$ 为系统所有随机变量构成的向量；$X = H(\Theta, t)$ 为 X 的物理解；$p_{X\Theta}(x,\theta,t)$ 为 X 和 Θ 的联合概率密度函数；$p_{\Theta}(\theta)$ 为 Θ 的联合概率密度函数；$\delta(\cdot)$ 为 Dirac 函数。在获得 $p_{X\Theta}(x,\theta,t)$ 的基础上，利用全概率公式可以方便地获得 $X(t)$ 的概率密度函数为

$$p_X(x,t) = \int_{\Omega_\Theta} p_{X\Theta}(x,\theta,t)\mathrm{d}\theta \tag{2.20}$$

利用静力系统概率密度变换解及其 δ 序列逼近算法，针对重庆市 1951～2008 年的降雨资料，计算出每月最大日降雨量、每季度最大日降雨量以及每年最大日降雨量的概率密度函数（PDF）和累计分布函数（CDF），如图 2.5～图 2.7 所示。不难看出：除尖峰处数值有所差异外，两者吻合较好且不与常识相违背。

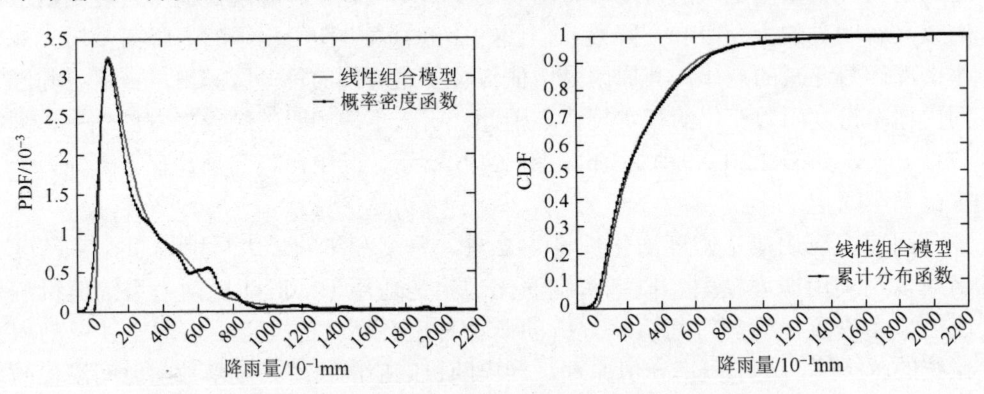

图 2.5　每月最大日降雨量的线性组合模型与概率结构计算值的比较

进一步，由于常用概率模型不能合理描述最大日降雨量概率密度函数的多峰分布特性，建立与每月最大日降雨量、每季度最大日降雨量和每年最大日降雨量对应的线性组合模型，即

$$p(x) = \sum_{i=1}^{n} a_i p_i(x), \quad \sum_{i=1}^{n} a_i = 1 \tag{2.21}$$

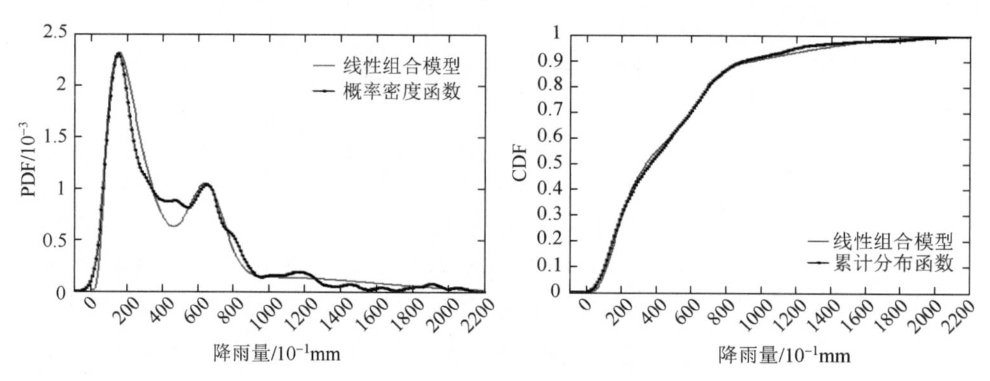

图 2.6　每季度最大日降雨量的线性组合模型与概率结构计算值的比较

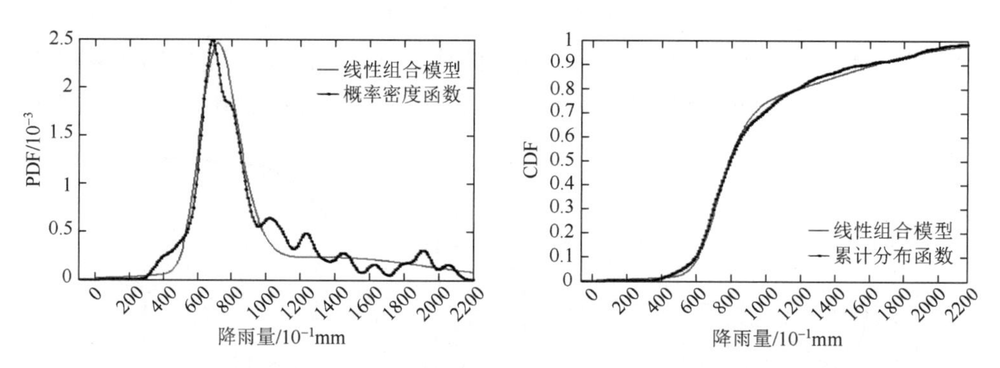

图 2.7　每年最大日降雨量的线性组合模型与概率结构计算值的比较

式中，$p_i(x)$ 为常用的概率密度函数；a_i 为组合系数。具体为

$$p(x)=0.93\times\frac{1}{0.88x\sqrt{2\pi}}\exp\left[\frac{-(\ln x-5.25)^2}{2\times0.88^2}\right]+0.07\times\frac{1}{100\sqrt{2\pi}}\exp\left[\frac{-(x-500)^2}{2\times100^2}\right]$$

（每月最大日降雨量）　　(2.22)

$$p(x)=\frac{0.64}{0.6x\sqrt{2\pi}}\exp\left[\frac{-(\ln x-5.4)^2}{2\times0.6^2}\right]+\frac{0.21}{100\sqrt{2\pi}}\exp\left[\frac{-(x-650)^2}{2\times100^2}\right]+\frac{0.15}{500\sqrt{2\pi}}\exp\left[\frac{-(x-1140)^2}{2\times500^2}\right]$$

（每季度最大日降雨量）　　(2.23)

$$p(x)=0.68\times\frac{1}{0.16x\sqrt{2\pi}}\exp\left[\frac{-(\ln x-6.6)^2}{2\times 0.16^2}\right]+0.32\times\frac{1}{560\sqrt{2\pi}}\exp\left[\frac{-(x-1378)^2}{2\times 560^2}\right]$$

（每年最大日降雨量）　　(2.24)

上述线性组合模型分别与概率密度函数和累计分布函数的计算值比较见图 2.5～图 2.7。显然，线性组合模型较常用概率模型更接近真实概率结构。

将几种常用概率模型［包括正态（Normal）分布、对数正态（Log Normal）分布、Gumbel Ⅰ分布、指数（Exponential）分布、伽马（Gamma）分布和瑞利（Rayleigh）分布］的概率密度函数、累计分布函数与基于概率密度演化理论建立的组合概率密度函数和组合累计分布函数的计算结果相比较，如图 2.8～图 2.10 所示。可见：对于概率密度函数形状相对较为简单的每月最大日降雨量，对数正

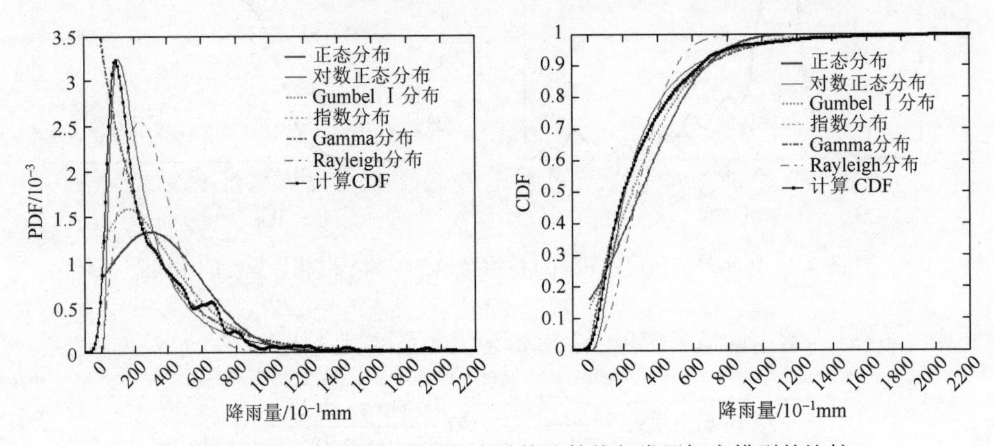

图 2.8　每月最大日降雨量的概率结构计算值与常用概率模型的比较

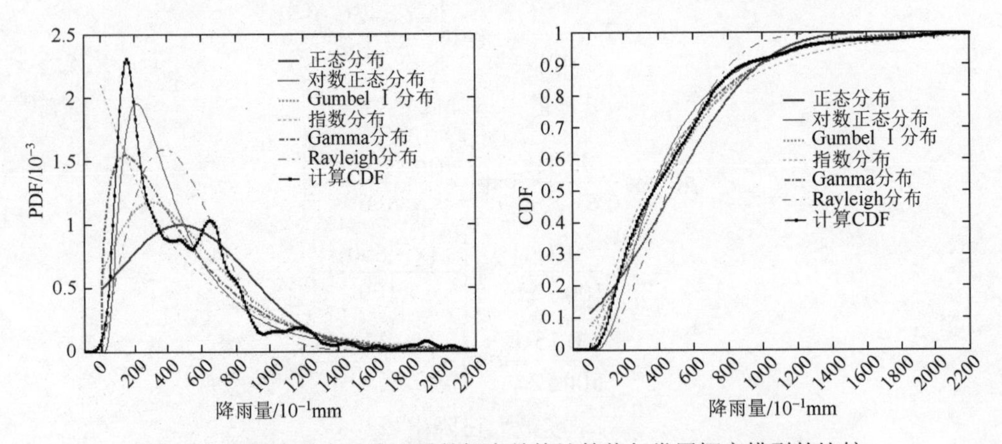

图 2.9　每季度最大日降雨量的概率结构计算值与常用概率模型的比较

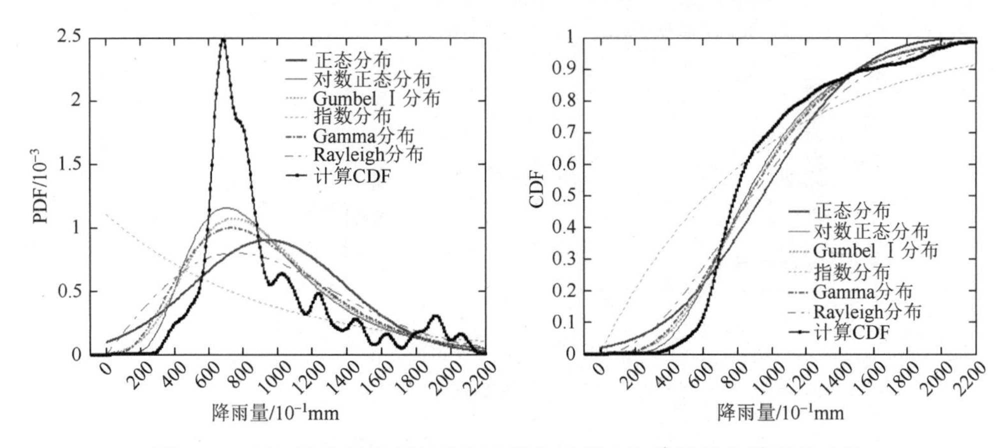

图 2.10　每年最大日降雨量的概率结构计算值与常用概率模型的比较

态分布是一个较好的近似，而对于每季度最大日降雨量和每年最大日降雨量，常用的概率模型均与之有显著差异。

2.2.2　针对降雨型滑坡的有效降雨量统计分析

研究表明，山地城市降雨型滑坡不仅与评估当日降雨量有关，还与评估当日前 n 天（根据滑坡案例分析，一般为 10 天）累计降雨量有关（详见第 3 章）。因此，为预测及评估降雨型滑坡风险，还需根据降雨历史记录进行日降雨量和 n 天累计降雨量的联合概率分布分析。

以重庆市降雨历史记录为例，根据 1980～2009 年共 30 年的小时降雨数据、2003～2009 年的分钟降雨数据，获得了雨季日降雨量和 10 天累计降雨量的联合观测记录，共计 10818 条。根据气象学中的降雨等级将日降雨量转化为离散型随机变量，即小雨（$R_1 \in [0, 10)$mm）、中雨（$R_1 \in [10, 25)$mm）、大雨（$R_1 \in [25, 50)$mm）和暴雨（$R_1 \in [50, \infty)$mm）。考虑到降雨量为小雨且累计降雨量较小时滑坡概率几乎为零，对日降雨等级为小雨时仅考虑了累计降雨量超过 20mm 的记录。

利用条件概率密度变换解的 Dirac δ 逼近，对不同日降雨条件下累计降雨量的概率密度函数进行分析，结果如图 2.11～图 2.14 所示。与频数直方图和经验累计分布函数的对比，有效地验证了概率密度函数计算值的合理性。

综合比较图 2.11～图 2.14 可知，随着日降雨等级的提升，相应的累计降雨量的概率密度函数的不规则性逐渐增强，其中以日降雨量为暴雨时尤为显著，这与日降雨等级为暴雨的样本数量较少有关。

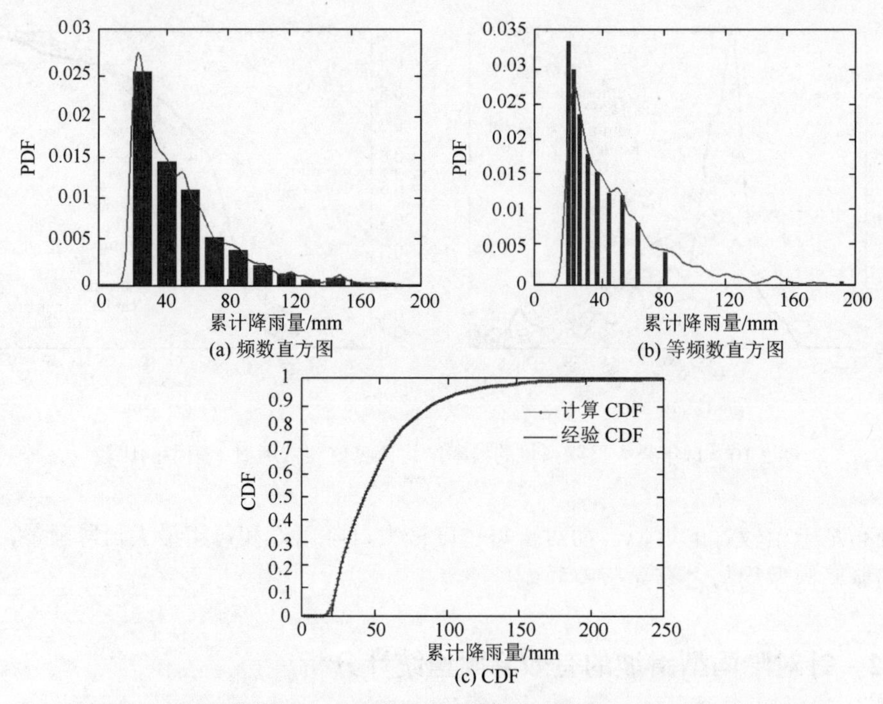

图 2.11　日降雨等级为小雨时累计降雨量的概率密度函数与累计分布函数

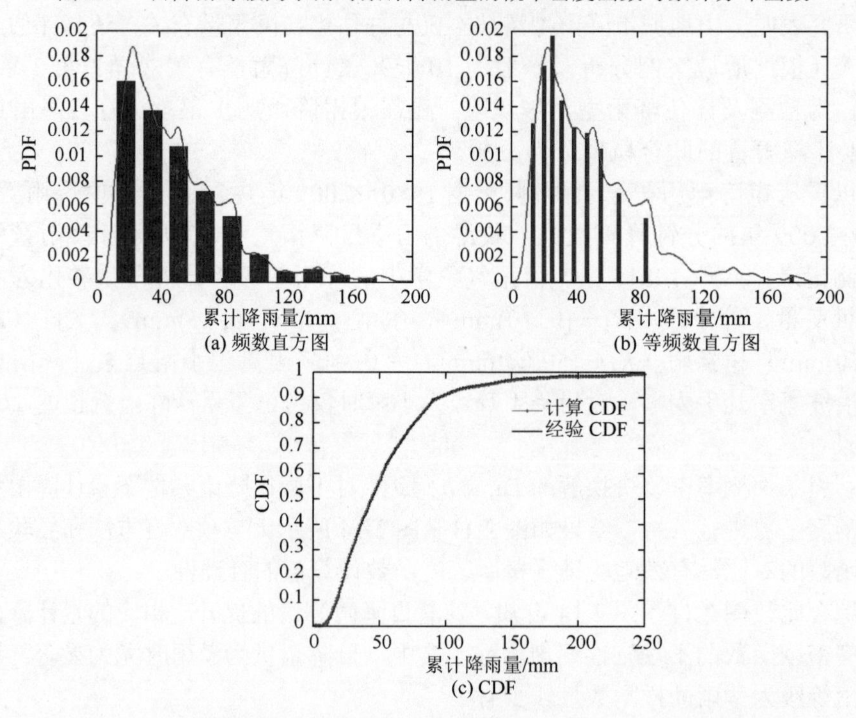

图 2.12　日降雨等级为中雨时累计降雨量的概率密度函数与累计分布函数

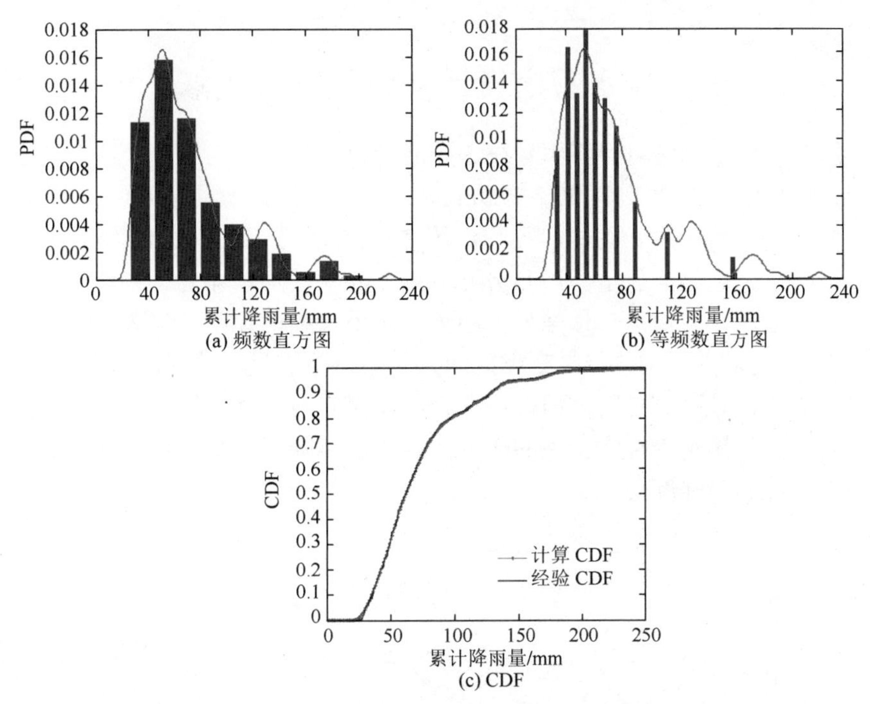

图 2.13　日降雨等级为大雨时累计降雨量的概率密度函数与累计分布函数

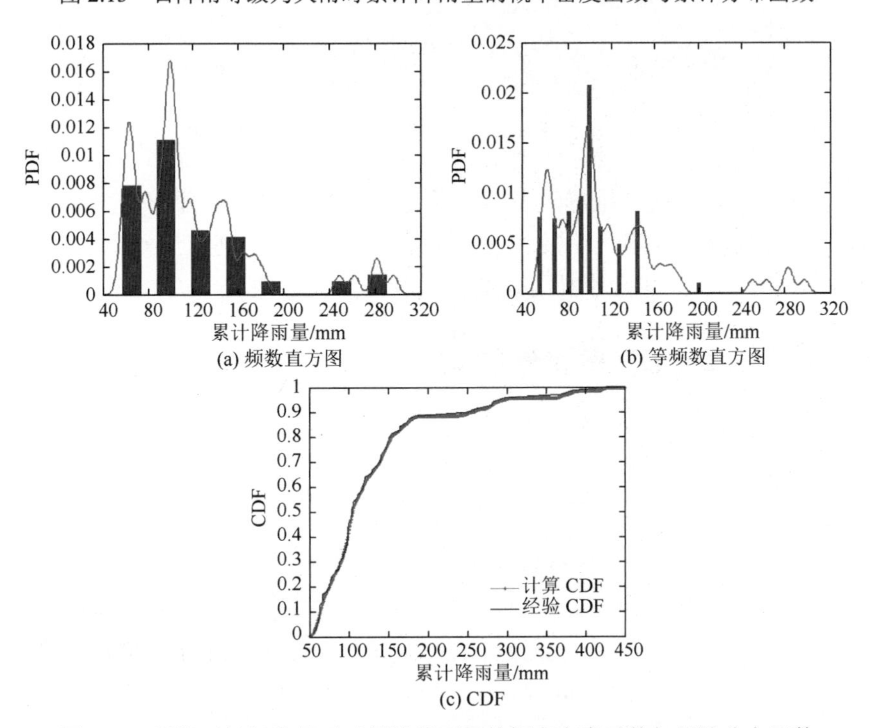

图 2.14　日降雨等级为暴雨时累计降雨量的概率密度函数与累计分布函数

2.3 排水管道设计暴雨强度公式修正

我国气象学中通常将日降雨量在 50mm 及以上者定义为暴雨，暴雨又分为三个等级，即暴雨（日降雨量为 50～99.9mm）、大暴雨（日降雨量为 100～199.9mm）、特大暴雨（日降雨量为 200mm 以上）。图 2.15 所示的 1981～2010 年重庆市年最大小时降雨量变化趋势显示，1995 年以后，年最大小时降雨量达到或超过 50mm 的年份明显增加，降雨量总体呈增大趋势。而重庆市现行设计暴雨强度公式依据的是 1973 年之前的资料，推导数据区间为 8 年，不满足规范规定的最低 10 年样本数据的要求，且基础资料陈旧，不符合当前强降雨加剧的趋势。因此，为合理评估降雨对城市排水管道安全性的影响，需在近年降雨规律统计分析的基础上，修正现行设计暴雨强度公式。

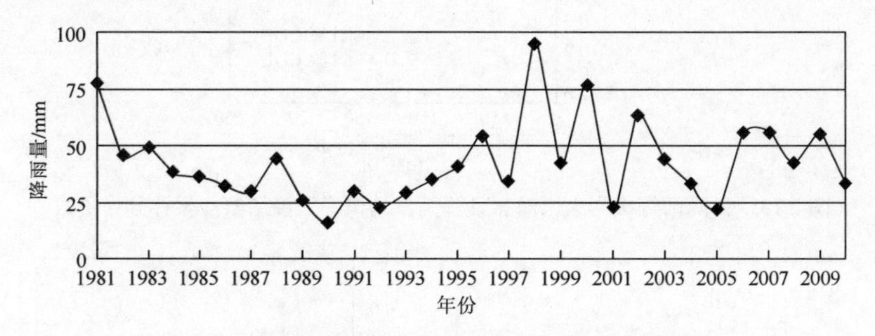

图 2.15 重庆市历年年最大小时降雨量变化趋势图

设计暴雨强度公式的推导涉及三个关键问题：①提取降雨样本，确定适于样本的概率分布模型，这是一个极值统计问题；②根据模型建立降雨重现期-暴雨强度-降雨历时的关系；③设计暴雨强度公式及其对应参数。

2.3.1 降雨样本提取及概率分布模型

设计暴雨强度公式涉及的降雨参数如下：

（1）降雨量或降雨深度 H，单位为毫米（mm），也可以用单位面积的降雨体积（升每公顷，L/hm^2）来表示。

（2）降雨历时 t ［单位为分钟（min）或小时（h）］，即某一降雨过程中的任意连续时段，可以是某场雨的全部降雨时间，也可以是其中的个别连续时段。城市设计暴雨强度公式采用的降雨历时通常有 5min、10min、15min、20min、30min、45min、60min、90min、120min 等 9 个不同历时，国内如上海、杭州等城市还增加了 150min 及 180min 两个历时[17]。

（3）暴雨强度 i，即某一连续降雨时段内的平均降雨量，为

$$i=\frac{H}{t} \tag{2.25}$$

暴雨强度的单位为 mm/min，工程上常用单位时间内单位面积上的降雨体积 $q\,[\mathrm{L/(s\cdot hm^2)}]$来表示。将每分钟的暴雨强度 i 转换为每公顷·秒（即 $10000\mathrm{m^2\cdot s}$）的降雨体积，即得

$$q=\frac{10000\times1000i}{1000\times60}=167i \tag{2.26}$$

（4）暴雨强度的频率以及重现期随机事件出现的频率，有理论频率和经验频率两种，实际应用中常采用经验频率 P_n，即

$$P_n=\frac{m}{n+1}\times100\% \tag{2.27}$$

式中，n 为数据样本容量，m 为将数据由大到小排列的序号。

（5）暴雨强度的重现期 T，是指大于或等于某特定暴雨强度值可能出现一次的平均间隔时间，单位以年（a）表示。重现期 T 与频率 P_n 互为倒数，即

$$T=\frac{1}{P_n} \tag{2.28}$$

暴雨选样方法有年最大值法、年多个样本法、年超大值法和超定量选样法等[18, 19]。年最大值法是各种历时降雨每年选取一个极值样本，其意义是一年发生一次的年频率。根据极值理论，当样本容量足够大时，它近似于全部样本资料的计算值，该选样法不能考虑一年多遇的暴雨值[20]。年多个样本法是每年选取各个历时最大的若干组样本，它避开了暴雨分级标准的不确定性，兼顾了暴雨资料记录年份不长时的不足，其概率意义是平均值，我国现行《室外排水设计规范》推荐采用此法[21]。年超大值法是平均每年选取一组数据，往往导致大雨年选入的资料较多，小雨年没有资料选入。超定量选样法由于阈值的影响，可能导致降水量很小但短历时降雨量大的数据丢失。

在此以重庆市 1981～2010 年的分钟自记雨量记录为例，说明基础降雨数据的选取方法。参照《室外排水设计规范》，采用 5min、10min、15min、20min、30min、45min、60min、90min、120min 等 9 个降雨历时，按年多个样本法选样，滑动求各个历时的暴雨强度[22]，每年每个历时选择 8 个最大值（考虑按强度大小排列统计时不致遗漏大雨年的资料，选取最低重现期为 0.25a），然后无论年次将各历时子样依从大到小的顺序排列，从中选择资料年数 4 倍（30×4＝120）的最大值，作为城市暴雨强度统计分析的基础资料。

合适的强降雨概率分布模型是建立当地降雨重现期-暴雨强度-降雨历时关系（即 T-i-t ）的关键。对此，Koutsoyiannis 等[23]于 1998 年通过对常用概率分布模型

的研究，提出了两种参数估计强度-历时-频率法（intensity duration frequency，IDF），即 T-i-t 方法。Sheng[24]基于 Gumbel 边缘分布，利用矩法（method of moment），对日本一个气象站的暴雨频率进行了研究分析。顾骏强等[25]对比了 Gumbel 分布、指数分布、Weibull 分布及皮尔逊-III型分布，得出指数分布是以上四种分布中精度最高的概率分布模型。季日臣等[26]利用兰州市的自记降水记录，也对皮尔逊-III型分布和指数分布进行了对比分析，认为指数分布只是皮尔逊-III型分布的特例。

可见，对于城市暴雨强度的理论概率分布，目前尚无公认普遍适用的模型，需根据不同地区的降雨特点建立合适的分布模型。在此，利用前述重庆市暴雨强度记录的年极值资料，分别采用 Gumbel 分布、Weibull 分布、指数分布以及皮尔逊-III型分布等概率模型进行拟合，对比各时段不同极值分布模型的概率密度函数、累计分布函数与样本的频率直方图（图 2.16～图 2.19）。结合拟合方差分析、拟合相对偏差

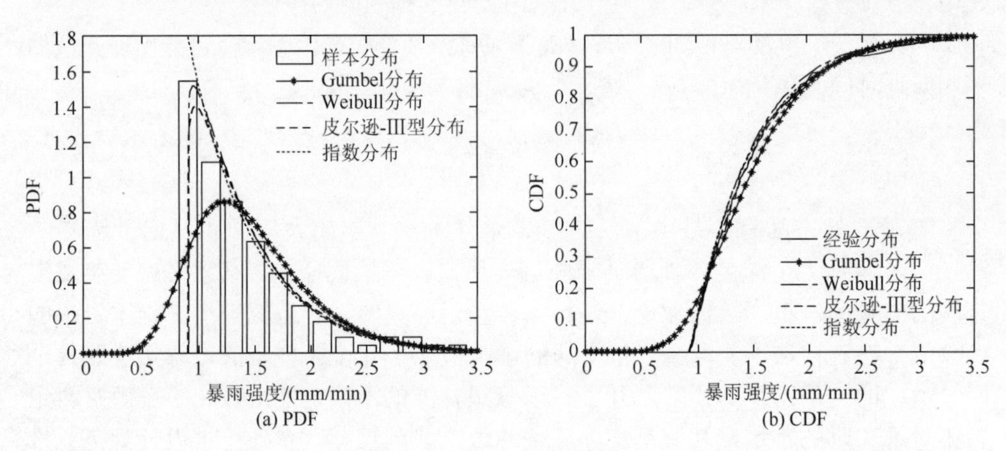

图 2.16　历时 5min 各概率模型的 PDF 及 CDF 对比图

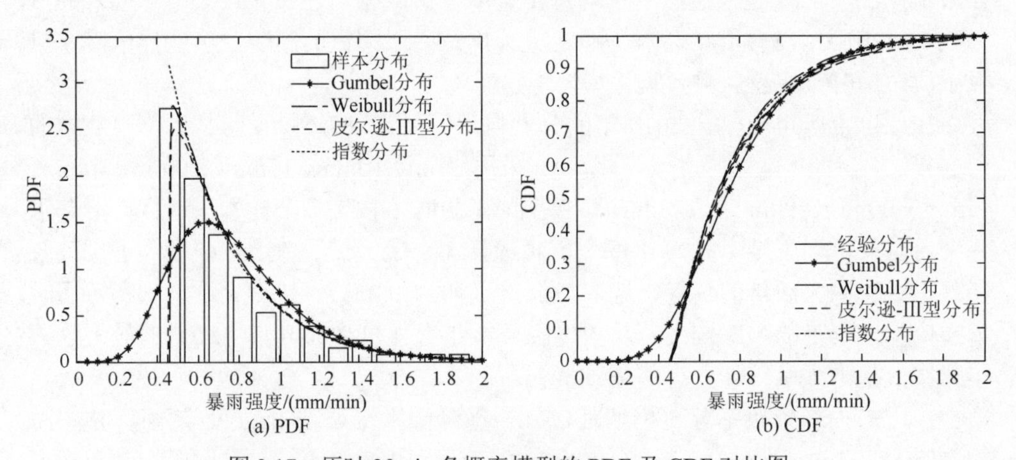

图 2.17　历时 30min 各概率模型的 PDF 及 CDF 对比图

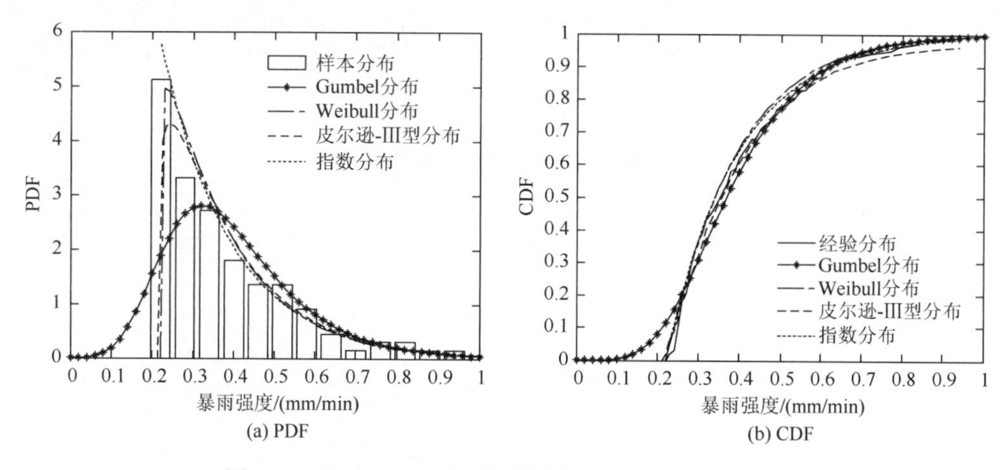

图2.18　历时90min各概率模型的PDF及CDF对比图

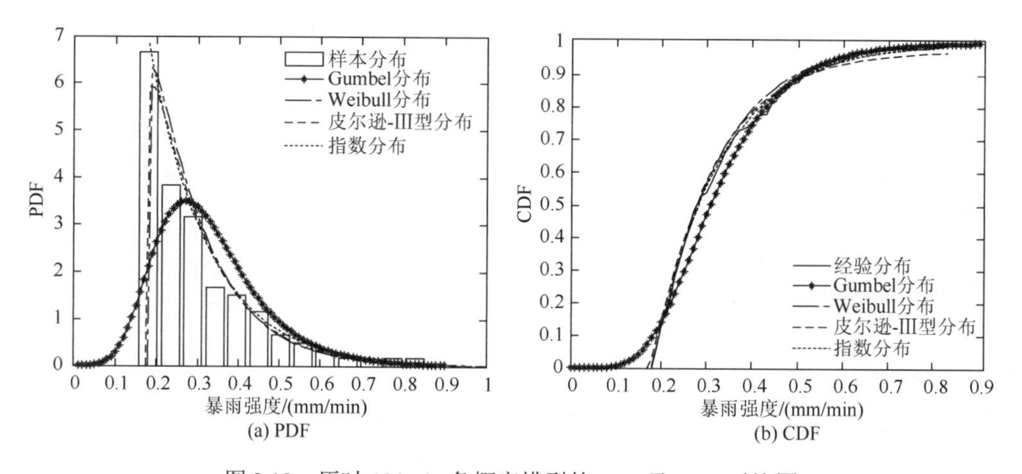

图2.19　历时120min各概率模型的PDF及CDF对比图

以及Kolmogorov拟合适度分析可知，对于各历时样本分布函数与分布密度函数的拟合效果，以指数分布最好，Weibull分布次之，皮尔逊-III型分布其后，而Gumbel分布最差，即Gumbel分布不适于重庆市暴雨强度的拟合。

2.3.2　降雨重现期-暴雨强度-降雨历时关系

虽然Weibull分布、指数分布及皮尔逊-III型分布均可用于暴雨强度拟合，但即使某种概率分布模型对暴雨强度样本拟合的精度高，其对应的暴雨强度公式拟合的精度不一定也相应高。因此，还需利用不同暴雨强度概率分布曲线对暴雨强度予以调整，而后选取经调整后的对应重现期暴雨强度来推导设计暴雨强度公式。表 2.2 给出了基于指数分布模型，对应不同降雨历时与重现期的暴雨强度值。

表 2.2 根据指数分布模型调整的 *T*-*i*-*t* 表

重现期 *T* /a	历时 *t* /min									均值 /(mm/min)
	5	10	15	20	30	45	60	90	120	
0.25	1.02	0.85	0.74	0.65	0.53	0.42	0.35	0.26	0.21	0.56
0.33	1.19	1.00	0.87	0.77	0.63	0.50	0.42	0.32	0.26	0.66
0.5	1.44	1.21	1.04	0.92	0.76	0.60	0.50	0.39	0.31	0.80
1	1.84	1.54	1.33	1.18	0.96	0.77	0.64	0.49	0.40	1.02
2	2.25	1.89	1.64	1.45	1.19	0.95	0.80	0.61	0.50	1.25
3	2.49	2.09	1.81	1.61	1.32	1.05	0.88	0.68	0.56	1.39
5	2.78	2.33	2.02	1.79	1.47	1.17	0.98	0.75	0.61	1.55
10	3.20	2.69	2.33	2.06	1.70	1.35	1.14	0.87	0.72	1.78
20	3.61	3.03	2.63	2.33	1.91	1.53	1.28	0.99	0.81	2.01
50	4.14	3.47	3.01	2.67	2.19	1.75	1.47	1.13	0.92	2.30
100	4.55	3.82	3.32	2.94	2.42	1.93	1.62	1.25	1.03	2.54
均值/（mm/min）	2.59	2.17	1.89	1.67	1.37	1.09	0.92	0.70	0.58	—

2.3.3 设计暴雨强度公式

设计暴雨强度公式函数形式的选取，需依据重现期-暴雨强度-降雨历时关系的规律及其对应概率分布模型，并兼顾适用性与简便性。目前，美国和我国排水规范主要采用 $i = A/(t+b)^c$ 型；俄罗斯广泛采用 $i = A/t^c$ 型；日本采用 $i = A/(t+b)$ 型。以上各式中，A 为重现期为一年的雨力。对于雨力公式，美国采用 $A = kT^m$ 型；日本用一定频率相应的 A 值及其参数；俄罗斯与我国均采用 $A = A_1(1 + C\lg T)$ 型。统计结果表明[27]，我国现行设计暴雨强度公式及雨力公式形式是合理的，为

$$i = \frac{A}{(t+b)^c} = \frac{A_1(1+C\lg T)}{(t+b)^c} = \frac{A_1 + B\lg T}{(t+b)^c} \tag{2.29}$$

式中，T 为重现期，a；C 为雨力变动参数，是反映设计降雨各历时不同重现期的强度变化程度的参数之一；t 为降雨历时，min；b、c 为反映不同重现期的设计暴雨强度随历时延长递减的参数。

设计暴雨强度公式参数的确定方法主要有北京法、北京简化法、南京法与直接拟合法等。就整体误差而言，直接拟合法误差最小，南京法误差较小，北京法次之，北京简化法误差最大；就单一重现期来看，其误差情况与整体误差类似。在计算效率方面，南京法效率最高；北京简化法和北京法次之；直接拟合法效率

最低，所用机时最长。其中，南京法根据式(2.29)的图形性质，先用“三点法”定出 c 的近似值，再用最小二乘法求得参数 A、B。该法简单合理，计算误差较小，利于推广应用。

以下简述南京法的推导过程。

对式(2.29)做如下变换[28]：

$$
\begin{aligned}
i &= \frac{A}{(t+b)^c} = \frac{A_1(1+C\lg T)}{(t+b)^c} = \frac{A_1 + B\lg T}{(t+b)^c} \\
&= \frac{A_1}{(t+b)^c}(1+C\lg T) = E(1+C\lg T) \\
&= E + F\lg T
\end{aligned}
\tag{2.30}
$$

将式(2.30)绘于横坐标轴为 $\lg T$、纵坐标轴为 i 的坐标系内，形成一组辐射状直线，如图 2.20 所示。

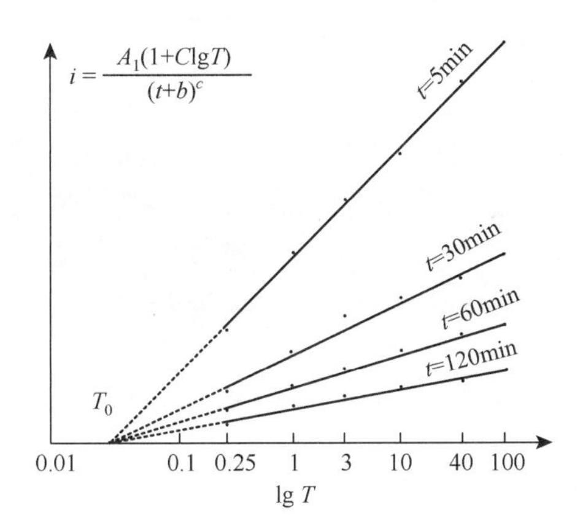

图 2.20　暴雨强度公式图形

当 $i=0$ 时，各直线交于 T_0（$\lg T_0 = -1/C$）。对于不同历时，直线方程不同，没有共同交点。为得到简化的设计暴雨强度公式，可采用均方根方法确定 T_0 位置，即

$$
C = \sqrt{\frac{\sum F^2}{\sum E^2}},\quad E = \frac{m\sum i\lg T - \sum i\sum \lg T}{m\sum \lg^2 T - \left(\sum \lg T\right)^2},\quad F = \frac{\sum i - E\sum \lg T}{m} \tag{2.31}
$$

式中，m 为重现期个数。

由此可以得到一组对应各个历时且具有公共辐射点的修正线性公式，即

$$
i = K(1+C\lg T),\quad K = \frac{E+F}{1+C} \tag{2.32}
$$

使式(2.32)与式(2.29)有良好的拟合，从而可确定参数 A、C、b 和 c。各参数之间的关系如图 2.21 所示，近似为二次曲线。

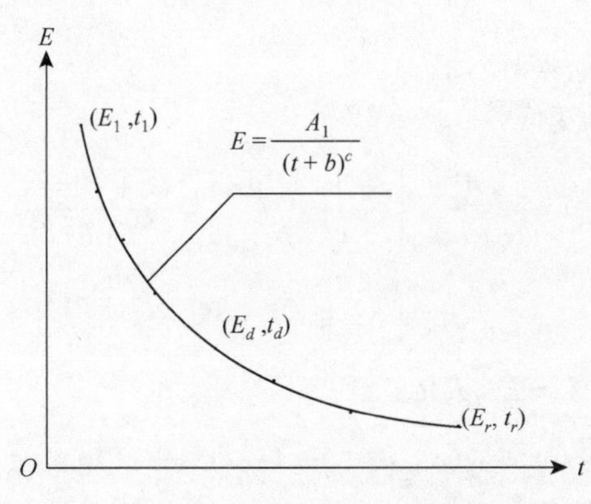

图 2.21　设计暴雨强度公式参数关系图

下面以重庆降雨历史记录为例，说明参数的确定方法。根据前面所建立的重庆市 9 个历时对应的设计暴雨强度直线（对应的表达式又称不同历时的设计暴雨强度分公式）。由各参数之间的关系图形可知，为确定适用于所有历时的简化设计暴雨强度总公式，仅需 3 组数据即可插值得到相关参数。故可在 9 段历时中选取三个不同历时的记录来确定参数，此处分别选取 $t=5\text{ min}$、$t=30\text{ min}$ 和 $t=120\text{ min}$ 所对应的三个线性式，经推导，可得

$$\left(\frac{i_1}{i_d}\right)^{1/c}(t_r-t_1)-\left(\frac{i_1}{i_r}\right)^{1/c}(t_d-t_1)=t_r-t_d \tag{2.33}$$

式中，下标 1 对应历时 $t_1=5\text{ min}$，下标 d 对应历时 $t_d=30\text{ min}$，下标 r 对应历时 $t_r=120\text{ min}$。则式（2.33）为

$$115\times\left(\frac{i_5}{i_{30}}\right)^{1/c}-25\times\left(\frac{i_5}{i_{120}}\right)^{1/c}=90 \tag{2.34}$$

解式(2.34)即可确定参数 c。

进一步，确定参数 b 和 A。通常，可先针对不同降雨历时 t 的设计暴雨强度分公式确定相应的 b_t 和 A_t，再由其均值 $\overline{b}$、$\overline{A}$ 得到设计暴雨强度总公式的 b 值和 A 值。不同降雨历时下的 b_t 和 A_t 可采用间接法或直接法。其中，间接法是先根据式(2.35)计算 b_t 值，再由式(2.36)求出 A_t 值。

$$\frac{\sum\frac{i}{(t+b_t)^c}\sum\frac{1}{(t+b_t)^{2c+1}}}{\sum\frac{i}{(t+b_t)^{c+1}}\sum\frac{1}{(t+b_t)^{2c}}}=1 \tag{2.35}$$

$$A_t = \frac{\sum \frac{i}{(t+b_t)^c}}{\sum \frac{1}{(t+b_t)^{2c}}} \tag{2.36}$$

直接法则采用式(2.37)和式(2.38)直接求出 b_t 和 A_t：

$$b_t = \frac{\sum(i^{2/c+2}t^2)\sum i^{1/c+2} - \sum(i^{1/c+2}t)\sum(i^{2/c+2}t)}{\sum(i^{1/c+2})t\sum i^{2/c+2} - \sum(i^{2/c+2}t)\sum i^{1/c+2}} \tag{2.37}$$

$$A_t = \left\{\frac{\sum(i^{2/c+2}t^2)\sum i^{2/c+2} - \left(\sum(i^{2/c+2}t)\right)^2}{\sum(i^{1/c+2}t)\sum i^{2/c+2} - \sum(i^{2/c+2}t)\sum i^{1/c+2}}\right\}^c \tag{2.38}$$

参数 A_1、B 和 C 则按式(2.39)计算：

$$\begin{aligned} A_1 &= \frac{\sum \lg T \sum A_i \lg T_i - \sum(\lg T_i)^2 \sum A_i}{\left(\sum \lg T_i\right)^2 - m\sum(\lg T_i)^2} \\ B &= \frac{\sum \lg T_i \sum A_i - m\sum A_i \lg T_i}{\left(\sum \lg T_i\right)^2 - m\sum(\lg T_i)^2} \\ C &= \frac{B}{A_1} \end{aligned} \tag{2.39}$$

式中，求和计算针对不同降雨历时和重现期进行。

图 2.22 绘出了重庆市设计暴雨强度样本线性拟合图。可见，各降雨历时样本拟合直线有交汇于一点的趋势，因此可采用式(2.29)的形式建立重庆市设计暴雨强度公式。

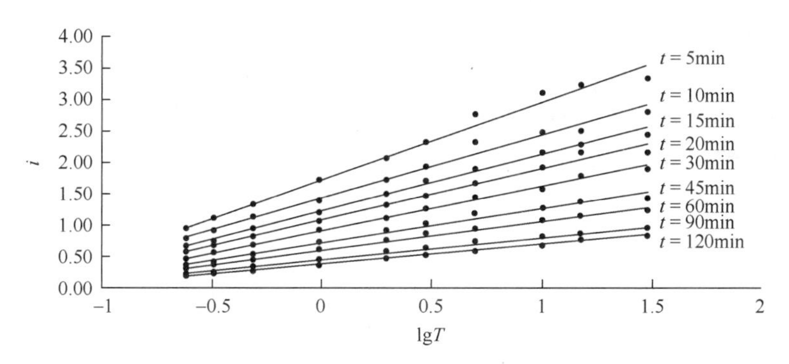

图 2.22　重庆市设计暴雨强度样本线性拟合图

如表 2.3 所示，采用南京法计算相应参数，得到三种分布所对应的各设计暴雨强度总公式参数值。表中，$\bar{\sigma}$ 为拟合公式推算值与实际记录的绝对均方差；$\bar{v}$ 为相对均方差。

表 2.3　设计暴雨强度总公式各参数值及均方差

概率模型	参数值				$T=0.25\sim10$ /a		$F=0.25\sim100$/a	
	A_1	C	b	c	$\overline{\sigma}$	$\overline{v}$ /%	$\overline{\sigma}$	$\overline{v}$ /%
Weibull 分布	18.297	0.882	17.107	0.797	0.0787	9.54	0.1317	10.67
指数分布	18.090	0.725	14.550	0.764	0.0336	4.26	0.0459	4.06
皮尔逊-III型分布	23.470	0.855	18.415	0.846	0.0571	6.63	0.0954	7.38

由表 2.3 可知，三种分布所对应的设计暴雨强度公式中，指数分布的误差最小，皮尔逊-III型分布次之，Weibull 分布的误差最大；且不同重现期下，采用指数分布所得平均绝对均方差和平均相对均方差满足规范规定的精度要求，而其他两种分布对应的误差均不满足规范要求。因此，最终选用指数分布对应的公式作为重庆市设计暴雨强度公式，即

$$i=\frac{18.09(1+0.725\lg T)}{(t+14.55)^{0.764}} \tag{2.40a}$$

或

$$i=\frac{3021(1+0.725\lg T)}{(t+14.55)^{0.764}} \tag{2.40b}$$

重庆市现行设计暴雨强度公式为[29]

$$i=\frac{16.90(1+0.775\lg T)}{(t+12.8T^{0.076})^{0.77}} \tag{2.41}$$

前面建立的设计暴雨强度公式与现行公式的对比如图 2.23 所示。显而易见，重现期 1～5a 的各个降雨历时下，建议修正公式推算的设计暴雨强度值均较现行规范公式大，且超出 6%～7%，这与近年来暴雨强度的增大趋势一致，而依据现行规范设计暴雨强度公式进行排水管网设计或风险分析设计可能导致排水能力不足或低估结构失效风险。

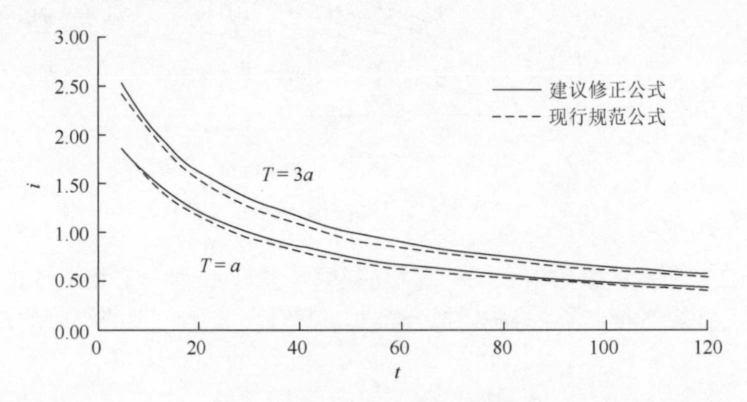

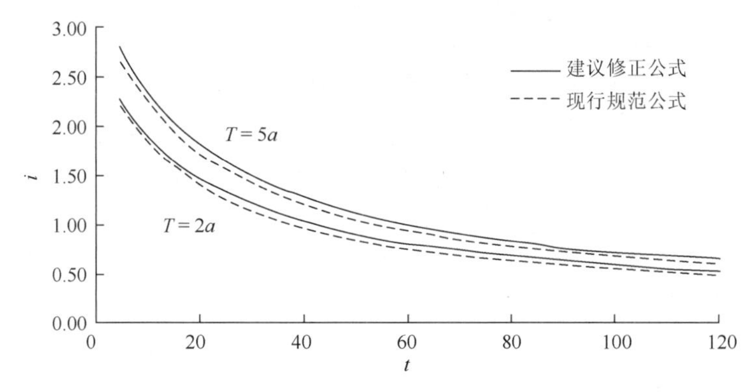

图 2.23　重庆市主城区现行设计暴雨强度公式与建议修正公式对比

2.4　重庆主城排水干管排水能力分析

我国大中型城市的截流干管通常采用分流制，但由于已有绝大多数二、三级管网采用合流制，所以强降雨下，截流干管并没有真正实现分流，其设计过水量可能不满足要求。且受下游排放水体水位标高和管道自身淤积的影响，可能因为管道内部水压过大造成污水泄漏甚至管道破坏。因此，需评估排水干管系统在强降雨下的实际排放能力，并作为管道内压超载分析的依据。

2.4.1　二级管网流量分析

在给定坡度和管径的圆形管道中，半满流与满流运行时的流速是相等的。根据曼宁公式可求得管段在满流时的水流速度，即

$$v = \frac{1}{n} R^{2/3} S^{1/2} \tag{2.42}$$

式中，n 为管壁粗糙系数；R 为水力半径，m，$R = A/\chi$，A 为过水断面面积，χ 为过水断面上固体边界与液体接触部分的周长；S 为水力坡度。

管道流量为

$$Q = Av \tag{2.43}$$

根据式(2.42)和式(2.43)即可得到满流时管道的实际输水能力。

我国《室外排水设计规范》规定，小流域面积采用推理公式法[29]（也称为极限强度法）计算雨水设计流量，即

$$Q' = \Psi q F \tag{2.44}$$

式中，Q'为雨水设计流量，L/s；Ψ 为径流系数，即径流量与降雨量的比值，其值小于 1，因汇水面积的地面情况而异，在城市雨水管渠设计中可以采用区域综合

径流系数，一般市区的综合径流系数 Ψ 为 0.4～0.8，郊区的 Ψ 为 0.3～0.6；q 为设计暴雨强度，$L/(s\cdot 10^4m^2)$；F 为汇水面积，10^4m^2。

通常，降雨在给定区域内是不均匀分布的，但城市雨水管渠的汇水面积较小，地形地貌较为一致，因而可以假定降雨在整个小汇水面积内均匀分布，即在降雨面积内各点的强度相等。雨水管渠设计通常采用极限强度法，即认为：①当汇水面积内最远点的雨水流到出口断面时，全面积参与汇流，雨水管渠的设计流量最大；②当降雨历时等于汇水面积最远点的雨水流到出口断面的集水时间时，雨水管渠需要排除的雨水量最大。并假设暴雨强度随降雨历时增长而减小，汇水面积与降雨历时成正比。当降雨历时等于集水时间时，全汇水面积参与径流，产生最大径流量。

设计暴雨强度 q 是决定雨水设计流量的重要因素，可采用式(2.45)计算：

$$q=\frac{167A_1(1+C\lg T)}{(t+b)^c} \tag{2.45}$$

式中，集水时间 t 又称设计降雨历时，是雨水由地面径流至雨水口，经雨水管渠最后汇入河流，再从汇水面积最远点的雨水流到出口断面的时间。对于管渠的某一设计断面，集水时间 t 由地面集水时间 t_1 和管渠内雨水流行时间 t_2 两部分组成，即

$$t=t_1+mt_2 \tag{2.46}$$

式中，m 为折减系数。

由此，设计暴雨强度公式可写为

$$q=\frac{167A_1(1+C\lg T)}{(t_1+mt_2+b)^c} \tag{2.47}$$

式中，地面集水时间 t_1 受地形坡度、地面种植情况、水流路程等多种因素的影响，要准确计算是很困难的，故一般采用经验数值。根据《室外排水设计规范》，$t_1=5$～15min[29]。

雨水在管渠内的流行时间 t_2 可由式(2.48)估算：

$$t_2=\sum\frac{L_i}{60v_i} \tag{2.48}$$

式中，L_i 为各管段的长度，m；v_i 为各管段满流时的水流速度，m/s。

据此，采用统计推导的重庆市设计暴雨强度公式，可分析得到重庆主城排水干管 A 线各二级管道的输水能力 Q 远远小于其对应小流域的设计雨水量 Q'。少数二级管道的实际汇水区域可能稍有出入，但上述结果足以说明强降雨下二级管道均处于满流状态。由于干管全线是封闭的，所以可认为暴雨和强降雨下，排水干管的总流量为接入的二级管线的流量及其相应汇水区域的流量之和。

2.4.2 排水干管排水能力分析

在此，以重庆主城A线干管为例，说明排水管网排水能力风险分析方法。

重庆主城排水系统截流主干管采用分流制，设计流速1.05～1.28m/s，水流坡度为0.5‰，设计充满度0.56～0.60。A线干管分为四个排水区域，由上游至下游依次为忠恕溪区域、唐家桥区域、溉澜溪区域以及唐家沱区域，其中，唐家沱区域分为上、下两段。四个区域的具体设计流量、箱形管道截面尺寸及设计流速根据接入的二级管网流量以及总体流量有所差异，总体为由上游至下游逐渐加大。

根据修正的重庆市暴雨强度计算公式对暴雨及强降雨下A线管道的汇水量进行了如下分析：

（1）唐家沱区域2010年的污水量为40万m^3/d，最高日流量6.39m^3/s，而区域内的雨水流量可达249.816m^3/s，约为污水流量的40倍。

（2）忠恕溪区域已建成的11条二级管道雨季输入A管线的最大流量为1.807m^3/s。此流域箱形管道断面尺寸为2.0m×2.3m，设计过水能力为2.433m^3/s，设计充满度为0.58，未超过该段设计过水能力。

（3）A管线在唐家桥区域已建成二级管道2条，终点最大流量为2.013m^3/s。此流域箱形管道断面尺寸为2.0m×2.3m，设计过水能力为3.02m^3/s，设计充满度为0.60，未超过该段设计过水能力。

（4）溉澜溪区域A管线的最大流量为10.432m^3/s，而流域箱形管道断面的设计过水能力为4.77m^3/s，已超过该段设计过水能力。

（5）唐家沱区域13条二级管线在雨季终点的最大流量为11.72m^3/s，而该流域箱形管道的设计过水能力为6.39m^3/s，已超过该段设计过水能力。

可见，A管线从溉澜溪区域开始，雨季最大合流水量已超过A管线箱形管道的设计过水能力。埋地箱形管道的外部土压对内部水压有平衡作用，而架空箱形管道则面临内压超载的风险，跨越冲沟的架空箱形管道还处于洪水冲击的威胁下。

参考文献

[1] Vanmarcke E. Random Fields：Analysis and Synthesis（Revised and Expanded New Edition）[M]. Singapore：World Scientific Publishing Company，2010.

[2] 马开玉，张耀存. 现代应用统计学[M]. 北京：中国气象出版社，2004.

[3] von Mises R. La distribution de la plus grande den valeur[J]. Revue Mathem de VUnion Interbalcanique. 1936，（1）：141-160.

[4] Jenkinson A F. The frequency distribution of the annual maximum（or minimum）values of meteorological elements[J]. Quarterly Journal of the Royal Meteorological Society，2010，81（348）：158-171.

[5] Pickands J Ⅲ. Statistical inference using extreme order statistics[J]. Annals of Statistics，1975，3：119-131.

[6] Lechner J A，Simiu E，Heckert N A. Assessment of “peaks over threshold” methods for estimating extreme value distribution tails[J]. Structural Safety，1993，12（4）：305-314.

[7] Gross J，Heckert A，Lechner J，et al. Novel extreme value procedures：Application to extreme wind data[C]. Extreme Value Theory and Applications. Boston：Kluwer Academic Publishers，1994.

[8] 段忠东，欧进萍. 极值风速的最优概率模型[J]. 土木工程学报，2002，35（5）：11-16.

[9] 王炳兴，高建敏. Pareto 分布中门槛值的确定及其在股票市场中的应用[J]. 数理统计与管理，2008，（6）：1034-1038.

[10] 金建华，曾德飞，杨晓芳. 城市污水管网地理信息系统设计[J]. 环境科技，2004，17（2）：13-15.

[11] Li J，Chen J. The principle of preservation of probability and the generalized density evolution equation[J]. Structural Safety，2008，30（1）：65-77.

[12] Li J，Chen J. Stochastic Dynamics of Structures[M]. Singapore：John Wiley & Sons，2009.

[13] Li J，Chen J，Sun W，et al. Advances of probability density evolution method for nonlinear stochastic systems[J]. Probabilistic Engineering Mechanics，2011，28：132-142.

[14] Li J，Chen J B，Fan W L. The equivalent extreme-value event and evaluation of the structural system reliability[J]. Structural Safety，2007，29（2）：112-131.

[15] 李杰，陈建兵，张琳琳，等. 中国大陆地区年最大平均风速的概率密度函数[J]. 自然灾害学报，2006，15（5）：76-82.

[16] 范文亮. 基于非线性发展过程的结构体系可靠度分析[D]. 上海：同济大学，2008.

[17] 邵尧明，何明俊. 现行规范中城市暴雨强度公式有关问题探讨[J]. 中国给水排水，2008，24（2）：99-102.

[18] 邓培德. 暴雨选样与频率分布模型及其应用[J]. 给水排水，1996，（2）：5-9.

[19] 金家明. 城市暴雨强度公式编制及应用方法[J]. 中国市政工程，2010，（1）：38-39.

[20] 王中民. 关于降雨强度公式中几个问题的讨论[J]. 给水排水，1985，（6）：17-22.

[21] 王海军. 城市暴雨强度公式推求软件系统设计[D]. 武汉：华中科技大学，2005.

[22] 中华人民共和国建设部. 室外排水设计规范[S]. GB 50014—2006. 北京：中国计划出版社，2006.

[23] Koutsoyiannis D，Kozonis D，Manetas A. A mathematical framework for studying rainfall intensity-duration-frequency relationships[J]. Journal of Hydrology，1998，206（1-2）：118-135.

[24] Sheng Y. The Gumbel mixed model applied to storm frequency analysis[J]. Water Resources Management，2000，14（5）：377-389.

[25] 顾骏强，陈海燕. 瑞安市暴雨强度概率分布公式参数估计研究[J]. 应用气象学报，2000，11（3）：355-363.

[26] 季日臣，郭晓东，刘有录. 编制兰州市暴雨强度公式中频率曲线的比较[J]. 兰州交通大学学报，2002，21（1）：64-66.

[27] 周玉文，赵洪宾. 排水管网理论与计算[M]. 北京：中国建筑工业出版社，2000.

[28] 张思让. 编制暴雨强度公式的方法与实例[J]. 中国给水排水，1985，（4）：14-22.

[29] 上海市建设和交通委员会. 室外排水设计规范：GB 50014—2006（2016 年版）[S]. 中华人民共和国住房和城乡建设部批准. 北京：中国计划出版社，2016.

第 3 章 山地城市降雨型滑坡危险性分析与预警

大量研究表明，降雨型滑坡的时空分布受降雨地区及降雨时间的控制，雨量越大的地区滑坡越发育，且滑坡剧烈活动的时间与降雨时间吻合或略滞后[1-6]。研究通常从理论分析与统计两方面入手。针对滑坡和降雨关系的统计研究，大多从降雨历时、降雨量、降雨强度及降雨雨型对滑坡的影响等方面进行，统计结果的应用范围有限，只适用于本区域或类似的地区。理论研究主要侧重于滑坡启动的临界降雨强度、降雨持续时间与滑坡的关系，涉及降雨入渗的水文地质模型研究。而其方法及其结论的合理性还有待工程检验。

随着 3S 技术和人工智能技术的飞速发展，遥感（remote sensing，RS）技术以及地理信息系统（geographic information system，GIS）逐渐成为地质灾害空间预测与时间预报手段的热点与趋势。日本从 20 世纪 70 年代开始研究地质灾害的预报预警，通过研究降雨量与已发生地质灾害的关系，预测预报地质灾害的可能发生时间，并在日本的福井县付诸实施。中国香港是世界上最早研究降雨和滑坡关系、实施降雨滑坡气象预报的地区，在危险性区划方面采用雷达图像解译小范围地质构造，从而确定滑坡发生的潜在区域。美国地质勘探局（USGS）和美国国家气象局（NWS）基于 1982 年 2 月 3 日～5 日在某地区发生的特大暴雨引起的滑坡灾害数据，于 1985 年建立了滑坡与降水强度和持续时间的临界关系曲线，联合建立了一套滑坡实时预报系统。我国自 20 世纪 80 年代开展了区域滑坡危险性区划的研究。2003 年 6 月 1 日，我国国土资源部与气象局启动了降雨型突发地质灾害的预警预报工作，在区域降雨型滑坡预报预警上取得了显著的社会效益。整体上，我国应用 GIS 技术开展地质灾害研究工作起步较晚，研究程度较低，在科学依据、资料基础和工作经验等方面较为薄弱，预报精度和准确度亟待提高。

目前，我国对滑坡灾害预报预警的研究大多限于根据降雨情况预测灾害可能发生的区域，尚未同所预报区域的城市基础设施的风险评价以及滑坡风险区划成果结合，导致在制定减灾防灾预案时缺少针对性。因此，将滑坡灾害预报预警同风险评价模型结合，从而建立针对城市基础设施安全性的具有减灾防灾决策功能的时空预报预警系统，是滑坡灾害预警预报研究的必然趋势。

本章围绕重庆这一典型库区山地城市，通过大量山地城市滑坡案例的统计分析，确立影响边坡灾变危险性的主要因素，建立边坡灾变危险性区划方法；基于强降雨下崩塌、滑坡等突发性地质灾害的发生、发展机理及山地城市的地质特点，分析滑坡时空分布与降雨的关系，建立边坡危险性区划的降雨型滑坡预报预警判据及模型，为山地城市排水管网滑坡地质灾害下的风险分析提供依据。

建立区域降雨型滑坡气象预报预警模型的总体思路如下（图 3.1）：

（1）建立滑坡风险评价与区划方法；

（2）分析降雨对滑坡的影响，确立降雨诱发滑坡的综合参数——有效降雨量；

（3）分析降雨对不同危险等级边坡稳定性的影响，建立滑坡灾害气象预报预警判据与降雨型滑坡预报预警模型。

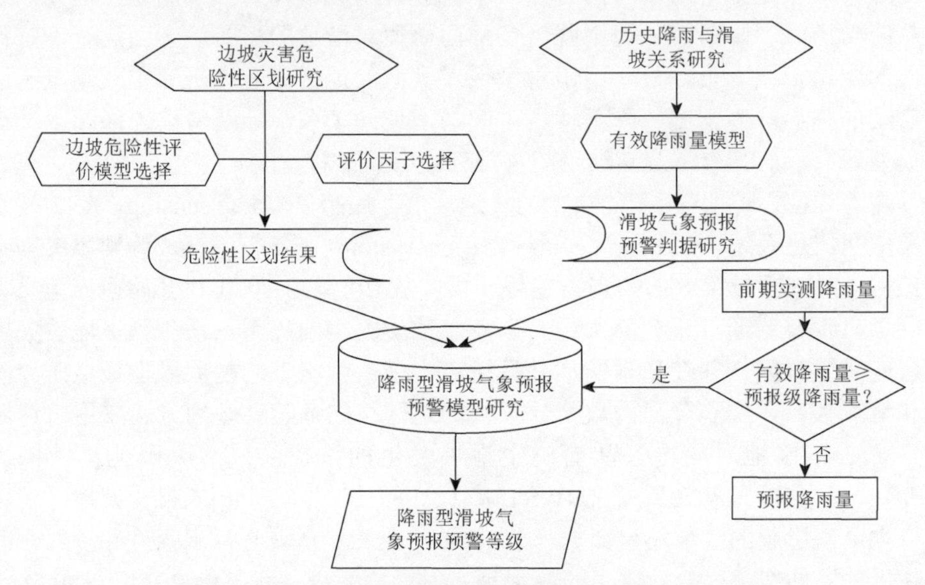

图 3.1　建立区域降雨型滑坡气象预报预警模型的总体思路

3.1　山地城市边坡危险性区划方法

从系统工程地质学的观点出发，区域边坡危险性评价是运用系统论、信息论和控制论的基本原理，遵从系统的整体性和协调性原则，充分考虑区域滑坡灾害系统的自相似性、自组织性、统一性等特征，对区域滑坡地质灾害系统内部各要素及其相互关系进行“综合—分析—综合”与动态地质历史过程分析，建立区域滑坡灾害演化发展模式，进而确定区域内各斜坡体当前状态及未来一定时间段内、特定环境条件下可能发生的变化。

滑坡具有很强的复杂空间变异性，这为识别控制与影响地质灾害孕育发生的因素以及因素之间的相互关系造成了困难。因此，为简化起见，通常需做以下理想化假定[7]。

假定与已有滑坡的地形地质条件相类似的斜坡，更易发生滑坡，这是区域边坡危险性评价的理论前提。它假定在一个区域内部，滑坡的发生受控于统一的规律。同时还假定，在一段时间内，斜坡的地形地质条件不发生显著变化，则斜坡未来的演化特征将与过去相同。因而可以根据一定历史时段的滑坡过程与频率预测未来相应时间段内的滑坡频率。基于以上假定，便有可能根据已有滑坡的地形地质条件来预测其他类型斜坡发生滑坡的可能性。但需注意，只有在两斜坡具有相似的静态地形地质条件和动态作用因素时，其稳定性程度或危险性程度才是可以类比的：

（1）假定控制和影响滑坡的主要因素条件已经认识清楚；

（2）假定边坡危险性程度可以量化表达；

（3）假定区域内所有可能存在的滑坡类型都已清楚，即在理想情况下，要求所有斜坡破坏类型都能被识别出来并分类。

3.1.1　边坡危险性区划研究方法概述

根据采用的手段、考虑问题的出发点、研究的详疏程度等不同，目前常用的区域边坡危险性区划方法大致可以分为如下几种[7]。

（1）现场调查专家判断法。现场调查专家判断法是一种直接进行边坡危险性评价的方法。该方法依靠经验丰富的专家到现场逐一对斜坡的稳定性现状及未来发展变化趋势做出评价判断，然后连点成线、连线成面，最后建立区域滑坡灾害危险性分区图。这一方法因不同人员的经验和标准不同而会有较大差异，缺乏统一的标准。

（2）区域宏观统计分析法。区域宏观统计分析法不考虑单个滑坡的成因机理，而是将整个评价区域内已有的滑坡灾害作为已知样本，统计分析岩性、构造、地震、降水、地形地貌、人类活动等影响因素与滑坡之间的相关性，而后将整个评价区域划分为若干单元，根据相关性分析规律，计算各单元的边坡危险性指标。这种方法常用于省级等大区域，但由于它脱离工程地质原理和方法，评价结果较粗略，一般只能作为区域内地质灾害发展趋势的重要参考，用于指导区域地质灾害防灾减灾宏观决策。

（3）遥感灾害制图法。遥感灾害制图法即运用现代遥感技术，尤其是高精度遥感技术、差分干涉技术，分析解译出已有的滑坡灾害点，进而得到区域滑坡灾害分布图，是一种直接进行边坡危险性评价的方法。它具有直观、快捷、方便等优点，但这种灾害制图得到的结果一般仅能较为客观地反映灾害发生的现状，很难进行地质灾害预测。

（4）数学模型法。数学模型法即从工程地质的观点出发，进行地质历史过程分析，分析评价区域内典型单体滑坡地质灾害点的成因机制和孕育发生特征，从而设法找出影响和控制各类滑坡发生的各个因素与滑坡之间的相互关系，并作为判定准则，评价预测研究区内各评价单元边坡危险性。数学模型法机理明确，各因素之间的相互影响机制合理，方法可靠性高，但对分析参数的完整性和数据量要求较高。数学模型法又包括专家系统法、统计分析法、信息量法、模糊数学法和神经网络法等。

目前，边坡危险性区划中的统计分析模型主要有以下几种：多元回归法、综合参数法（专家打分法和层次分析法）、聚类分析法、信息预测法、模糊综合法、神经网络法、证据权重法。其中，基于GIS格栅化的图层叠加计算法具有综合处理空间地理信息、可操作性强、计算结果可靠性高的优点，适用于区域滑坡危险性评价。

基于GIS格栅化的图层叠加计算法是一种定性定量相结合的分析方法，其基本流程如图3.2所示。首先，选择影响地质灾害发生的因子，编制单个评价因子图；然后，根据专家经验，对每个因子的影响大小赋予适当的权重；最后，进行加权叠加，形成地质灾害预警区划图。该方法的关键是合理选取评价因子并给出恰当的权重。

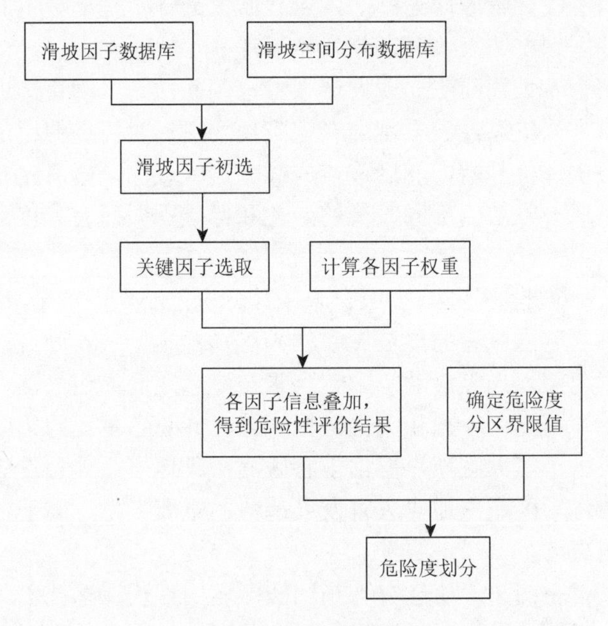

图3.2　基于GIS格栅化的图层叠加计算法基本流程图

3.1.2　管道沿线边坡危险性区划指标体系

边坡危险性评价主要通过地质灾害产生的条件，评估区域上或某斜坡地段将来产生滑坡的可能性大小及其可能产生滑坡的影响范围及活动强度。科学、合理、规范地选取和量化滑坡影响因子是危险性区划研究最重要，也是最基础的部分，它直接关系到边坡危险性区划结果的合理性、客观性。

量化评价因子即根据每个因子对滑坡发生的影响程度大小，对其进行数值标度。量化的精度取决于人们对滑坡机理的认识及对现场工程地质条件的分析，这一直是困扰边坡危险性区划研究的一大难题。

根据重庆地区库区典型山地城市的地质地形特点，主要从地质条件、地形地貌、人类活动以及环境因素等几个方面选取滑坡的主要影响因素。其中，地质条件包括地层岩性、岩土体结构、地质构造等；地形地貌主要考虑坡度、坡型、岸坡类型（地表水影响）等影响；人类活动主要包括市政建设对边坡的干扰以及边坡治理等；环境因素主要包括降雨、河流冲刷等自然因素。各因素对边坡危险性的影响如下。

1）地层岩性

工程岩组性质是影响地质灾害发生的一个重要因素。地质灾害发育环境与地质工程岩组性质之间有着密切的联系，不同的地层的组织结构、成分、抗风化能力等都不相同，岩石的稳定性也因此而不同。土体的地层岩性是决定边坡稳定与否的基本因素，也是研究边坡稳定性的重要依据。对重庆市地质环境监测总站历史滑坡事件调查资料进行统计分析，结果如表 3.1 所示。

表 3.1　地层岩性与滑坡情况

项目	地层岩性			
	各类黏土、碎块石、碳质页岩等	砂岩、页岩、泥岩、泥岩互层、砂泥岩互层等	厚层砂岩、灰岩、花岗岩类等	合计
滑坡数	1911	97	31	2039
百分比	93.7%	4.8%	1.5%	100%

由表 3.1 可以得出，由软岩类构成的斜坡极易发生滑坡，占全部滑坡数的 93.7%。由薄-中厚层砂岩、页岩、泥岩、泥岩互层、砂泥岩互层等组成半坚硬岩类的斜坡，当岩层倾向与坡向一致时（平均坡度 24.7°），利于顺层滑坡的发生；当岩层倾向与坡向相反时，易发生崩塌（平均坡度 53°）。由坚硬岩类构成的斜坡，由于岩体强度高，抗风化能力强，一般不会发生滑坡。

2）岩土体结构

岩土体结构特征对斜坡稳定性的影响在于地质结构面，特别是软弱结构面的控制作用，这些软弱结构面往往就是滑坡体的滑动面。斜坡岩体如果是整体性好、坚硬、致密、强度高的块状或厚层状岩体，可以形成高达数百米的陡立边坡而不垮塌。在整体性差、松散、破碎、强度低的岩土体中，斜坡尽管坡度较缓，也有可能失稳。原因在于裂隙的发育有利于水的储存，再加上破碎体本身强度低，容易引起滑坡。通常把岩土体结构分成整体结构、块裂结构、碎裂结构和松散结构四类[8]。

3）地质构造

边坡构造形式对边坡稳定性有很大影响。研究表明，滑坡等地质灾害多发生于顺向坡，而反向坡基本处于稳定状态。

4）坡度

坡度对崩塌、滑坡和泥石流等地质灾害影响很大。一方面，陡峻的坡度造成松散固体物质的稳定性降低，最终导致斜坡破坏失稳，为崩塌、泥石流等地质灾害提供固体物质和运动动能。另一方面，坡度的陡缓直接影响松散碎屑物质的分布和堆积，并通过影响地表、地下水的分布间接影响斜坡的稳定性。根据重庆市地质环境监测总站调查的资料（有坡度数据的滑坡资料 1615 个），对不同斜坡坡度的滑坡案例进行了统计分析[9]，见图 3.3 和表 3.2。

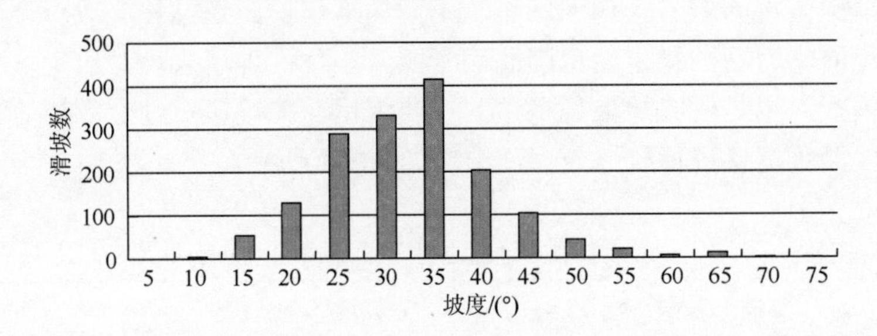

图 3.3　地形坡度与滑坡频率关系

表 3.2　坡度危险度分级

坡度范围/(°)	＜10	10～19	20～40	＞40
滑坡数	5	184	1237	189
所占比例/%	0.3	11.4	76.6	11.7

由表 3.2 可知，坡度增大，滑坡风险也随之增大。但坡度大于 40°的斜坡发生滑坡数所占比例并不大，这是由于自然界斜坡的平均坡度大多在 40°以下，40°以上的斜坡极少，导致有记录的滑坡案例偏少。此外，坡度越大，发生滑坡的可能性越小，而发生崩塌的可能性越大。

5）坡型

根据重庆市地质环境监测总站调查的资料（有坡型资料的 1720 个滑坡），对斜坡坡型与滑坡的关系进行统计，结果见表 3.3。

表 3.3　斜坡坡型与滑坡的关系

坡型	斜坡类型	滑坡次数	灾害规模（大型）滑坡次数	累计滑坡次数
凸型	滑坡	333	46	343
	崩塌	10		
凹型	滑坡	508	44	520
	崩塌	12		
平直	滑坡	413	37	429
	崩塌	16		
阶状	滑坡	365	47	428
	崩塌	63		

统计结果显示，凹型坡较其他坡型略有利于滑坡的发生，但其他坡型也均有大量滑坡发生。因此，可以认为坡型对滑坡的影响不是特别突出。

6）河流冲刷

对实际案例的统计表明，地表沟谷岸坡的稳定状态很大程度受地表流水冲刷影响。由于河岸形态不一，河流冲刷作用的强度也不同，所以不同形态河岸发生灾害的概率不同。崩塌主要发生在平直岸和凸岸，滑坡主要发生在凹岸。然而，无论何种类型的河岸，其发生地质灾害的概率均高于非河岸地区（图 3.4）。

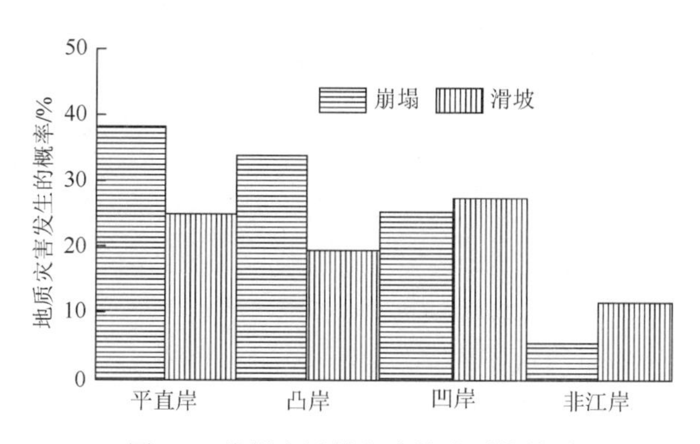

图 3.4　崩塌和滑坡与岸坡类型的关系

此外，江水水位涨落对地质灾害活动具有激发作用。水位上涨造成的岩土体的强度软化效应和悬浮减重效应可能改变岸坡的稳定状态；江水水位上涨过程中，处于水面以下的岩土体在水位回落时可能发生固结沉降，从而造成坡体变形破坏；水位的突变（升或降）产生的动水压力可能诱发滑坡；水位上涨可能诱发地震，而地震会触发滑坡的变形和破坏。由于长江、嘉陵江水位变幅大，长年枯-洪水位相差 30m 以上，水位日升幅最大达 5m 左右，这种动力活动也是造成两江沿江地带地质灾害十分密集的原因之一。

7）降雨

降雨，尤其是暴雨，是斜坡失稳的一个重要诱发因素。降雨诱发滑坡主要是通过地下水作用间接体现的。很多滑坡都是在暴雨之后发生的，并且大多具有较为明显的滞后效应。降水沿坡面或坡体后缘下渗，除了增加坡体自身的重力，进而增大下滑力之外，更重要的是，下渗的地下水使坡体内部孔隙水压力发生剧烈变化。根据有效应力原理，随着孔隙水压力的增大，有效应力随之减小，从而引起坡体内部土体颗粒之间或者结构面上的摩擦力减小，降低斜坡的稳定性。

但对于特定区域，如重庆地区排水干管系统所在区域，可以认为在同一时段内，研究区域内具有相同的降雨量及降雨时间变化特性。因此，针对城市基础设施的边坡危险性空间区划不考虑降雨影响，而降雨对边坡稳定性的影响将在 3.3 节予以专门讨论。

8）人类活动

随着经济建设的发展，城镇建设、道路修筑、矿山开采、水力资源开发利用等工程建设以及不合理的陡坡耕种等，在不同程度上改变了（或正在改变）地质环境的本来面目，从而引发山地滑坡。对于山地城市管道设施，道路修筑和排水管建设都产生了大量的切坡和人工开挖、回填等行为，对边坡的稳定性必然带来不利影响。上述人类活动根据其对边坡稳定性的影响程度可分为如下四类：已治理边坡、未扰动边坡、一般扰动边坡与强烈扰动边坡。

综合上述分析，坡型和斜坡所处的岸坡形态对滑坡发生的影响区别不大。因此，针对重庆主城排水干管工程这类典型山地城市管网系统，其边坡危险性区划可主要考虑地质条件、地形地貌、环境影响和人类活动四大因素，可选定地层岩性、岩土体结构、地质构造、坡度、河流冲刷和人类活动等作为滑坡关键影响因子，从而建立相应的边坡危险性区划指标体系（表 3.4）。为便于后续综合分析，各影响因子对滑坡发生的影响程度均量化为四级，即以 1、2、3、4 进行赋值，依次代表影响因子对滑坡发生影响程度的大小，即 1 表示不利，2 表示较有利，3 表示有利，4 表示很有利。

表 3.4　边坡危险性区划指标体系

滑坡因子	1	2	3	4
地层岩性	砂岩、泥灰岩、泥质粉砂岩	粉砂质泥岩、砂泥岩互层	泥岩、页岩	强风化岩、强破碎带
岩土体结构	整体结构	块裂结构	碎裂结构	松散体
地质构造	反向坡	横向坡	斜向坡	顺向坡

续表

滑坡因子	1	2	3	4
坡度	＜10°	10°～20°	20°～40°	＞40°
河流冲刷	非影响范围	一般影响	平直岸和凸岸	凹岸
人类活动	已治理边坡	未扰动边坡	一般扰动边坡	强烈扰动边坡

需要说明的是，表 3.4 中，由于治理工程或者人工扰动相对于前述 5 个因子对边坡危险性的影响属于人为主动因素，可不纳入分析范围内，本书将其影响在边坡单体的气象预报预警中予以考虑（3.3 节）。

确定影响因子权重的方法常见的有专家经验法、层次分析法（analytic hierarchy process，AHP）、改进的层次分析法等[10, 11]。其中，专家经验法带有强烈的主观性与不确定性。AHP 由于人为判断的片面性，两两比较的结果不一定具有客观一致性，所以通常需要一致性检验，若不能通过检验，则凭经验估计调整判断矩阵。该方法虽行之有效，但仍难免主观和盲目。改进的层次分析法采用 3 标度法代替传统的 9 标度法建立判断矩阵，具有可操作性，无须单独做一致性检验，而是通过最优传递矩阵把比较矩阵转化为一致性矩阵，可快速得出权重排序组合。

将重庆主城排水干管沿线区域的显著滑坡影响因子记为

$$X = \{X_1, X_2, X_3, X_4, X_5\} \tag{3.1}$$

式中，X_1～X_5 依次为地层岩性因子、岩土体结构因子、地质构造因子、坡度因子和河流冲刷因子，其相应的权重为 a_i（$i = 1$～5），且

$$a_1 + a_2 + a_3 + a_4 + a_5 = 1 \tag{3.2}$$

采用改进的层次分析法计算权重系数的步骤如下：

（1）形成影响因子判断矩阵。首先对各影响因子进行两两属性比较，建立标度矩阵 $\boldsymbol{C}$，$\boldsymbol{C} = [c_{ij}]_{n\times n}$，$c_{ij} = 1$ 表示因子 X_i 比 X_j 重要，$c_{ij} = 0$ 表示因子 X_i、X_j 同等重要，$c_{ij} = -1$ 表示因子 X_j 比 X_i 重要。然后根据标度矩阵 $\boldsymbol{C}$，计算各因子的判断矩阵，即先求出 $\boldsymbol{C}$ 的最优传递矩阵 $\boldsymbol{O}$，其中，$O_{ij} = \dfrac{1}{n}\sum_{t=1}^{n}(C_{it} + C_{tj})$，再将矩阵 $\boldsymbol{O}$ 转化为一致性矩阵 $\boldsymbol{D}$，$d_{ij} = \exp(O_{ij})$，$\boldsymbol{D}$ 即各影响因子的判断矩阵。

（2）确定影响因子权重。由判断矩阵 $\boldsymbol{D}$ 的最大特征根所对应的特征向量，得到各影响因子的重要性，归一化处理后，即得权重 x。通常可采用方根法或和积法进行归一化处理。方根法为

$$\omega_i = \prod_{j=1}^{n} d_{ij}, \quad \bar{\omega}_i = \sqrt[m]{\omega_i}, \quad x_i = \bar{\omega}_i \Big/ \sum_{i=1}^{n} \bar{\omega}_i \tag{3.3}$$

针对上述排水干管沿线地质地形及环境特点，选取地层岩性、岩土体结构、地质构造、坡度和河流冲刷等 5 个滑坡关键影响因子建立评价指标体系，采用改进的层次分析法，得到各因子权重值（表 3.5）。

表 3.5　滑坡影响因子权重值

影响因子 a	地层岩性	岩土体结构	地质构造	坡度	河流冲刷
权重 x	0.3813	0.2556	0.1148	0.1713	0.0770

3.1.3　边坡危险性区划模型

首先，对评价区域进行单元划分。模型单元代表了地表的一部分，每一单元包含的条件集合的特征应当与其相邻单元存在显著的差异。由于影响滑坡的各种条件，包括地质、地形地貌等，在空间分布上存在不均匀性，所以在划分模型单元时，应尽量保证每一单元内部条件的最大均一性以及单元之间的明显差异性。通常单元划分包括规则划分和不规则划分。对于地形地质条件复杂的山地城市排水管线沿线区域，可采用不规则单元划分方式。在此，不规则划分首先依据研究区域的地形线，以冲沟线、山脊线为斜坡单元边界，尽量保证一个单元不跨越两个不同的地貌，同时控制斜坡单元的面积不超过已发生滑坡的区域。然后按各单元地形地质等条件根据表 3.5 对各评价因子赋值，在 ArcGIS 软件中对各参评因子进行叠加，形成新的属性字段，通过 Calculate Values 工具，按照式（3.4）即可得到各评价单元的滑坡危险度值 W：

$$W = \alpha_1 x_1 + \alpha_2 x_2 + \cdots + \alpha_m x_m \tag{3.4}$$

参照工程经验，可将研究区域内的滑坡危险性划分为高危险、中危险、低危险三个等级，其具体特征见表 3.6。由各评价单元的综合边坡危险度值，可根据表 3.7 确定边坡危险性等级，表中 A、B、C 为危险性区划的界限值。

表 3.6　滑坡危险度分区表

危险性等级	产生滑坡的条件	预防措施
高危险度区	具备产生大中型滑坡的底层岩性、地貌及动力破坏条件	在城镇建设重要基础规划设施中，应以避为主、工程防治为辅、综合检测预警为重点的防灾措施
中危险度区	有产生大、中、小型滑坡的底层岩性、地貌及动力破坏条件	在重要基础规划设施中，应合理开发利用斜坡土地资源，坚持先工程防治后建设的原则
低危险度区	发生滑坡的概率很小，或偶尔产生小型滑坡	在重要基础规划设施中，可以开发利用区域内的土地资源

表 3.7　危险性等级划分

危险性等级	安全	低危险性	中危险性	高危险性
属性值	＜A	A–B	B–C	＞C
危险度值	＜1	[1，2.164）	[2.164，2.854）	[2.854，4]

确定危险性等级界限值的方法通常有专家经验法、突变点法、等间距划分法和黄金分割法。

（1）突变点法即经过统计分析，从中找出突变点作为危险程度界限值。该方法很大程度上受制于计算结果的数据结构。若数据均匀分布于较大范围，该方法就会失效；若数据大部分集中在一段区域，又会导致突变点不能准确定位各等级的界限值。

（2）等间距划分法是根据计算结果的区间长度和需要划分的等级个数等间距地确定界限值。如本章划分为 3 个等级，危险度值为 1～4，具体为：高危险度区 $W=3$～4，中危险度区 $W=2$～3，低危险度区 $W=1$～2。这种方法操作简便，但等间距划分法与大多数工程实际不吻合。

（3）黄金分割法由美国的基弗（Kiefer，1924—1981）于 1953 年提出并予以证明[12]，该方法的核心思想是认为黄金分割点是最优点的一个临界点，通过找出所有计算单元最不稳定分值和最稳定分值，采用黄金分割法定出界限值。例如，最稳定分值和最不稳定分值分别为 0.53 和 0.14，则阈值为：趋于安全分值为 0.347，趋于危险分值为 0.3810。与突变点法和等间距划分法相比，黄金分割法适用性强，较为合理。黄金分割这一神奇比例在艺术、生物、人类生产实践中被广泛运用，并为直接最优化方法的建立提供了依据。在此，采用黄金分割点来确定危险度等级划分的界限值。令 $A=1$，$D=4$，由此可得线段两个黄金分割点：$B=4-3\times0.618=2.146$，$C=1+3\times0.618=2.854$。根据黄金分割定理得到的危险性等级划分标准见表 3.7。

3.1.4　重庆主城排水干管 A 线边坡危险性区划

重庆地处三峡库区，是典型的山地城市，地形地质条件复杂，地势起伏大，排水干管沿线地形最大相对高差达 40m，降雨密集，致使重庆成为我国地质灾害最严重的城市之一，崩塌、滑坡等地质灾害时有发生，威胁着管道的安全（图 3.5）。

重庆主城主排水系统主要由两座污水处理厂和四条主干管组成，即鸡冠石、唐家沱污水处理厂以及 A、B、C、D 四条截流排水主干管。其中，A 线干管位于重庆市江北区嘉陵江北岸，起于盘溪河下游，途经江北嘴、廖家台、三洞桥

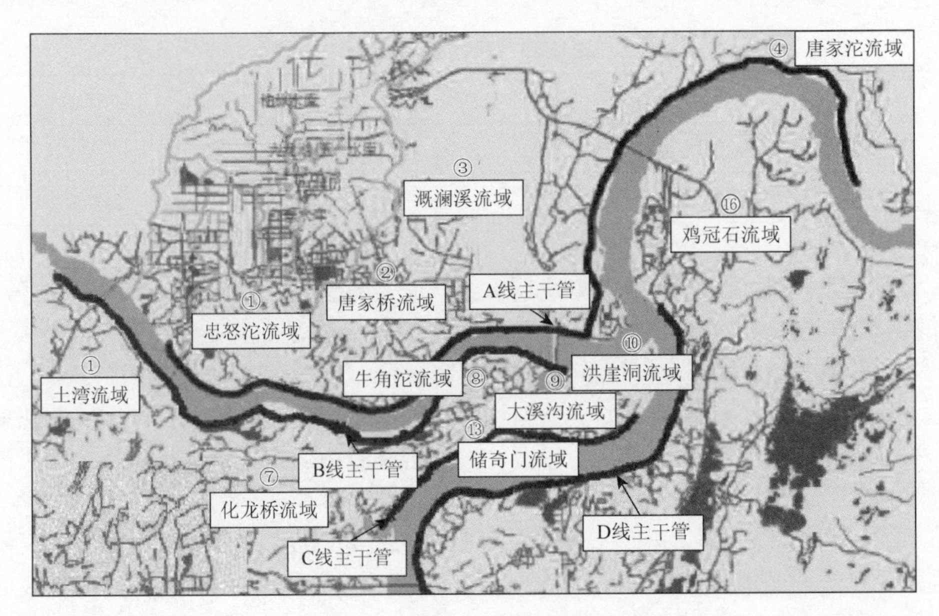

图 3.5　重庆主城区排水管网总图

和寸滩等地，止于江北区唐家沱污水厂，全长 22.7km。干管沿线地形地质条件复杂，管道类型齐全，具有典型的山地城市排水干管特性，其地质状况可分为上下两段。

A 线上段管线起于江北区嘉陵江北岸石门大桥北桥头西侧（盘溪河口），顺江而下，沿嘉滨路行进，经猫儿石、嘉陵江大桥至江北城的廖家台。沿线属河谷侵蚀岸坡地貌和侵蚀堆积地貌，地形总体由北向南倾斜，地形坡度角一般为 10°～30°。管道区第四系全新统地层分布广泛，发育较齐全，成因类型较为复杂，主要为人工填土、残坡积土、冲积土、冲洪积土，厚度变化大，基岩为侏罗系中统上沙溪庙组（J2s）地层，由泥岩、粉砂质泥岩与砂岩呈不等厚互层组成，基岩风化程度因地层岩性、地形、构造部位不同而厚度不同，强风化带不厚。

A 管线上段（K0 + 000.00～K10 + 471.50 段）里程 K0 + 000.00～K10 + 471.50 范围的边坡整体安全性良好，在盘溪沟口（1-2#～4#-183m）处存在安全隐患。该段地质情况为嘉陵江冲沟地貌，坡度约 45°，地表主要为第四系填土，下伏侏罗系上沙溪庙组泥岩及砂岩，岩层单斜平缓。补给裂隙水量有限，不利于地下水的聚集，故其富水性弱。原来为人工填土边坡，施工期间采取了临时的支挡措施，水位涨落对现有边坡形成冲刷，可能存在坍岸，危及管道运营安全。在里程 K2 + 674.00～K3 + 822.50 范围的边坡较陡，设有挡墙以消除潜在安全隐患。

A 线下段管线起于江北区长江北岸三洞桥，顺江而下至唐家沱污水处理厂。

属侵江河岸坡地貌，横向因地层岩性不同和产状差异及河流侵蚀作用的强弱而使岸坡形成缓坡、中坡形态。因地层含泥岩、砂岩较多，产状较陡，河流侵蚀作用较强，一般呈 30°～40°的岩质边坡。

管线场地地层由覆盖层新生界第四系（Q4）的人工填层、残坡积层、冲积层构成，主要有粉质黏土、粉土、碎石土，总体较薄，部分地段较厚，饱水后力学性能较差。基岩为中生界侏罗系中统上沙溪庙组（J2s）、下沙溪庙组（J2xs）、新田沟组（J2x）、中下统自流井组（J1～2z）及下统珍珠冲组（J1z）组成，其岩性主要为泥岩、页岩、砂岩。基岩风化程度因地层岩性、地形、构造部位不同而厚度不同，强风化带不厚。

A 管线下段部分存在顺层坡及切坡滑动安全隐患，如 137#-30m～142#茅溪范围存在顺层坡，其中 141#附近垮塌使箱形管道外移 1cm 多，致使斜坡上 138#～139#少量民房变形或开裂，导致箱形管道内外侧受力不均。163#～187#范围多处由于自然斜坡坡度大，排污管道开挖切坡，坡高达 2～10m。其中溉澜溪段和寸滩港段 2004 年曾出现切坡被雨季冲刷，虽然桩基良好，但桩基上箱形管道依旧出现被冲击脱离的现象。

根据上述重庆主城排水干管 A 线工程沿线相关数据，对评价区域进行单元划分，建立边坡危险性评估指标体系的 GIS 图层数据，并对各单元的影响因子赋值，采用本章建立的边坡危险性区划方法及标准，对重庆主城区排水干管 A 线工程沿线区域危险性进行分析，结果如图 3.6 所示，图中绿色表示低危险区、橙色表示中危险区、红色表示高危险区。图 3.6～图 3.10 给出了重庆主城排水干管 A 线工程沿线区域的危险性划分的分区段结果。

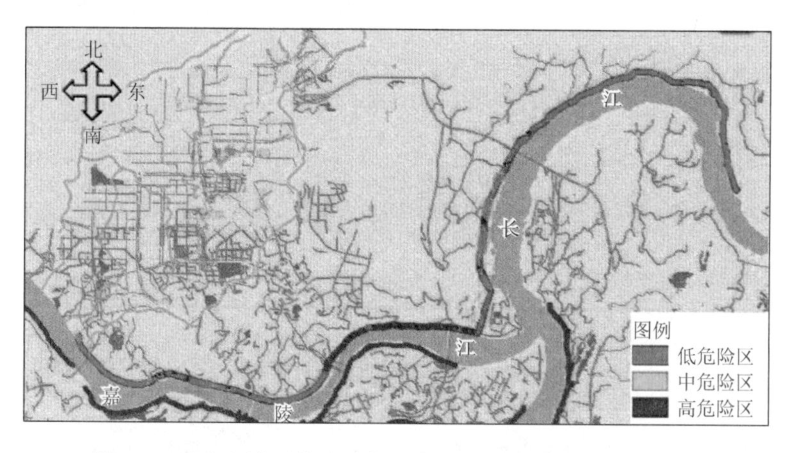

图 3.6　重庆主城区排水干管 A 线沿线边坡危险性区划结果

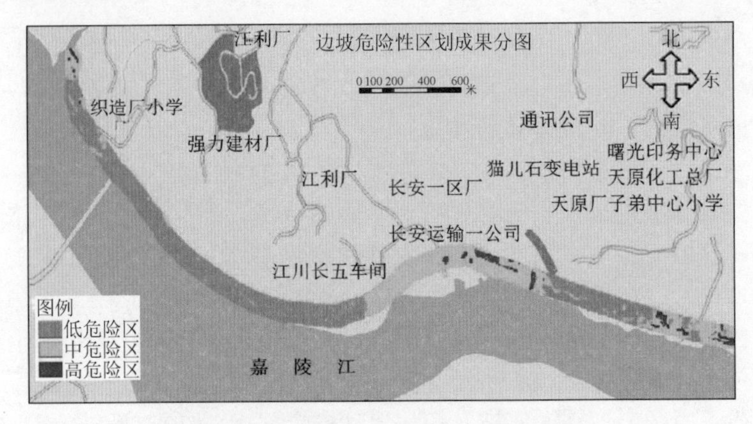

图 3.7　研究区边坡危险性区划结果分图 1

图 3.8　研究区边坡危险性区划结果分图 2

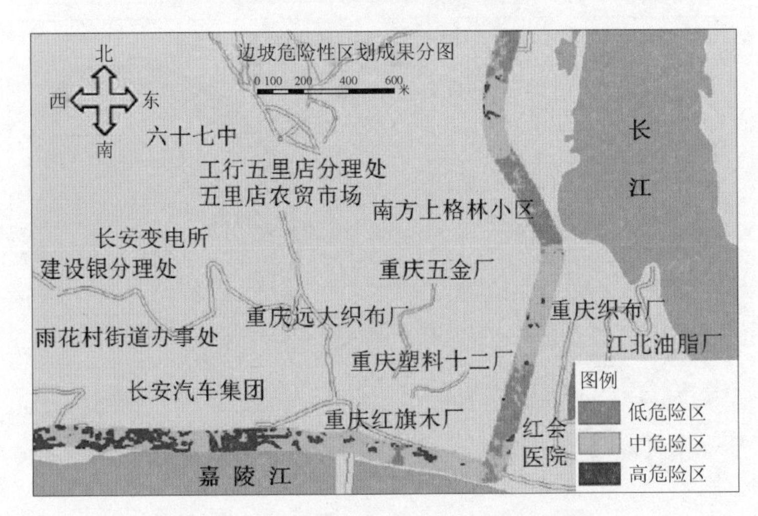

图 3.9　研究区边坡危险性区划结果分图 3

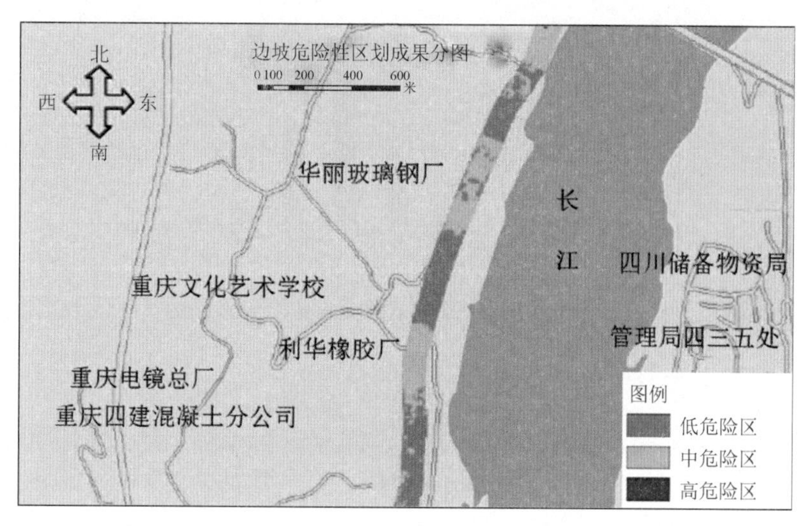

图 3.10　研究区边坡危险性区划结果分图 4

以上分析结果显示：滑坡高危险区主要集中在渝澳嘉陵江大桥到黄花园嘉陵江大桥一段，其他段零星有高危险区和中危险区存在。

3.2　降雨与滑坡关系的研究

降雨是导致山地城市地质灾害的主要外因之一。本节主要针对降雨型滑坡风险，研究降雨与边坡灾变的关系。

3.2.1　降雨与滑坡关系的统计分析

采用重庆市气象局 1961～2008 年的降雨资料，台站包括代表重庆主城区的沙坪坝、代表东北部的开县、代表三峡库区的万州以及代表重庆东南部的酉阳等。在重庆地区选取有具体发生时间的滑坡案例 577 个[13]，并利用与滑坡点最为接近的雨量计站点的测量结果，进行滑坡与降雨关系的统计分析。

1. 降雨年度分布时间与滑坡的关系

重庆地区全年降雨量充沛，且分布不均，降雨主要集中在 5～9 月。对重庆市辖区内 30 个区县近几十年的 1613 个滑坡个例（有滑坡时间的个例）以发生时间进行统计，得到降雨型滑坡年内时间分布图，如图 3.11 所示。由图可见，重庆地区的山体滑坡主要发生在 5～9 月，占全部滑坡的 95.7%，主汛期（6～8 月）发生的滑坡所占比例为 87.0%，其中以 7 月发生的次数（693 次）最多，所占比例为 43.0%。表明该地区的滑坡与降雨有密切的联系，基本成正比。因此，在开展降雨型滑坡气象预报时，要特别注意 5～9 月的预报。

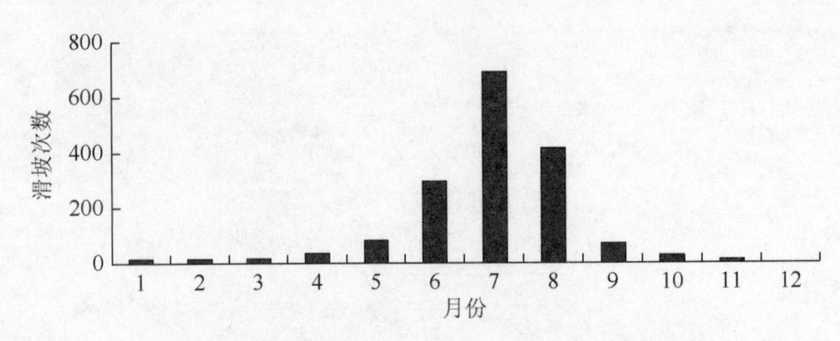

图 3.11　重庆地区降雨型滑坡年内时间分布图

2. 当日降雨量与滑坡的关系

采用我国气象部门的常用标准，对日降雨量进行雨型分类，对有具体雨量资料的滑坡记录（共计 577 个）进行统计分析，得出滑坡与其发生当日降雨量的关系，结果见表 3.8。

表 3.8　当日降雨量与滑坡发生次数的关系

雨型	滑坡次数	所占比例/%
无雨 0mm	164	28.4
小雨[0, 10)mm	96	16.6
中雨[10, 25)mm	81	14.1
大雨[25, 50)mm	49	8.5
暴雨[50, 100)mm	64	11.1
大暴雨[100, ∞)mm	123	21.3

由表 3.8 可知，发生滑坡当天降暴雨及暴雨以上的滑坡数最多，占总滑坡数的 32.4%；其次为滑坡发生当天没有降雨的案例，共计 164 个，占总滑坡数的 28.4%；而与中雨和大雨相比，滑坡当日降小雨导致的滑坡最高，为 16.6%。由此可以推测：降雨型滑坡不仅受当日降雨量影响，还与距发生滑坡当日的前期累积降雨量有关。而暴雨是导致滑坡高风险的主要因素。

3. 前期累积降雨量与滑坡的关系

降雨诱发的滑坡大多发生于降雨中后期或降雨停止后几天，其滞后时间一般不超过 10 天，滑坡滞后的时间长短与土（坡）体性质、降雨强度等因素有关，统计表明，近 70%的滑坡在发生前 10 天内至少降过一次大雨及大雨以上的雨，即滑坡与发生滑坡当天的前期降雨量有关，而前期各天降雨量对该天的影响程度又不尽相同。

重庆地区的滑坡发生前 10 天逐日累积降雨量与滑坡发生次数的相关性见表 3.9。

表 3.9　前期累积降雨量与滑坡发生次数相关系数

前 i 天	0	1	2	3	4	5	6	7	8	9	10
相关系数	0.75	0.562	0.422	0.316	0.237	0.178	0.133	0.1	0.075	0.056	0.053

可见，滑坡发生频次与前期累积降雨量的相关性随距滑坡发生时间的增长而降低，超过 10 天的累积降雨量对滑坡发生的影响可以忽略。因此，分析滑坡与前期降雨的关系时可仅考虑滑坡发生前 10 天的降雨量以及累积降雨量。对重庆地区山体滑坡 577 个案例发生当天至前 10 天的前期累积降雨量进行统计，结果见表 3.10 和图 3.12。

表 3.10　滑坡发生前 10 天累积降雨量与滑坡的关系

累积降雨量/mm	滑坡次数	发生频率/%	累计滑坡次数	累计频率/%
[0, 10)	33	5.70	33	5.7
[10, 40)	85	14.70	118	20.4
[40, 70)	85	14.70	203	35.1
[70, 90)	46	8.00	249	43.1
[90, 160)	103	17.90	352	61.0
[160, 190)	60	10.40	412	71.4
[190, 220)	53	9.20	465	80.6
[220, 300)	55	9.5	520	90.1
[300, ∞)	57	9.90	577	100

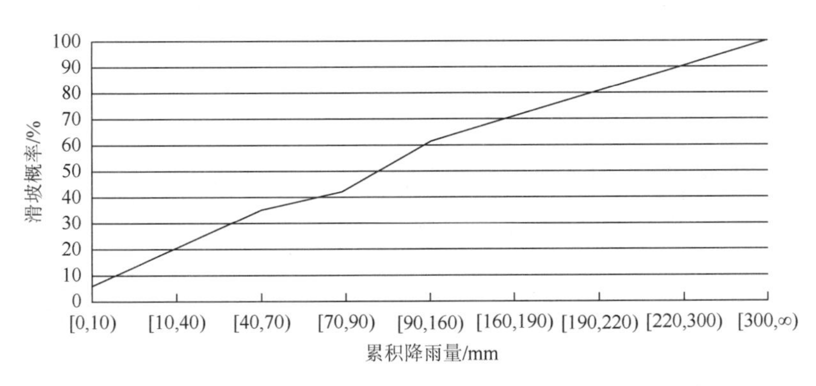

图 3.12　滑坡发生前 10 天累积降雨量与滑坡概率的关系

表 3.10 显示，随着前期累积降雨量的增加，发生滑坡的可能性增大。当前期累积降雨量小于 10mm 时，几乎无滑坡发生（概率仅为 5.7%）；前期累积降雨量达到 40mm 时，滑坡发生的可能性开始增加；前期累积降雨量达到 70mm 时，滑

坡发生的可能性显著增加，达 35.1%；前期累积降雨量达到 160mm 时，滑坡发生的概率高达 61.0%。可见，前期累积降雨量对滑坡影响显著。

4. 降雨强度与滑坡的关系

图 3.13 为滑坡发生当天小时最大降雨强度以及连续数小时平均降雨强度与滑坡发生频率的关系。可见，当小时降雨强度小于 100mm 时，小时最大降雨强度和连续数小时平均降雨强度对应的滑坡频率分别为 45.7%和 73.5%，表明持续一段时间的强降雨对滑坡的影响比短时强降雨大。

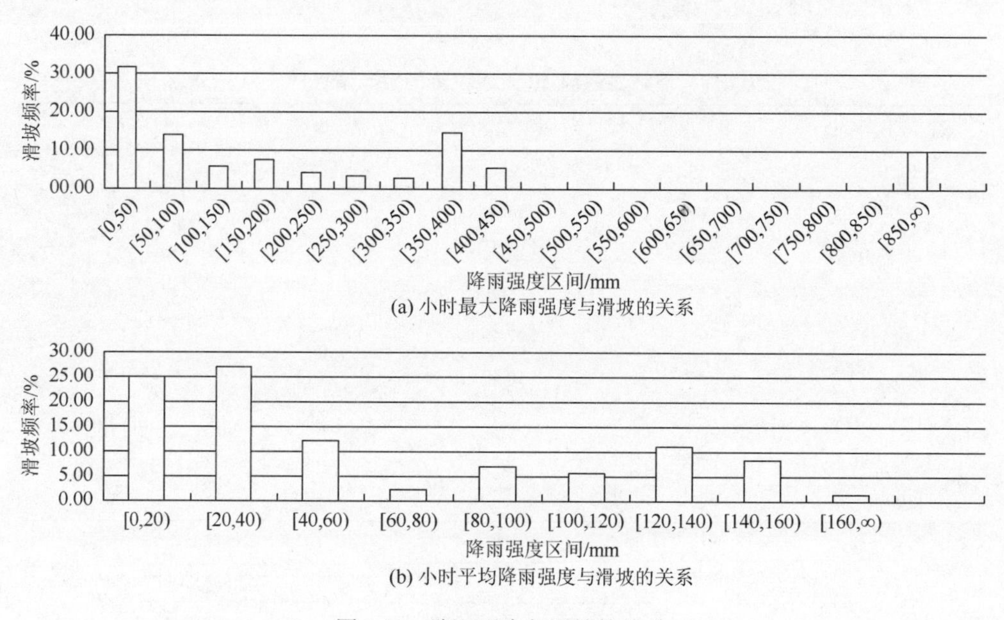

(a) 小时最大降雨强度与滑坡的关系

(b) 小时平均降雨强度与滑坡的关系

图 3.13　降雨强度与滑坡的关系

5. 前期降雨持续时间及雨型与滑坡的关系

降雨量大于 0.1mm 时，认为当天有降雨；将某日出现大于 0.1mm 的降雨至降雨小于 0.1mm、降雨日数至少为 2 天、累积降雨量大于 10mm 的降雨定义为连续降雨。通过对 577 个滑坡案例的统计分析，得到滑坡发生前降雨天数及连续降雨天数与滑坡发生概率的关系，结果见图 3.14。

可见，10 天内有 4 天降雨的情况下，滑坡发生的概率超过 25%；有 5 天或 6 天降雨的情况下，滑坡发生的概率超过 15%；连续 3 天降雨的情况下，滑坡发生的概率超过 35%。可见如果连续 3 天有降雨，且在这 3 天的前后 5 天内又有 1～2 次降雨，则发生滑坡的可能性会很大。根据滑坡发生的前期（10 天内）降雨情况的不同，典型降雨形式可以概括为四种：先大后小；先大后大；先小后大；中间大、两头小。不同降雨形式下滑坡发生的概率不同，见图3.15。

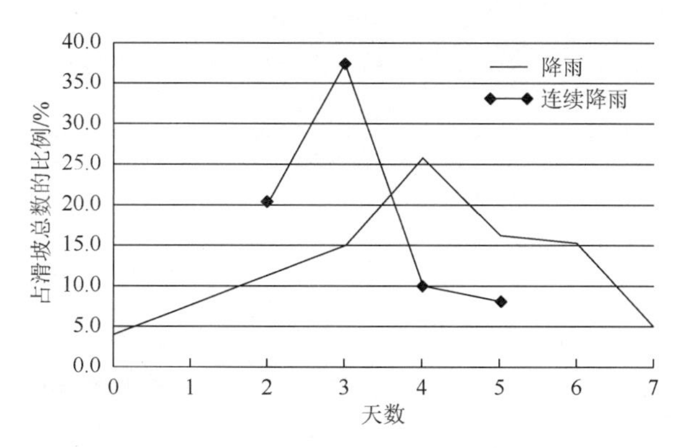

图3.14　前期降雨持续时间与滑坡的关系

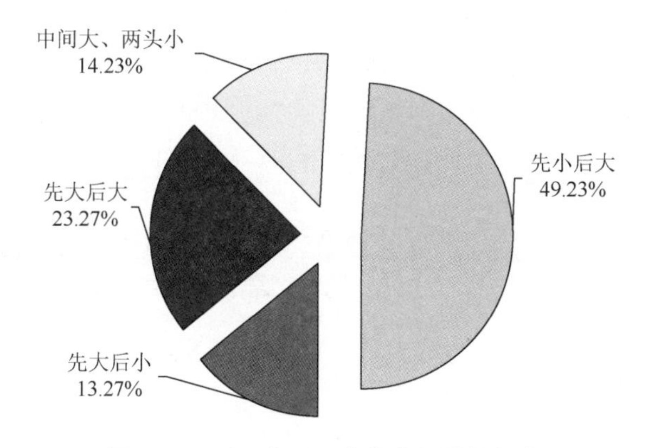

图3.15　不同降雨形式发生滑坡的概率

6. 暴雨与滑坡的关系

前述577个滑坡案例中，有317个在滑坡发生前的10天内至少降过1次暴雨，占总数的54.9%。以较强降雨日为界，滑坡发生的前10天内降过1次暴雨的滑坡案例有186个，降过2次暴雨的滑坡案例115个，降过3次暴雨的滑坡案例较少。可见，一两次的暴雨就足以诱发1次滑坡。表3.11为暴雨发生后逐日地质灾害发生次数及占该类型总数的比例，其中，暴雨当天滑坡发生次数为143次，占暴雨发生后10天内滑坡发生总次数的45.1%；次日发生89次，占28.1%；暴雨发生后当天和次日累计为73.2%，说明强降雨引发的滑坡主要发生在强降雨发生的当日和次日。滞后2～10天发生的比例为26.8%，日均发生可能性为1%～5%。

表 3.11 暴雨后逐日滑坡发生次数统计表

滑坡前 i 日	0	1	2	3	4	5	6	7	8	9	10
滑坡次数	143	89	3	12	13	16	9	12	4	7	9
比例/%	45.1	28.1	1.0	3.8	4.1	5.0	2.8	3.8	1.3	2.2	2.8
累计比例/%	45.1	73.2	74.2	78.0	82.1	87.1	89.9	93.7	95.0	97.2	100

3.2.2 降雨与滑坡关系的理论研究

降雨入渗对边坡的影响机制主要在于：使土体含水量与容重增加，增大土体的剪应力；同时，降雨还会改变边坡岩土力学性能，使土体基质吸力减小，导致土体抗剪强度降低。国内外学者对此的研究表明[14, 15]：降雨条件下边坡稳定性取决于土壤的入渗能力、降雨强度以及该次暴雨前的累积降雨量。降雨条件下，通常发生浅层滑坡，负孔隙水压力对抗剪强度影响显著。采用非饱和渗流分析对前期降雨对土体边坡稳定性影响的研究显示，边坡土体渗透系数越低，边坡稳定性受前期降雨的影响越大。降雨入渗时，若降雨强度和降雨总量相对较小，边坡的安全系数降低有限，但最大剪应力、水平位移和临界滑面上最大孔隙水压力将增大 2～10 倍。

以上研究主要集中于特定降雨强度条件对边坡稳定性的影响。在此，将采用渗流-应力非耦合分析方法，进一步分析降雨强度、降雨持续时间和雨型对边坡稳定性的影响[16, 17]。

1. 非饱和渗流场与应力场耦合分析

非饱和渗流场与应力场相互耦合，降雨条件下雨水在边坡土体内部产生渗透力，从而改变边坡内部应力场，应力场的变化又引起土体体积的变化，从而改变其渗透系数与渗透场。

根据达西定理，二维渗流的控制微分方程为

$$\frac{\partial}{\partial x}\left(k_x\frac{\partial H}{\partial x}\right)+\frac{\partial}{\partial y}\left(k_y\frac{\partial H}{\partial y}\right)+Q=\frac{\partial \theta}{\partial t} \tag{3.5}$$

式中，H 为总水头；k_x 为 x 方向的渗透系数；k_y 为 y 方向的渗透系数；Q 为施加的边界流量；θ 为体积含水率；t 为时间。

采用耦合分析法进行降雨入渗条件下非饱和土边坡内部的渗流和应力分析[11]，即同时求解应力平衡方程和渗流连续方程。根据虚功原理，建立如下用位移增量和孔隙水压力增量表示的耦合分析式[12]：

$$[K]\{\Delta\delta\}+[L_d]\{\Delta u_w\}=\{\Delta F\} \tag{3.6}$$

$$\beta[L_f]\{\Delta\delta\}-(\Delta t[K_f]/\gamma_w+\omega[M_N])\{\Delta u_w\}=\Delta t(\{Q\}|_{t+\Delta t}+[K_f]\{u_w\}/\gamma_w|_t) \quad (3.7)$$

式中，$[K]=\Sigma[B]^{\mathrm{T}}[D][B]$；$[L_d]=\Sigma[B]^{\mathrm{T}}[D]\{m_H\}[N]$；$\{m_H\}^{\mathrm{T}}=\{1/H，1/H，1/H，0\}$；$[K_f]=\sum[B]^{\mathrm{T}}[K_w]$为单元刚度矩阵；$[M_N]=[N]^{\mathrm{T}}[N]$，$[N]$为形函数行矢量，在此为$\{1, 1, 1, 0\}^{\mathrm{T}}$，$[M_N]$为质量矩阵；$[L_f]=\Sigma[N]^{\mathrm{T}}\{m\}$为渗流耦合矩阵；$[B]$为梯度矩阵；$[K_w]$为渗透系数矩阵；$\{m\}$为各向同性单元张量，为$\{1, 1, 1, 0\}^{\mathrm{T}}$；$\{\Delta\delta\}$为节点位移增量；$\{\Delta u_w\}$为孔隙水压力增量；$R$ 为与基质吸力相关的模量，随体积含水率而变化；$\beta=\dfrac{E}{H}\dfrac{1}{1-2\nu}=\dfrac{3K_B}{H}$，$\omega=\dfrac{1}{R}-\dfrac{3\beta}{H}$，$K_B$为体积模量。

数值分析时，可先求解瞬态渗流方程（3.5），将其结果作为已知的水力边界条件代入式（3.6）和式（3.7），从而得到位移场和应力场。

2. 渗流条件下土的抗剪强度

Fredlund[18]引入随基质吸力变化的内摩擦角 φ^b，考虑基质吸力对非饱和抗剪强度的影响。Vanapalli 等[19]将 φ^b 与土中含水率的变化通过土-水特征曲线联系起来，从而建立了非饱和土抗剪强度的经验模型为

$$\tau_f=c'+(\sigma_n-u_a)\tan\varphi'+(u_a-u_w)\left[\left(\frac{\theta-\theta_r}{\theta_s-\theta_r}\right)\tan\varphi'\right] \quad (3.8)$$

式中，c'和 φ'为有效黏聚力和有效内摩擦角；u_a 为孔隙空气压力，假设土体孔隙与外界相通，则 $u_a=0$；u_w 为孔隙水压力；σ_n 为法向应力。φ^b 与含水率的关系为

$$\tan\varphi^b=\frac{\theta-\theta_r}{\theta_s-\theta_r}\tan\varphi' \quad (3.9)$$

式中，θ 为体积含水率；θ_s 为饱和体积含水率；θ_r 为残余体积含水率。

3. 降雨特性对边坡稳定性的影响

选取一坡高 20m、坡比为 1∶2 的典型均质土坡（图 3.16）。采用理想弹塑性

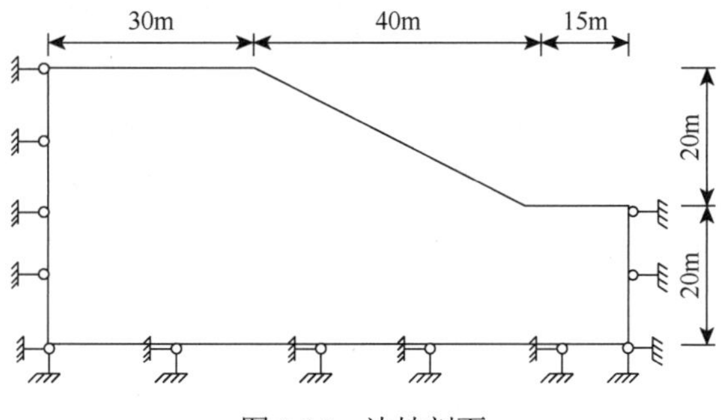

图 3.16　边坡剖面

模型，弹性模量 10MPa，泊松比 0.35，有效内摩擦角 20°，有效黏聚力 12kPa，容重 20kN/m^3；侧压力系数采用经验公式 $k_0 = 1-\sin\varphi'$，其中 φ'为有效内摩擦角；体积含水率与基质吸力的关系如图 3.17(a)所示[15]，渗透系数与基质吸力的关系如图 3.17(b)所示[15]。取饱和渗透系数 $k_s = 0.432$m/d，饱和体积含水率 $\theta_s = 0.5$m^3/m^3，残余体积含水率 $\theta_r = 0.05$m^3/m^3。假设初始地下水位与坡趾同高度，左侧边界为隔水边界，右侧边界为排水边界，边坡表面为降雨边界。

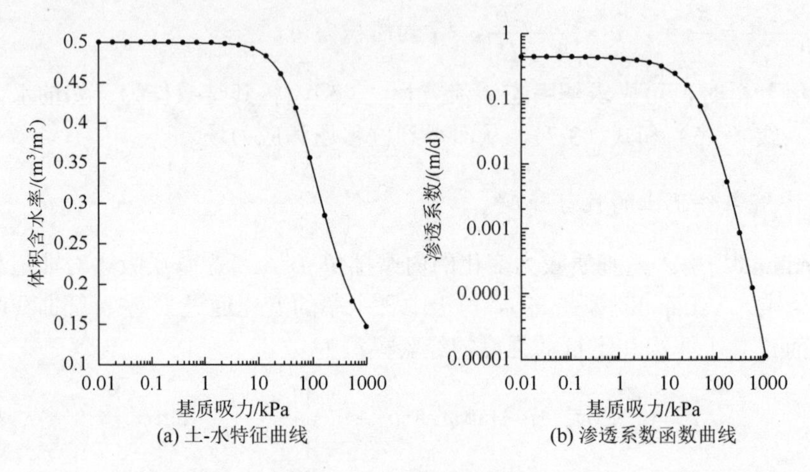

(a) 土-水特征曲线　　(b) 渗透系数函数曲线

图 3.17　土-水特征曲线

降雨入渗条件下，边坡稳定性分析步骤如下：

（1）对给定边坡划分有限单元；

（2）采用有限差分法计算降雨条件下边坡内部各单元的孔隙水压力和体积含水率；

（3）根据所得渗流场计算边坡应力场；

（4）将步骤（2）和（3）的结果代入式（3.9），计算单元抗剪强度；

（5）进行边坡稳定性分析，计算边坡安全系数。

为较全面地反映渗流场及其相应应力场对边坡稳定性的影响，在此采用滑面应力法[20]分析降雨特性对边坡稳定性的影响。滑面应力法是将有限元计算得到的应力导入极限平衡分析，根据已知的应力计算出每个条块底部中点的正应力和下滑剪应力，通过对滑移面上的力进行积分即可求得边坡安全系数。边坡安全系数为滑动面上的抗滑力与滑动力之比，即

$$F_s = \frac{\int_L \tau_f \mathrm{d}L}{\int_L \tau \mathrm{d}L} \tag{3.10}$$

式中，τ_f 为条块底部中心的抗剪强度；τ 为条块底部中心滑动剪应力。

4. 降雨强度对边坡稳定性的影响

考虑了四种降雨强度 40mm/d（大雨）、80mm/d（暴雨）、200mm/d（大暴雨）、360mm/d（特大暴雨），采用阶梯型降雨，分析 3 天连续降雨及降雨停止 20 天后相应的边坡安全系数。

边坡安全系数随降雨强度和降雨时间的变化见图 3.18。可见，降雨期间，边坡的安全系数呈下降趋势。其中，在特大暴雨（360mm/d）下，边坡安全系数下降幅度最大，而大雨（40mm/d）下，边坡安全系数下降幅度最小。这是由于降雨强度大时，负的孔隙水压力减小的幅度较大，相应的边坡安全系数降低的幅度也较大。当降雨强度较小时，由于降雨入渗引起的负孔隙水压（基质吸力）减小的幅度较小，所以边坡安全系数下降的幅度也较小。降雨停止后，边坡安全系数逐步增大，且前期降雨强度越大，降雨停止后的边坡安全系数提高越快。这是由于雨停后，土体基质吸力随着含水量的减小而增大，边坡稳定性随之增加。

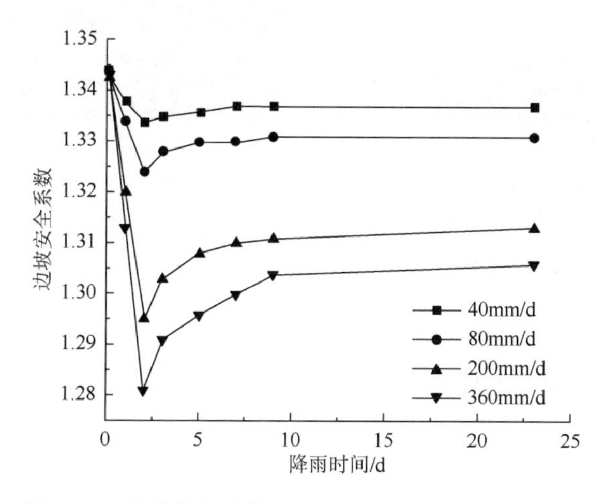

图 3.18　边坡安全系数随降雨强度和降雨时间的变化

5. 降雨持续时间对边坡稳定性的影响

这里以阶梯型特大暴雨（360mm/d）为例研究降雨持续时间对边坡安全系数的影响。如图 3.18 所示，在降雨过程的前两天，由于降雨强度不断增大，边坡安全系数不断减小，降雨第二天时，边坡安全系数达到最小值。第二天后，降雨强度逐渐减小，降雨入渗量小于边坡排水量，土体基质吸力逐渐回升，导致边坡安全系数逐渐增加。

图 3.19 为孔隙水压力随降雨时间的变化。可见，受降雨入渗的影响，顶面和坡面的浅层负孔隙水压力的区域减小。由式（3.9）可知，抗剪强度随土体含水率

显著降低，边坡安全系数减小。随着降雨强度的增大，负孔隙水压力的区域减小的幅度也逐步增大。而当降雨强度减小时，边坡的负孔隙水压力有所增加，如图 3.19（d）所示，边坡负孔隙水压力比图 3.19（c）大。

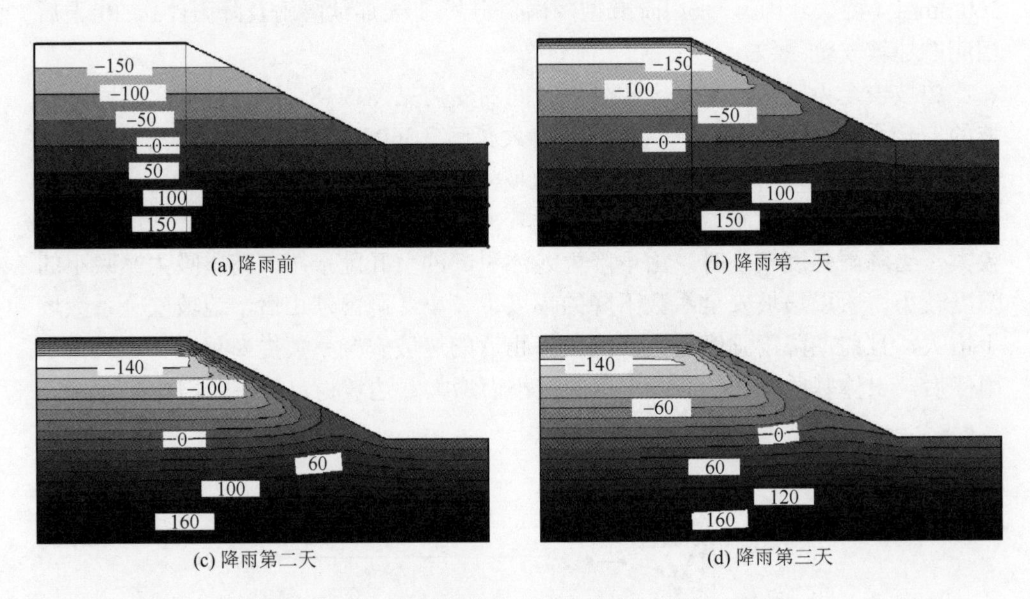

图 3.19　降雨前后孔隙水压力的分布（单位：kPa）

6. 降雨雨型对边坡稳定性的影响

前述案例统计结果显示，连续三天降雨导致的滑坡发生频率较高，故在此分析连续三天降雨雨型对边坡安全系数的影响。设三天内总的降雨量相同，划分三种降雨类型，即等强型、单峰型和阶梯型，如图 3.20(a)所示。

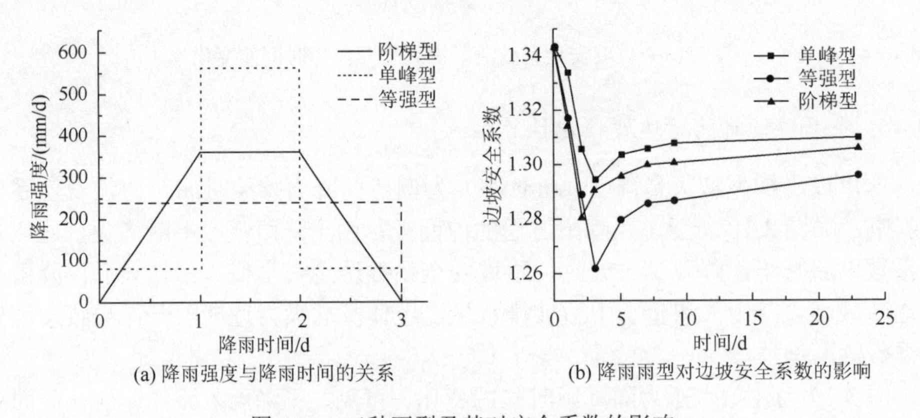

图 3.20　三种雨型及其对安全系数的影响

图3.20(b)给出了三种雨型对应的边坡安全系数随时间的变化曲线，包括降雨停止后20天内。可见，在总降雨量相同的条件下，降雨强度变化平缓的雨型（等强型）对应的边坡安全系数较小。这可能是因为：本算例中，设土的入渗能力接近其饱和渗透系数，即$k_s = 432$mm/d。对于单峰型降雨，其小时降雨强度（560mm/d）已超过土的入渗能力，超过入渗能力的雨水将从坡面排走。对于阶梯型降雨，由于降雨强度在第三天开始减弱，在此过程中，边坡内的负孔隙水压力回升，使边坡安全系数有所增加。而等强型降雨是持续入渗的，负孔隙水压力（基质吸力）持续降低，因此安全系数最小。如图3.20(b)所示，降雨停止后，随基质吸力的回升，三种雨型对应的边坡安全系数都有所增加。

综合降雨滑坡案例统计分析与降雨入渗条件下边坡稳定性的理论分析可知：

（1）在降雨入渗影响下，边坡内部负孔隙水压力（基质吸力）减小，边坡的抗剪强度降低，安全系数减小。降雨停止后，边坡的负孔隙水压力增大，使边坡安全系数有所增大，但增大的过程比较缓慢。

（2）降雨强度、降雨持续时间和降雨雨型对边坡稳定性有显著影响。边坡安全系数随着降雨强度的增大而减小，且在降雨停止后，降雨强度大的边坡安全系数回弹的幅度小；降雨持续时间越长，边坡的稳定性越差；在总降雨量相同、等强型降雨情况下，边坡安全系数最小，且降雨停止后，回弹的幅度最小。上述数值分析的规律与降雨滑坡案例的统计规律一致。

3.3　降雨型滑坡风险研究

3.3.1　有效降雨量模型

前述研究表明，降雨对滑坡的影响与滑坡发生当天降雨强度、累积降雨量、滑坡发生前期降雨历史以及边坡自身的地形地质条件等有关。对于特定边坡，其滑坡的发生在过程降雨量与降雨强度两项参数中存在一个临界值，当一次降雨过程总降雨量或降雨强度达到临界值时，滑坡灾害有可能发生，该临界值就是滑坡气象预报预警的判据。目前，用以确定降雨诱发滑坡临界值的方法有很多，依据考虑影响因素的差异，可以分为三类：日降雨量模型、前期日降雨量模型和前期土体含水状态模型。其中，日降雨量模型应用简便，但忽略了前期降雨与降雨过程的综合影响，不尽合理；而前期日降雨量模型所需参数较难确定，可操作性低；前期土体含水状态模型基于降雨致滑坡的物理机制，模型最为科学，但所需数据多且不便获取。表3.12为部分国内外滑坡气象预报预警判据。

表 3.12　国内外滑坡气象预报预警判据

国家和地区		一次降雨过程总量/mm	日降雨量/(mm/d)	降雨强度/(mm/h)
巴西		250～300		
美国		>250		
加拿大		250		
日本		150～200		20～30
中国香港		>250	>100	>70
中国四川盆地			>200	>70
三峡库区	堆积层滑坡	50～100	30	6
	中厚层堆积滑坡和破碎岩石滑坡	150～200	120	10
	厚层大型堆积层滑坡和基岩滑坡	250～300	150	13

岩土工程实践与前述降雨渗流模拟下的滑坡危险性分析表明，地表径流和水分蒸发，使得进入岩土体的雨量小于实际记录的雨量，因此日本学者山田刚二提出了“前期有效降雨量”[21]的概念，即滑坡发生前对滑坡产生作用的雨量。有效降雨量 R_c 能较好地反映当日降雨量与前期降雨量对当天滑坡的综合影响，可以比较不同降雨过程对地质灾害形成的作用，较为科学合理。同时，该模型所需数据简单易得，计算步骤简便，可操作性强。

有效降雨量模型如下：

$$R_c = R_0 + \sum_{i=1}^{n} \alpha^i R_i \tag{3.11}$$

式中，R_c 为有效降雨量；R_0 为当天降雨量；i 为滑坡发生前经过的天数；R_i 为第 i 天降雨量；α 为有效降雨系数。根据前述分析结果，n 取为 10 天。α 可根据历史诱发滑坡的降雨资料加以确定。在此，根据重庆地区降雨滑坡历史记录，取诱发滑坡的有效降雨量均方差与有效降雨量最大值之商最小作为目标函数，优化求取 α 值，表 3.13 为不同有效降雨系数与滑坡的相关性。可知，$\alpha = 0.8$ 时，有效降雨量与滑坡的相关系数最大，故可取 $\alpha = 0.8$。

表 3.13　不同有效降雨系数与滑坡发生的相关性

α	0.9	0.8	0.7	0.6	0.5	0.4	0.3	0.2
相关系数	0.89	0.90	0.87	0.85	0.83	0.81	0.79	0.79

3.3.2 降雨型滑坡气象预报预警模型

我国国土资源部和气象局 2003 年联合编制的《全国地质灾害气象预报预警实施方案》[22]，将我国地质灾害气象预报预警分为 5 个等级，并制定了地质灾害预报预警发布原则。结合边坡危险性区划等级，在此将降雨型滑坡气象预报预警等级分为 4 级，含义及表示方法如下：

1 级，观察级，滑坡可能性很小，不发布预报；

2 级，预报级，滑坡可能性较大，发布预报，用黄色表示；

3 级，临报级，滑坡可能性大，发布预警，用橙色表示；

4 级，警报级，滑坡可能性很大，发布警报，用红色表示。

滑坡产生是由内部因素（地质构造、地形地貌等）和外部因素（降雨、地震、工程开挖、加载和库水位的升降等）共同决定的。不同地区，各种因素对滑坡发生的影响不尽相同，即使在相同的降雨条件下，滑坡发生的可能性因其他条件不同，如边坡地形地质条件等差异，也会不同。因此，降雨型滑坡气象预报预警，不应仅仅考虑降雨这一单一因素，而应将降雨落区的地质地貌及自然生态环境结合起来，建立滑坡时空综合预报预警模型。

采用 3.2 节边坡危险性区划方法对重庆市地质环境监测总站调查的各边坡区段进行危险性评价，从降雨历史记录中分别提取各滑坡案例的当天和前 10 天降雨量数据，如图 3.21 所示，由式（3.11）计算对应的有效降雨量，按不同边坡危险性等级分类统计，所得不同边坡危险性有效降雨量与滑坡发生频率的关系曲线见图 3.22。

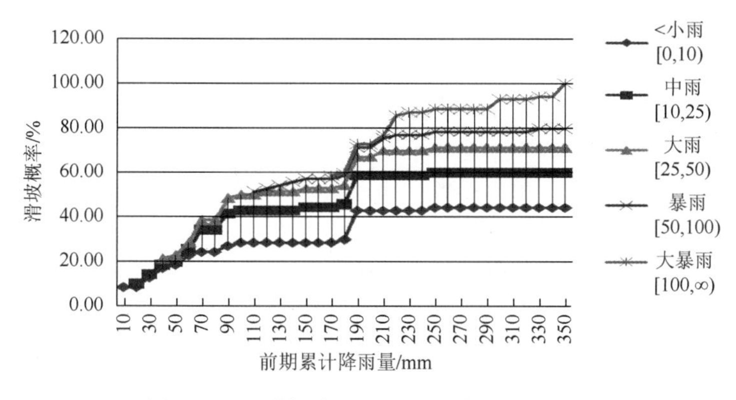

图 3.21　滑坡概率随前期累计降雨量的关系

分别将各危险等级的累计滑坡频率达 15%、30%、50%时所对应的有效降雨量作为危险等级边坡预报、临报和警报三个状态的临界有效降雨量值，确立的重庆地区边坡危险区滑坡气象预报预警指标体系见表 3.14。

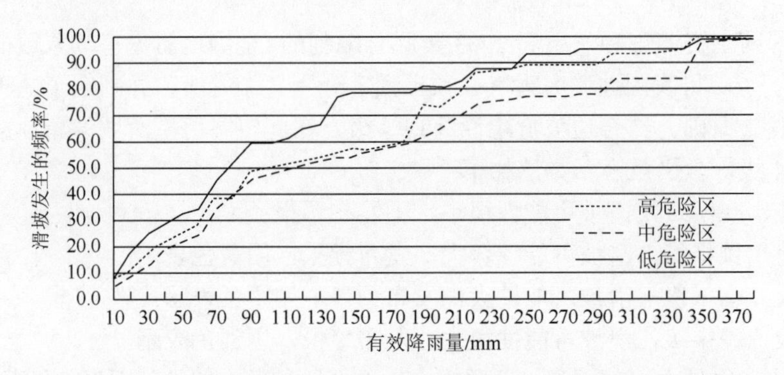

图 3.22 不同边坡危险性有效降雨量与滑坡发生频率的关系曲线

表 3.14 重庆地区边坡危险区滑坡气象预报预警有效降雨量指标体系 （单位：mm）

区域	1 级观察级 $R_{观}$	2 级预报级 $R_{预}$（黄色警报）	3 级临报级 $R_{临}$（橙色警报）	4 级警报级 $R_{警}$（红色警报）
高危险区	<25	[25, 60)	[60, 100)	≥100
中危险区	<30	[30, 65)	[65, 110)	≥110
低危险区	<65	[65, 100)	[100, 150)	≥150

结合历史记录的降雨概率统计规律，即可进行不同危险性等级区域的降雨型滑坡年均风险分析。对于边坡危险性区划等级为 W 级（可为低危险区、中危险区或高危险区）的区域，可能发生 R_{I} 级（$R_{\mathrm{I}}=1$，2，3，4，对应表 3.14 中的 1～4 级）降雨滑坡风险 $F_{R_{\mathrm{I}}}^{W}$ 为

$$F_{R_{\mathrm{I}}}^{W}=\sum_{r_i=1}^{4}F(R_{\mathrm{I}}\mid r_i)F(r_i) \tag{3.12}$$

且

$$\sum_{R_{\mathrm{I}}=1}^{4}F_{R_{\mathrm{I}}}^{W}=1 \tag{3.13}$$

式中，$F(r_i)$为当天最大降雨量为 r_i 的年均累计概率，在此考虑小雨、中雨、大雨和暴雨的情形；$F(R_{\mathrm{I}}\mid r_i)$ 为日最大降雨等级为 r_i 时，发生危险等级为 R_{I} 级的降雨滑坡条件概率，可按表 3.14 结合第 2 章得到的累积降雨量概率密度函数取值（图 2.11～图 2.14）。

3.3.3　重庆地区降雨型滑坡风险分析

结合 2.2 节对重庆地区降雨极值分布以及不同日降雨条件下累积降雨量的条件概率密度的统计结果，分析重庆地区不同边坡危险区划的年均降雨滑坡风险，结果见图 3.23～图 3.25。

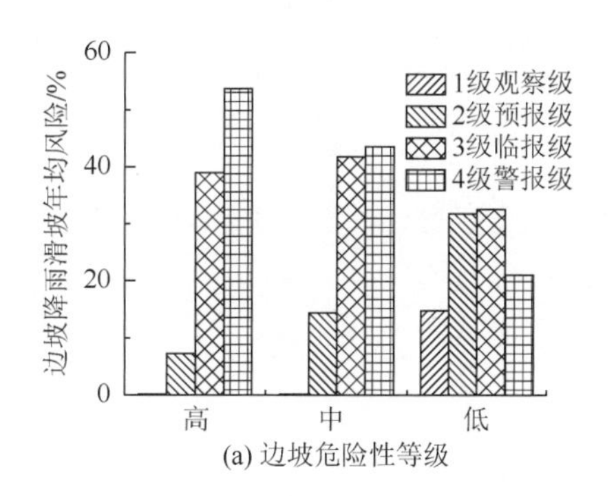

(a) 边坡危险性等级

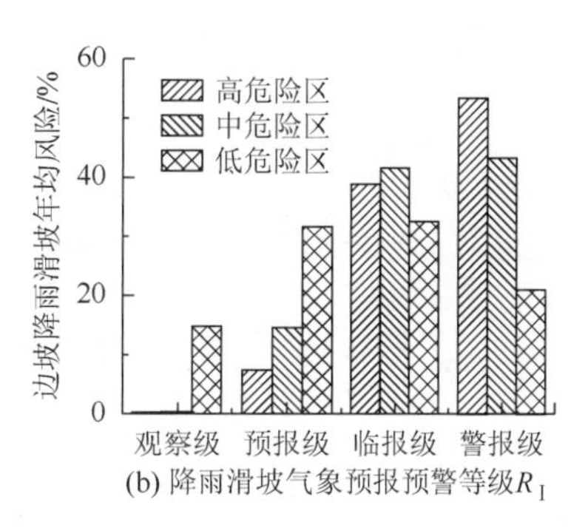

(b) 降雨滑坡气象预报预警等级R_1

图 3.23　按每年降雨极值分布取值方法下的降雨型滑坡年均风险

由图 3.23 可知，边坡危险性等级越高，发生高危险等级降雨滑坡的年均风险越大，发生低危险等级降雨滑坡的年均风险则越小；反之，危险区划较低的边坡，发生低危险等级降雨滑坡的可能性大，即降雨滑坡的风险整体降低。例如，在高危险区，发生警报级（危险等级为 4 级）的降雨滑坡年均风险最高，为 53.6%，而中危险区为 43.5%，低危险区则为 21.0%。在中危险区，发生临报级的降雨滑坡风险和警报级较为接近，为 41.8%。在低危险区，发生警报级的降雨滑坡风险明显降低，为 21.0%，但发生预报级和临报级的滑坡风险增大，分别为 31.7%和 32.5%。

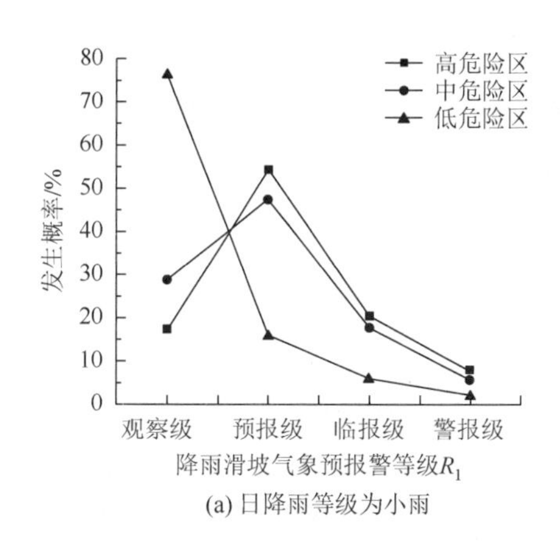

(a) 日降雨等级为小雨

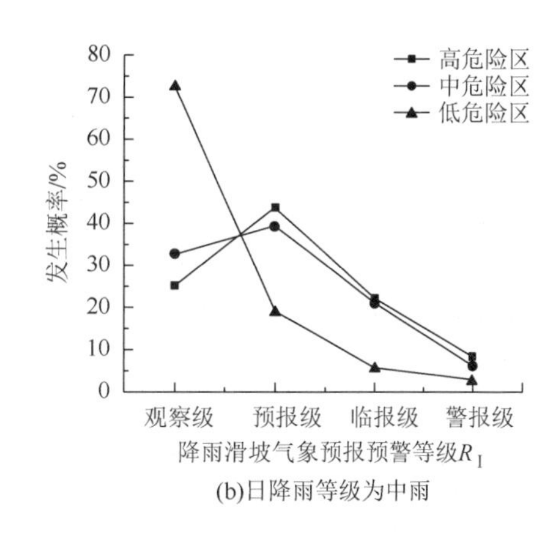

(b)日降雨等级为中雨

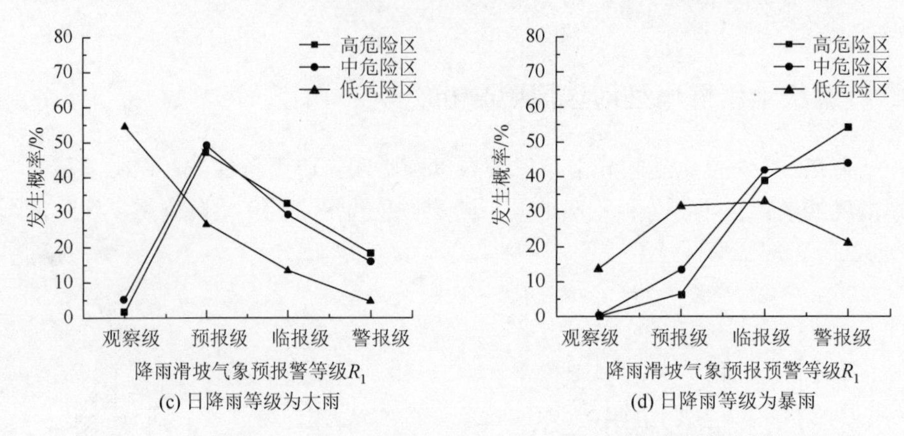

(c) 日降雨等级为大雨　　(d) 日降雨等级为暴雨

图 3.24　重庆地区不同降雨条件下边坡危险区划对降雨滑坡概率的影响

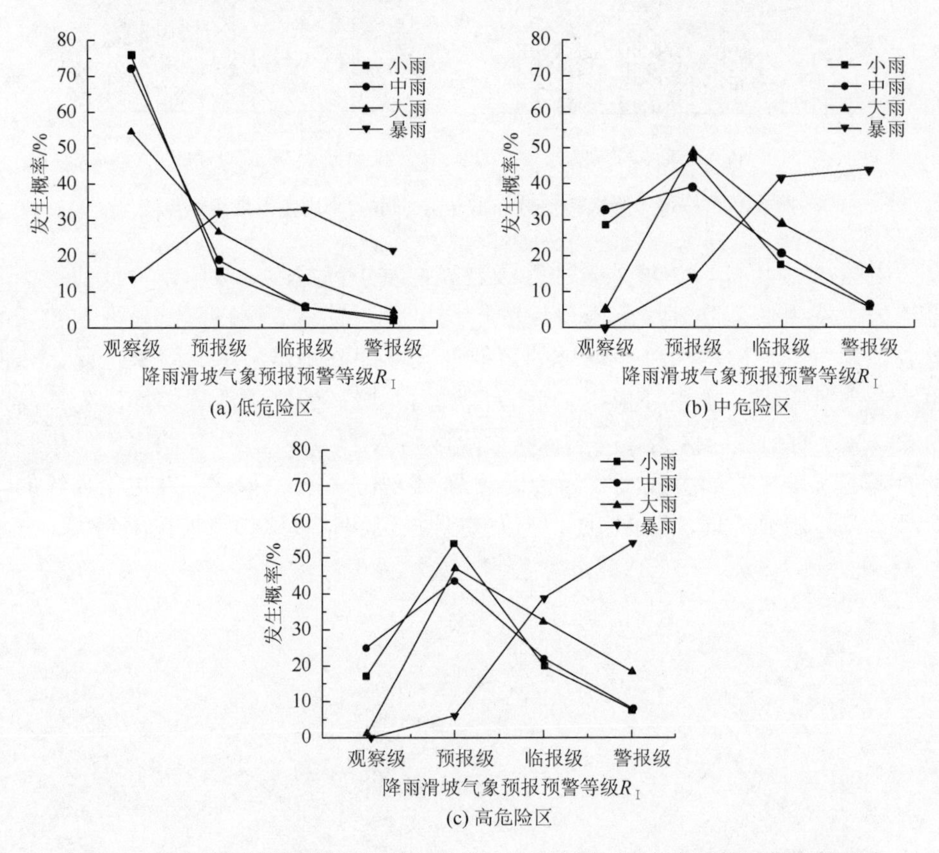

(a) 低危险区　　(b) 中危险区

(c) 高危险区

图 3.25　重庆地区不同危险区划等级条件下降雨条件对各级降雨滑坡概率的影响

由图 3.24 可见，当日降雨等级为小雨时，各危险区划发生警报级的概率均为最小。其中，低危险区发生观察级的概率最大，而预报预警等级越大，发生概率越小；中危险区和高危险区则是发生预报级的概率较大，观察级、临报级次之。

随着降雨等级的增加，降雨滑坡预报预警等级较高的，其发生概率逐渐增大，而预报预警等级较低的，发生概率减小。当日降雨等级为暴雨时，低危险区发生预报级、临报级的降雨滑坡概率较大，警报级次之，观察级最小；中危险区和高危险区则是发生观察级的降雨滑坡概率最小，随预报预警等级增加，降雨滑坡发生概率不断增大，高危险区较中危险区这一变化趋势更为明显。换言之，对于同一危险区域，降雨强度越低，发生低预报预警等级的降雨滑坡可能性越大；随着降雨强度增大，发生高预报预警等级的降雨滑坡可能性增大。

由图 3.25 可见，当危险区划等级为低危险度时，小雨时发生观察级的降雨滑坡概率最大，随预报预警等级的增加，降雨滑坡发生的概率迅速减小；中雨和大雨时变化趋势与小雨时的相同，但变化相对平缓；暴雨时发生预报级和临报级的降雨滑坡概率较大，警报级的次之，观察级的最小。随着危险区划等级增加，降雨滑坡预报预警等级较高的，其发生概率逐渐增大，而预报预警等级较低的，发生概率减小。当危险区划等级为高危险度时，暴雨时发生观察级的降雨滑坡概率最小，随预报预警等级增加降雨滑坡发生概率迅速增大；小雨时发生预报级的降雨滑坡概率最大，观察级和临报级次之，警报级最小；中雨和大雨时变化趋势与小雨相同，只是变化相对平缓。换言之，在相同降雨强度条件下，危险区划等级越低，发生低预报预警等级的降雨滑坡可能性越大；随着危险区划等级增加，发生高预报等级的降雨滑坡可能性越大。

暴雨对滑坡发生的影响很大，为降低预报预警风险，当预报有暴雨发生时，可将预报预警等级适当提高。此外，考虑到人类工程活动对边坡的影响，对于单个边坡，可在各单元区滑坡灾害等级基础上，对受人工干扰的边坡，根据干扰的有利与否，适当提高或降低预报预警等级，见表 3.15。

表 3.15　人类活动对边坡的影响

地质构造类型	已治理	未扰动	一般扰动	强烈扰动
边坡危险性等级	–1	0	+ 1	+ 2

滑坡通常集中在主汛期，如重庆地区的 5～9 月，因此预报工作可集中在主汛期。当连续降雨 3 天及 3 天以上或有暴雨发生时，即可启动滑坡灾害预报预警，流程如图 3.26 所示。

3.3.4　气象预报预警模型应用实例

选取重庆主城排水干管 D 线区域巴南区麻柳嘴滑坡和 A 线区域寸滩街道崩塌等两个典型边坡灾害实例，对前述滑坡气象预报预警模型加以验证。

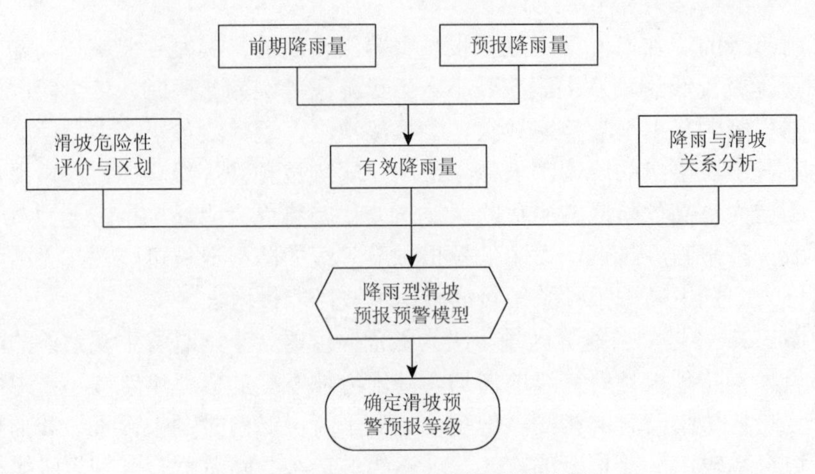

图 3.26　降雨型滑坡预报预警流程

1. 重庆主城巴南区麻柳嘴滑坡

通过对巴南区麻柳嘴滑坡的地形地貌、地质条件等进行分析，对相关影响因子赋值如表 3.16 所示。

表 3.16　重庆主城巴南区麻柳嘴滑坡各影响因子赋值

评价因子	地层岩性	岩土体结构	地质构造	坡度	地表水影响
取值	3	4	4	2	2

将表 3.16 中的数据和表 3.5 中的权重值代入式（3.4），得到麻柳嘴滑坡的危险度评价值 $W = 0.3813 \times 3 + 0.2556 \times 4 + 0.1148 \times 4 + 0.1713 \times 2 + 0.0770 \times 2 = 3.1221 > 2.854$，属高危险区，其气象预报预警临界值分别为 $R_{预} = 25\text{mm}$、$R_{临} = 60\text{mm}$、$R_{警} = 100\text{mm}$。由历史降雨资料得到滑坡当天（即 1998 年 8 月 10 日）至发生前 10 天的每日降雨量记录，如表 3.17 所示。

表 3.17　重庆主城巴南区麻柳嘴滑坡发生当天与前 10 天内降雨量记录

前 i 天	0	1	2	3	4	5	6	7	8	9	10
降雨量/mm	31.6	0	0	1.7	0	18	1.8	5.1	134.1	0.2	0

根据式（3.11）计算得到有效降雨量 $R_c = 62.44\text{mm} > R_{临} = 60\text{mm}$，为临报级。由于在滑坡发生的前 10 天内发生了一次大暴雨（第 8 天），所以需提高一级，即警报级，不考虑人类工程活动，最终应发出红色警报。这与实际发生的滑坡情况相符。

2. 重庆主城寸滩街道崩塌

对重庆主城排水干管A线工程沿线的寸滩区段，进行地形地貌、地质条件等分析，各影响因子的赋值如表3.18所示。

表3.18 重庆主城寸滩街道崩塌各影响因子赋值

评价因子	地层岩性	岩土体结构	地质构造	坡度	地表水影响
取值	3	3	3	4	4

将表3.18中的数据和表3.5中的权重值代入式（3.4），得到寸滩街道斜坡的危险度评价值 $W=0.3813\times3+0.2556\times3+0.1148\times3+0.1713\times4+0.0770\times4=3.2483>2.854$，所以寸滩街道斜坡属于高危险性边坡，其气象预报预警临界值取 $R_{预}=25\text{mm}$、$R_{临}=60\text{mm}$、$R_{警}=100\text{mm}$。

从历史降雨资料中查出边坡灾变当天至前10天的每日降雨量，如表3.19所示。

表3.19 重庆主城寸滩街道崩塌发生当天和前10天的每日降雨量

前i天	0	1	2	3	4	5	6	7	8	9	10
降雨量/mm	84.1	1.2	0.7	0	1.5	0	0	0	0	0.7	0

根据式（3.11）计算得到有效降雨量 $R_c=86.2164\text{mm}>R_{临}=60\text{mm}$，属临报级，但由于在滑坡当天有暴雨，所以需提高一级，即警报级，发出红色警报。这与实际发生的崩塌情况相符。

可见，所建立的降雨型滑坡气象预报预警模型具有合理性与可操作性。

参考文献

[1] Lumb P. Effect of rainstorms on slope stability[C]. Proceedings of Symposium on Hong Kong Soils，Hong Kong，1962：73-87.

[2] 钟荫乾. 滑坡与降雨关系及其预报[J]. 中国地质灾害与防治学报，1998，(4)：81-86.

[3] Tsaparas I，Rahardjo H，Toll D G，et al. Controlling parameters for rainfall-induced landslides[J]. Computers and Geotechnics，2002，29（1）：1-27.

[4] Rahardjo H，Ong T H，Rezaur R B，et al. Factors controlling instability of homogeneous soil slopes under rainfall[J]. Journal of Geotechnical and Geoenvironmental Engineering，2007，133（12）：1532-1543.

[5] Lee L M，Gofar N，Rahardjo H. A simple model for preliminary evaluation of rainfall-induced slope instability[J]. Engineering Geology，2009，108（3-4）：272-285.

[6] Zhang L L，Zhang J，Zhang L M，et al. Stability analysis of rainfall-induced slope failure：A review[J]. Geotechnical Engineering，2011，164（164）：299-316.

[7] 张书余. 地质灾害气象预报基础[M]. 北京：气象出版社，2005.

[8] 黄润秋，许强，戚国庆. 降雨及水库诱发滑坡的评价与预测[M]. 北京：科学出版社，2007.
[9] 马力，曾祥平，向波. 重庆市山体滑坡发生的降水条件分析[J]. 山地学报，2002，20（2）：246-249.
[10] 向望，华明，白志勇. 基于层次分析的综合指数法对滑坡危险性评价[J]. 路基工程，2008，（5）：197-199.
[11] 魏纲，周琰. 邻近盾构隧道的建筑物安全风险模糊层次分析[J]. 地下空间与工程学报，2014，（4）：956-961.
[12] Kiefer J. Sequential minimax search for a maximum[J]. Proceedings of the American Mathematical Society，1953，4（3）：502-506.
[13] 张珍，李世海，马力. 重庆地区滑坡与降雨关系的概率分析[J]. 岩石力学与工程学报，2005，24（17）：3185-3191.
[14] 吴宏伟，陈守义. 雨水入渗对非饱和土坡稳定性影响的参数研究[J]. 岩土力学，1999，20（1）：1-14.
[15] Lu N，Godt J. Infinite slope stability under steady unsaturated seepage conditions[J]. Water Resources Resarch，2008，44（11）：2276-2283.
[16] 秦文涛. 降雨特性对非饱和土边坡稳定可靠性的影响研究[D]. 重庆：重庆大学，2015.
[17] 雷坚，陈朝晖，黄景华. 饱和渗透系数空间变异性对边坡稳定性的影响[J]. 武汉大学学报（工学版），2016，49（6）：831-837.
[18] Fredlund D G. Slope stability analysis incorporating the effect of soil suction[J]. Slope Stability，1987：113-144.
[19] Vanapalli S K，Fredlund D G，Pufahl D E，et al. Model for the prediction of shear strength with respect to soil suction[J]. Canadian Geotechnical Journal，1996，33：379-392.
[20] 邵龙潭，刘士乙，李红军. 基于有限元滑面应力法的重力式挡土墙结构抗滑稳定分析[J]. 水利学报，2011，42（5）：602-608.
[21] Patwardhan A S，Nieber J L，Johns E L，等. 有效降雨量的估算方法[J]. 东北水利水电，1991，（5）：39-45.
[22] 刘传正，唐灿. 全国地质灾害气象预报预警实施方案[R]. 北京：中国地质环境监测院，2003.

第4章　山地城市架空排水管网结构安全性分析与评价

4.1　山地城市排水管网系统概述

山地城市排水管网，根据地基承载力、地形变化和埋置高度等的不同，通常采用架空箱形管道、埋地箱形管道和埋地架空箱形管道等形式。管道包括钢筋混凝土管道、钢管道和PVC管道等，其中钢筋混凝土箱形梁是目前城市排水干管系统广泛采用的形式。

以下简要介绍以上三类主要管道结构形式的特点及其适用条件。

（1）架空箱形管道。当排水管道需跨越冲沟、管道设计标高高于地面线 2.5m 以上且该段较长或附近有建筑物，大开挖有困难时，采用桩墩基础，构成架空箱形管道（图4.1）。例如，重庆地区排水干管系统A线工程原设计方案在跨越三洞桥、溉澜溪、茅溪、寸滩、黑石子等处的溪河冲沟地段均采用了架空箱形管道。

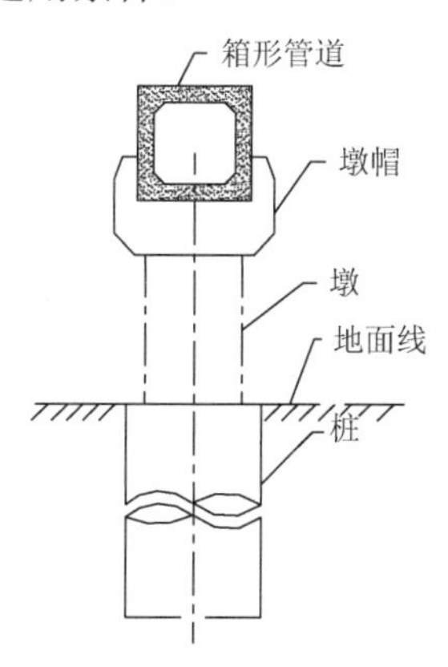

图4.1　架空箱形管道示意图

（2）埋地箱形管道。若原地貌高于管道设计底标高，施工时需要开挖沟槽，且基础承载力较好，只需要进行少量的换填或者不用换填直接作为持力层时，则采用埋地箱形管道（图4.2）。

（3）埋地架空箱形管道。埋地架空箱形管道在岩面较低段，管道置于岩石基础上；土层段受管道顶部覆土压力及滨江路车辆荷载的影响，基础承载力要求较高，所在土层的地基承载力或受荷的沉降不能满足要求而采用端承桩支撑，桩嵌入中分化岩层3.0m以上形成埋地架空箱形管道（图4.3）。

此外，埋地架空箱形管道还包括初期由于地基较低而采用支墩支撑的架空箱形管道和后期因为城市建设需要填埋而成为埋地架空箱形管道的管段。例如，重庆地区排水干管系统A线工程溉澜溪原处于冲沟地段的架空箱形管道，现由于市政改造成为埋地架空箱形管道。

城市排水干管系统的钢筋混凝土箱形管道，其受力是一个复杂的空间问题，变形与位移可分为四种基本状态：纵向弯曲、横向弯曲、扭转和畸变（图4.4）。箱形管道的应力状态十分复杂，其研究方法主要包括解析法、数值法和模型试验法等。

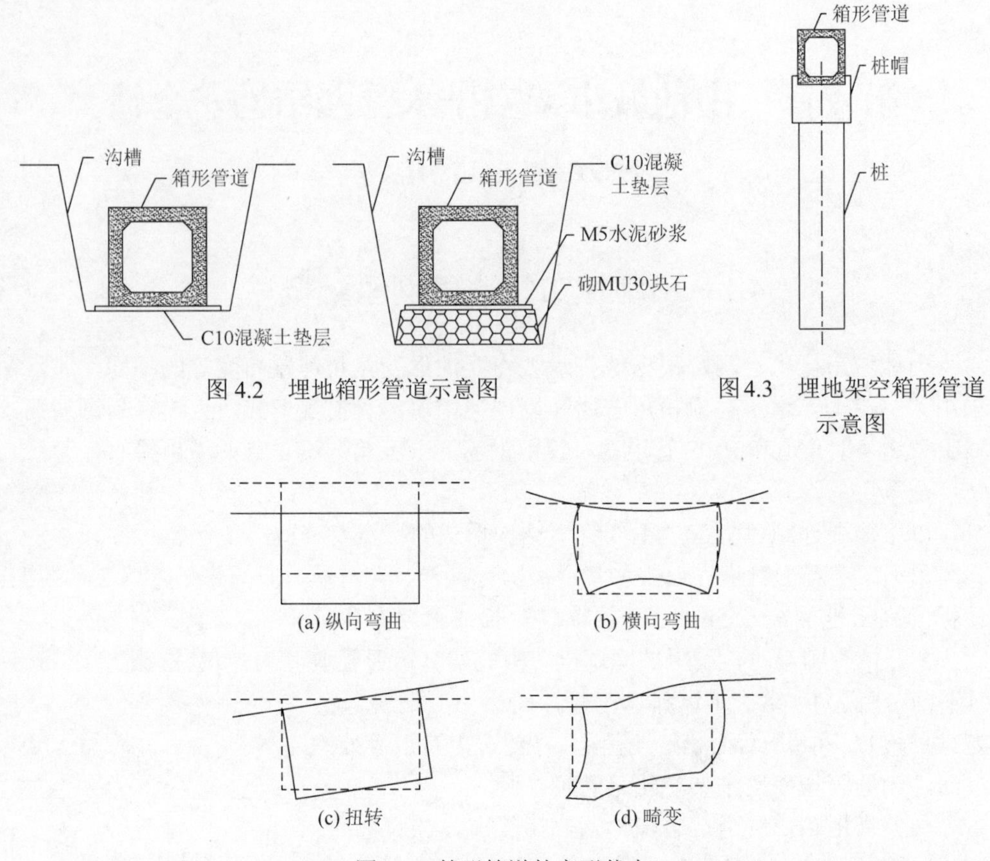

图 4.2　埋地箱形管道示意图

图 4.3　埋地架空箱形管道示意图

图 4.4　箱形管道的变形状态

解析法着重分析箱形管道的剪力滞效应、扭转和畸变等耦合产生的内力和变形。箱形管道受横向荷载作用时，由于翼缘板存在剪切变形，腹板传递的剪力流从腹板与翼缘交界处向板内递减，从而使顶、底板上的弯曲应力分布不均匀，此即剪力滞效应。此外，对于矩形截面箱形管道，即使无纵向约束，由于沿纵向变形的不均匀性，相邻截面间的扭转仍会受到约束，所以约束扭转分析是箱形管道分析的另一重点和难点。目前提出的理论方法包括弹性理论解法[1, 2]、比拟杆法[3]、能量变分法[4, 5]等，但上述各理论分析方法均限于单一均匀材料下某一种或几种工况，不适于实际工程中多种工况并存、材料性能复杂的情况。对此，以有限元为主的数值法是弥补理论分析方法局限的主要手段。此外，结构模型试验是验证理论分析、数值模拟结果合理性的重要依据。

箱形管道力学性能分析及其安全性评价关键之一是荷载工况的确定。如图 4.5 所示的山地城市排水箱形管道，在正常工作状态下，其承受的荷载主要为管道及管道内部流体的重量、周围回填土土压力、地面堆载、管道周围有道路时的车辆动载、温度改变引起的膨胀力或收缩力、管道安装应力等。而强降雨、滑坡、地震以及其他人为致灾因素作用下，管道可能承受滑坡、市政改造、不当施工等造成的过大或不均匀土压力，管道纵向土体不均匀沉降产生的附加力等；强降雨下管道内部流体的静水压力和水锤作用产生的压力、管道内部压力流在管道沿线的弯折处产生的纵向力、地震作用等；跨越冲沟的架空箱形管道还可能受强降雨下洪水冲击的威胁。可见，即使在正常使用条件下，箱形管道也处于弯、剪、扭的复合应力状态下，受力变形十分复杂。

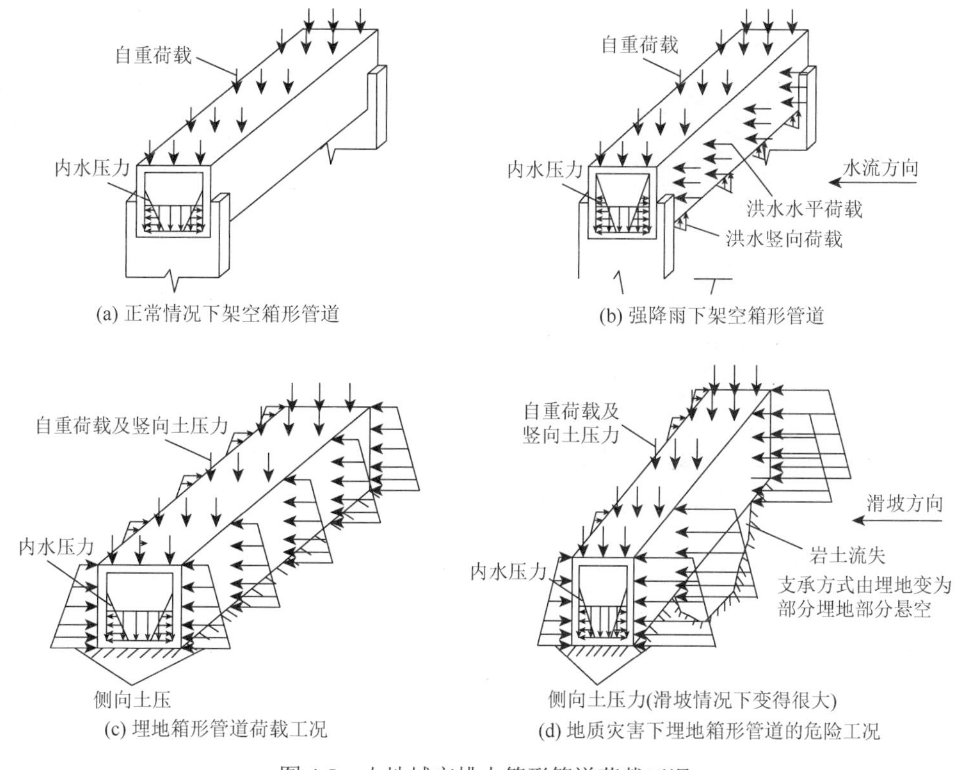

图 4.5　山地城市排水箱形管道荷载工况

本章重点对山地城市架空排水箱形管道，结合力学性能试验研究和数值模拟等方法，分析其受力性能与破坏模式，建立山地城市架空排水管道结构安全性分析与评价方法。

4.2　架空箱形管道静力作用下力学性能试验研究

对重庆市地区排水干管架空箱形管道进行模型静力加载试验，以把握管道力学性能，为后续各类工况下管道力学性能及其破坏模式的分析提供依据。

模型几何尺寸与配筋如图 4.6 所示，试验装置示意图如图 4.7 所示，采用四点对称集中加载，箱形管道底板四角设有 30T 桥梁专用橡胶垫块，模拟架空箱形管道的实际支承状况。试验箱形管道在均布荷载下同时存在纵向弯曲、横向弯曲、剪切等受力状态。利用试验箱梁的轴向对称性，以其跨中截面（1—1）、1/4 截面（2—2）为控制截面，沿跨度方向布置纵筋应变片，在控制截面腹板范围内的翼板布置百分表，用于测量箱形管道底部挠度。在与支座-加载点连线 *OA* 以及 45°斜线 *OB* 相交的外侧横向钢筋上布置箍筋应变片（图 4.8 和图 4.9）。

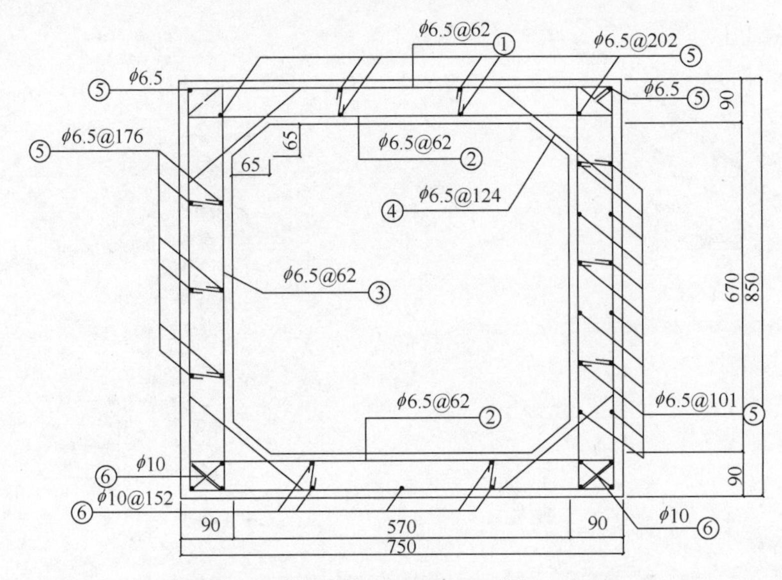

图 4.6　模型几何尺寸及配筋（单位：mm）

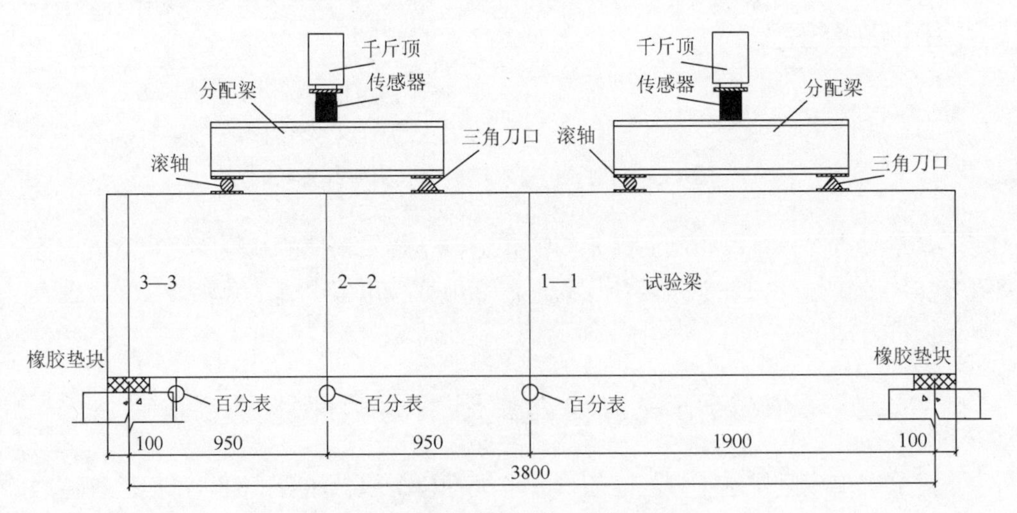

图 4.7　试验装置示意图（单位：mm）

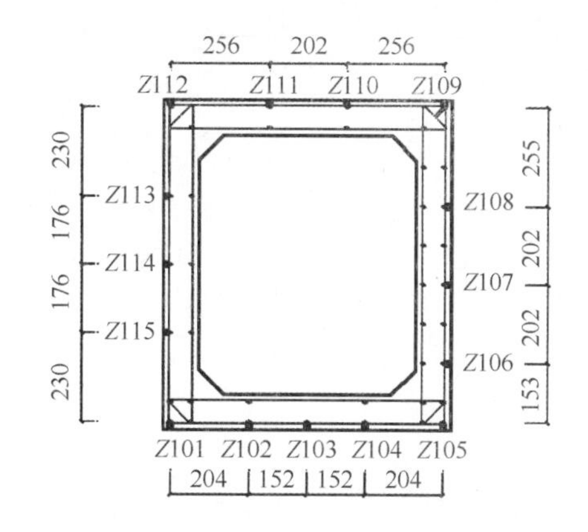

图 4.8　纵筋应变片布置图（单位：mm）

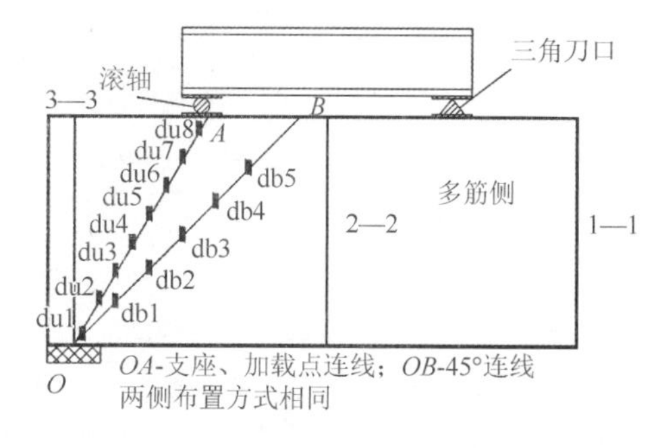

图 4.9　剪弯区箍筋应变片布置图

架空箱形管道模型静力加载破坏过程显示（图 4.10），弯曲裂缝首先出现在跨中底板处，开裂后箱形管道刚度明显下降；随着荷载的增加，剪弯区出现弯曲裂缝，由于受到剪力的影响，剪弯区的弯曲裂缝逐渐向加载点斜向发展，形成弯剪斜裂缝；当荷载达到 320kN 左右时，弯曲裂缝贯通箱梁下翼板，同时多根纵筋屈服，箱梁刚度大幅下降，跨中竖向位移快速增加，荷载位移曲线斜率骤减。其中，跨中截面开裂最严重，最终破坏形态仍为弯曲破坏。荷载位移曲线斜率有两次明显减小，第一次为混凝土开裂前后，另一次为弯曲裂缝贯通箱梁下翼板，翼板纵筋屈服前后。由此可推断，均布竖向荷载下，跨高比接近于 5 的简支深受弯箱梁，破坏形态仍为弯曲破坏。

图 4.10　架空箱形管道模型静力加载试验

箱梁裂缝分布见图 4.11 和图 4.12，跨中截面荷载-位移曲线见图 4.13。

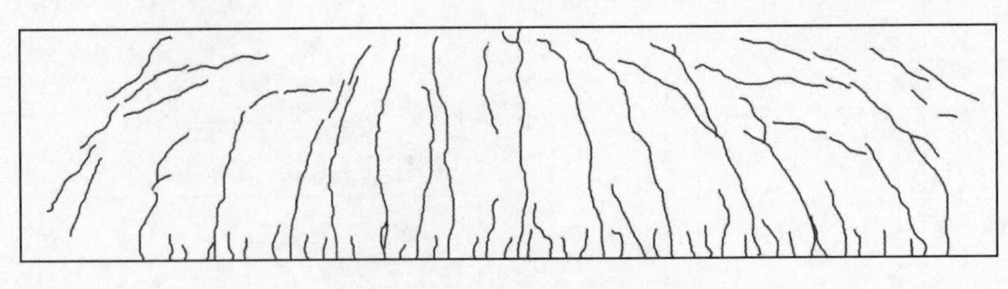

图 4.11　“少筋侧”腹板裂缝图

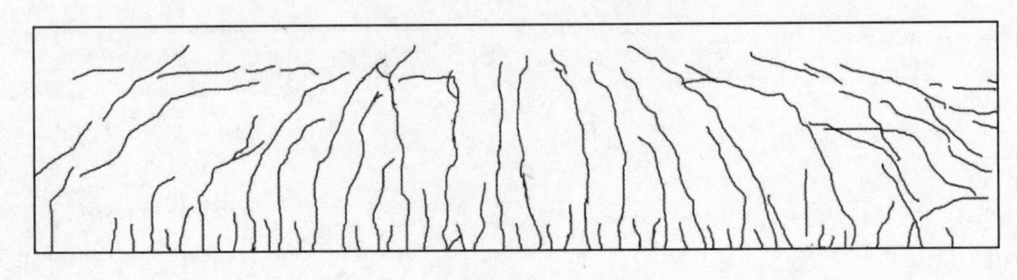

图 4.12　“多筋侧”腹板裂缝图

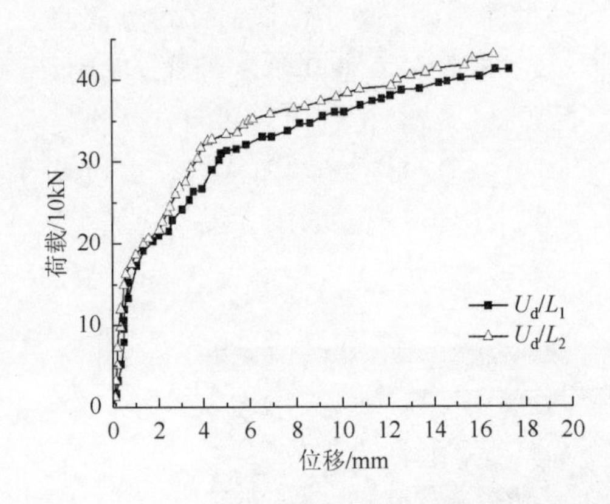

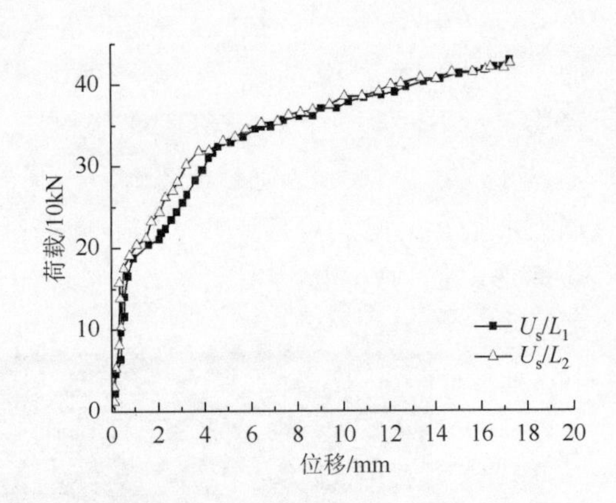

图 4.13　跨中截面荷载-位移曲线

下标 d 代表多筋侧；下标 s 代表少筋侧

由试验梁加载过程中跨中位移、纵筋以及箍筋应变变化规律等可知：

（1）跨高比接近于 5 的深受弯闭合箱梁的破坏形态仍为弯曲破坏；荷载-位移曲线的斜率有两次明显改变，其中第一次为混凝土开裂前后，另一次为弯曲裂缝贯通箱梁下翼板，翼板纵筋屈服前后（图 4.13）。

（2）因跨中区域剪力几乎为零，跨中截面剪力滞效应不明显，1/4 截面因剪力较大而有明显的剪力滞效应，但翼板开裂后，截面内力重分布，剪力滞效应逐步削弱，当翼板纵筋全部屈服后，剪力滞效应消失（图 4.14 和图 4.15）。

（3）在斜裂缝出现时剪弯区与斜裂缝相交的箍筋应变骤增，箍筋在混凝土开裂之后承担了较多的剪力，为主要的抗剪部件；由于腹板纵向分布钢筋的抗剪作用，“多筋侧”腹板剪压区开裂较“少筋侧”晚（图 4.16 和图 4.17）。

可见，架空箱形管道整体刚度较大，可视为深受弯梁。

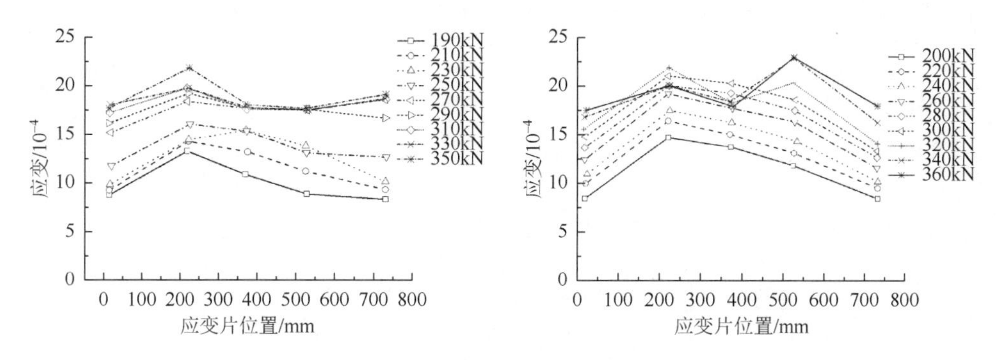

图 4.14　跨中翼板纵筋应变分布

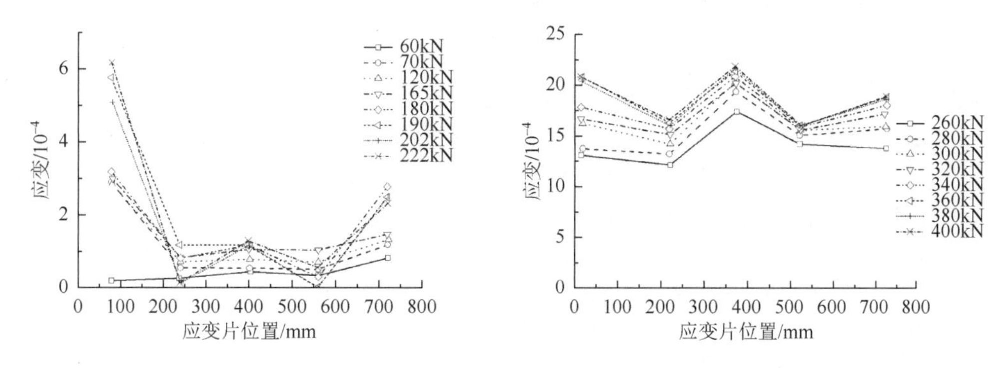

图 4.15　开裂前后 1/4 截面翼板纵筋应变分布

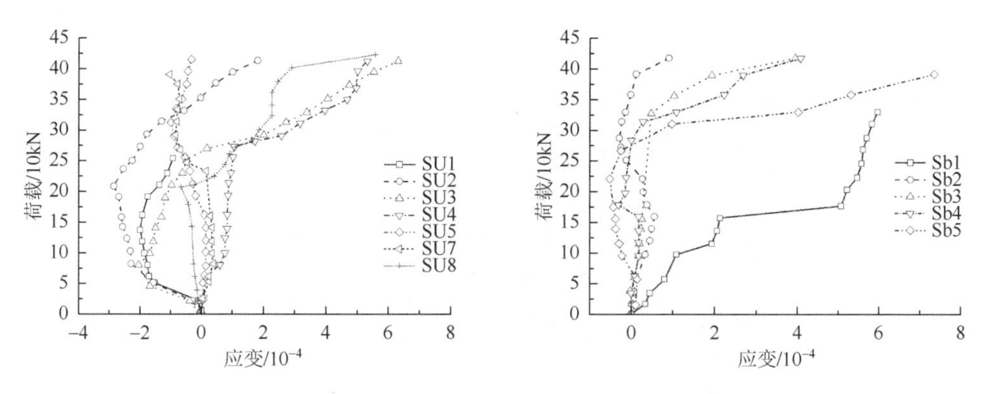

图 4.16　“少筋侧”腹板支座区域箍筋荷载-应变曲线

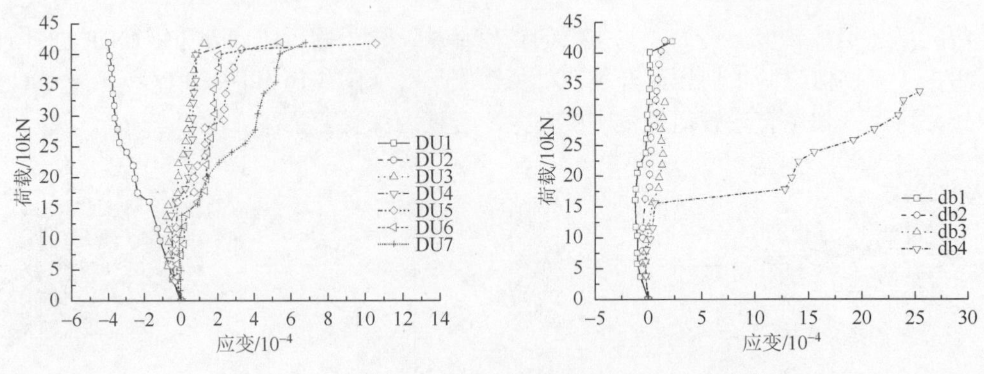

图 4.17　“多筋侧”腹板支座区域箍筋荷载-应变曲线

4.3　冲沟洪水对架空箱形管道的作用

强降雨致山洪对跨越结构的破坏已引起了世界各国的普遍关注。美国联邦公路管理局在 1975 年就制订了第 5 号联邦协调计划，在全美和加拿大部分地区开展了山洪对公路桥梁破坏问题的调查研究[6]；20 世纪 70 年代末至 80 年代初，法国、英国等开展了非洲国家的公路小型排水建筑物设计洪峰流量的研究；澳大利亚、西班牙等进行了提高小桥涵过水能力的研究；苏联、美国进行了公路排水系统的研究。上述研究多集中于洪水波浪荷载对桥梁的作用，尚未见关于山地城市排水架空箱形管道的洪水效应的研究成果。

架空箱形管道是市政排水管道跨越冲沟惯用的结构形式，也称为“过水桥梁”。但排水管道架空箱形管道又不同于桥梁，它没有通航要求。一般架空箱形管道下设计净空高度较小，加之城市开发填土，架空箱形管道下净空进一步减小。山地城市排水架空箱形管道的冲沟一般较狭窄，强降雨下，冲沟极易汇水成为山洪，淹没或冲击架空箱形管道（图 4.18）。

图 4.18　强降雨致洪水淹没架空排水箱形管道

4.3.1　洪水对架空箱形管道的水平作用力

冲沟在洪水期水位上涨，最高可达到架空箱形管道的高度，使架空箱形管道处于不利的受力状态。同时由于管线支墩的阻水作用，架空箱形管道上游会产生壅水，壅水高度直接影响洪水对架空箱形管道作用力的大小。为简化设计，可假设冲沟河道基本顺直，过水断面水流流速分布均匀，河床坡度为常数。取最大壅水断面 1—1 和箱形管道下游水位恢复为正常水位的断面 4—4 之间的水体作为研究对象，受力示意图如图 4.19 所示。

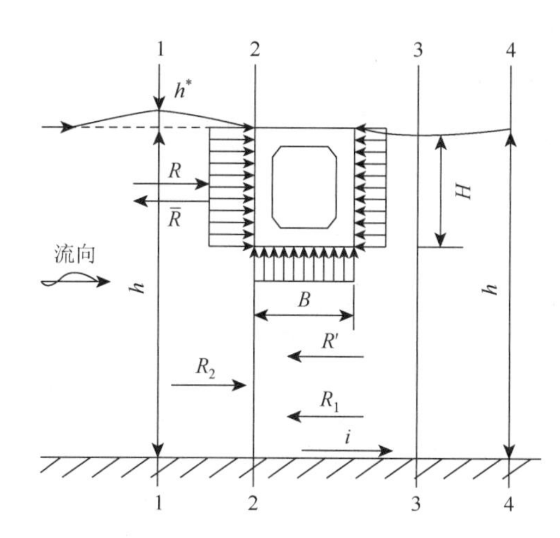

断面及符号	含义
断面1—1	架空箱形管道上游最大壅水断面
断面2—2	架空箱形管道上游恢复正常水位断面
断面3—3	架空箱形管道下游最小水深断面
断面4—4	架空箱形管道下游恢复正常水位断面
R	洪水对架空箱形管道的水平作用力
$\overline{R}$	R的反作用力
R'	架空箱形管道处水流收缩、扩散的阻力损失
R_1	断面1—1到断面4—4河道对水体的阻力
R_2	断面1—1到断面4—4的水体水平向分力
h^*	架空箱形管道阻水造成的最大壅水高度
h	架空箱形管道附近冲沟正常水深

图 4.19　箱涵结构受力及冲沟壅水曲线示意图

对断面 1—1、2—2 之间的水体运用动量定理，可得

$$\sum F_x = \rho q(v_2 - v_1) \tag{4.1}$$

即[7]

$$[0.5\gamma(h+h^*)^2 - 0.5\gamma h^2] - R_1 + R_2 - R' - \overline{R}_1 + \overline{R}_2 = \rho q(v_2 - v_1) \tag{4.2}$$

式中，ρ 为水流密度；q 为冲沟单位宽度流量；γ 为水流容重；h 为架空箱形管道附近冲沟洪水水深；h^*为架空箱形管道阻水造成的最大壅水高度；R_1 为架空箱形管道迎水面对洪水作用力的合力；R_2 为架空箱形管道背水面对洪水作用力的合力；R'为架空箱形管道处水流收缩、扩散的阻力损失；$\overline{R}_1$ 为断面 1—1 到断面 2—2 河道对水体的阻力；$\overline{R}_2$ 为断面 1—1 到断面 2—2 水体水平向分力；v_1、v_2 分别为断面 1—1、2—2 的平均流速，$v_1 = q/(h+h^*)$，$v_2 = q/h$。试验研究[8]表明，若断面 1—1、2—2 之间相距较短，则当结构部分或全部为洪水淹没时，R'、$\overline{R}_1$、

$\overline{R}_2$ 与 R_1、R_2 相比量级较小，且在自然条件下 $\overline{R}_1$ 近似等于 $\overline{R}_2$。于是可得洪水对架空箱形管道的水平作用力为

$$R = R_1 - R_2 = 0.5\gamma h^*[h^* + 2h - 2q^2 / (gh^2)] \tag{4.3}$$

考虑到洪水中泥沙含量、河床纵坡、河槽边坡、洪水频率、洪水流向等因素对流量的影响，对架空箱形管道所受洪水水平作用力进一步修正如下[8]：

$$F = k_1 k_2 k_3 k_4 k_5 R \tag{4.4}$$

式中，k_1、k_2、k_3、k_4、k_5 分别为考虑泥沙含量、河床纵坡、河槽边坡、洪水频率、洪水流向的修正系数。根据重庆地区地质条件可分别取为 $k_1 = 1.51$，$k_3 = 1.44$，$k_2 = k_4 = k_5 = 1$。

4.3.2 洪水对架空箱形管道的竖向作用力

洪水淹没架空箱形管道时，对架空箱形管道的竖向作用力由静水浮力 F_1 和竖向流速上托力 F_{P} 两部分组成。若忽略水流的波动，认为流速方向大致平行于箱形管道顶面，则洪水对架空箱形管道的竖向作用力仅为静水浮力 F_1，即

$$F_1 = \gamma W \tag{4.5}$$

式中，W 为洪水淹没箱形管道时箱形管道排开水体的体积，即所计算箱形管道段的体积。

洪水并非稳定的层流，而是存在波动，其流速和流向都极不稳定。设洪水水流任一点的瞬时流速由时均流速 $\overline{v}$ 和附加流速 v_{a} 组成。时均流速 $\overline{v}$ 可看成平行于架空箱形管道底面的层流流速，为常数，不对箱形管道产生竖向上托力。洪水水流因各种外界因素（如河底粗糙不平、河岸起伏、风力等）的干扰而产生的附加流速 v_{a} 的大小和方向都是随机的，其竖向分量 v_{ay} 对架空箱形管道会产生上托力。

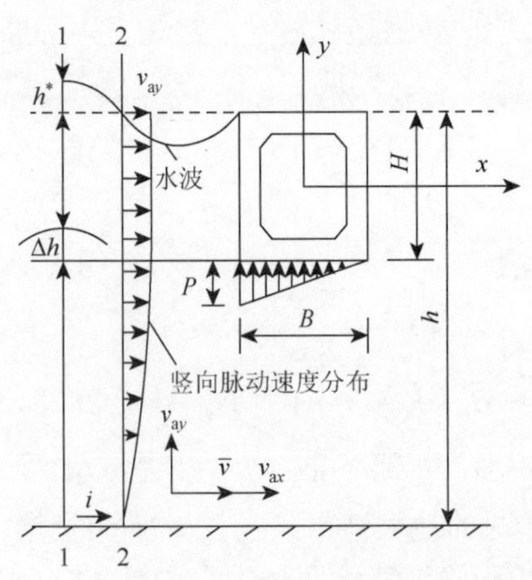

图 4.20 洪水水波对架空箱形管道浮托力示意图

任一瞬时，在上游最大壅水高度处和下游恰好处于平衡位置的质点处分别作竖向剖面 1—1 和 2—2，如图 4.20 所示。由 1—1 剖面到 2—2 剖面，水波的位置水头 h^* 完全转变为流速水头 $v_{\mathrm{ay}}^2 / (2g)$。当位置水头 Δh 作用在架空箱形管道底面时，表现为竖向托力。水头压强为

$$P = \gamma \Delta h = \gamma h^* \tag{4.6}$$

则竖向流速上托力为

$$F_{\mathrm{p}} = \zeta A \gamma h^{*} \tag{4.7}$$

式中，ζ 是压力衰减系数，假定从迎水面到背水面箱形管道底面的竖向流速按线性规律分布，在背水面箱形管道底水流竖向流速衰减为零，则 $\zeta = 0.5$；A 为架空箱形管道底面面积。

由式（4.5）和式（4.7）可得架空箱形管道所受总竖向作用力为

$$F_{总} = F_{1} + F_{\mathrm{p}} = \gamma A(H + 0.5h^{*}) \tag{4.8}$$

4.3.3 洪水作用下架空箱形管道力学性能分析

以重庆地区排水干管 A 线管道为例，其全线箱形管道底部标高为黄海高程 188.00～174.00m，高程差约为 14m，设计充满度在 0.6 左右。洪水对箱形管道的作用力包括竖向作用力和水平作用力，可将冲沟洪水荷载简化为水平均布荷载和竖向三角上托荷载，分析在洪水作用下架空箱形管道的受力性能及其可能失效模式。采用 8 节点 6 面体实体单元模拟混凝土，钢筋可视为理想弹塑性材料，采用桁架单元。

前述洪水荷载作用模型表明，水位高低决定着洪水荷载的大小和洪水作用面的高度与面积，相对于其他因素，洪水水位对箱形管道结构的影响最为显著。因此，可忽略不均匀洪水流速对箱形管道的影响，重点分析洪水淹没程度对管道作用的差异。有限元分析模型见图 4.21。

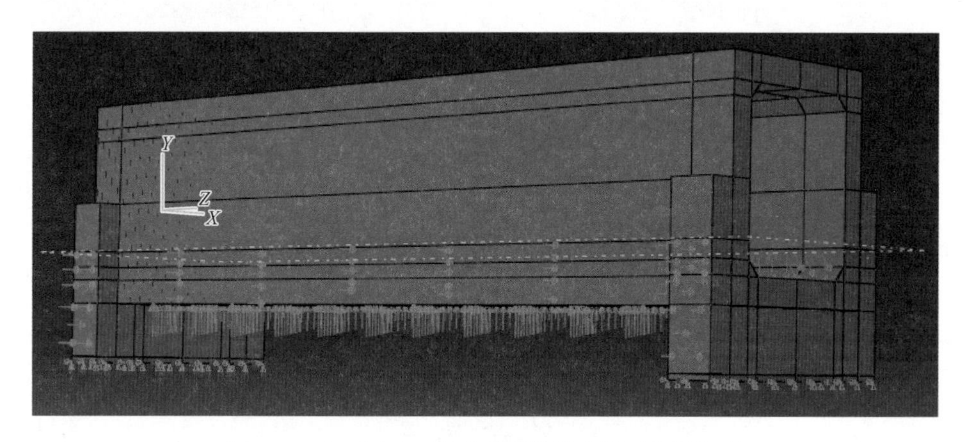

图 4.21　洪水冲击下架空箱形管道有限元分析模型

分别分析洪水相对淹没高度为箱形管道高度的 25%、50%、75%以及 100%，典型架空箱形管道的力学性能（箱形管道内断面尺寸 2.6m×3.0m、外断面尺寸

3.5m×3.9m，跨度 16m，壁厚 450mm）。数值分析结果表明，混凝土架空箱形管道在洪水作用下的破坏分为两阶段：第一阶段为小荷载工况，水平洪水荷载从 0.0194～0.1465MPa 增大到 0.0282～0.2261MPa，在此阶段，箱形管道所受荷载较小，主要破坏形式为抗浮齿破坏和箱形管道表面混凝土开裂；第二阶段为大荷载工况，水平洪水荷载从 0.0908～0.5028MPa 增加至 0.1634～0.7415MPa，在假设箱形管道不发生整体倾覆的前提下，其主要破坏形式为受拉钢筋屈服与压区混凝土压碎直至失去承载力。

进一步，分析洪水作用下箱形管道的整体倾覆。图 4.22 为采用有限元模拟的箱形管道倾覆前的变形图，据此可建立如图 4.23 所示的箱形管道整体倾覆的简化力学分析模型。

图 4.22　Abaqus 模拟下的变形图

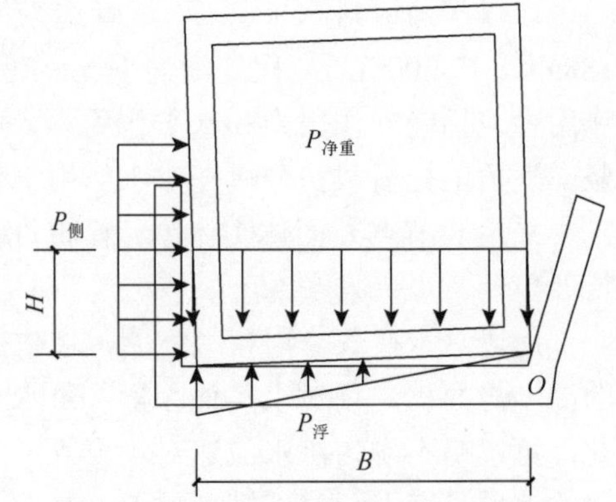

图 4.23　箱形管道整体倾覆的简化力学分析模型

由图 4.23 可知，发生整体倾覆时，箱形管道绕 O 点的倾覆力矩为

$$M_{倾覆}=\frac{P_{侧}h^2L}{2}+\frac{P_{浮}B^2L}{3} \tag{4.9}$$

箱形管道的抗倾覆力矩为

$$M_{稳定}=\frac{P_{净重}B^2L}{2} \tag{4.10}$$

由此，可建立箱形管道整体倾覆时的临界状态平衡方程为

$$M_{倾覆}=M_{稳定} \tag{4.11}$$

式中，$P_{侧}$ 为洪水荷载侧向水平压强；$P_{浮}$ 为洪水荷载竖向动水浮力最大点处压强；$P_{净重}$ 为箱形管道与其内部水体的重量产生的压强扣除静水浮力后的净值；B 为箱形管道宽度；L 为箱形管道跨度；h 为洪水荷载侧向水平压强的作用高度。洪水相

对水位为箱形管道高度的 25%、50%、75%和 100%时，$P_{净重}$ 分别为 0.0807MPa、0.06275MPa、0.0455MPa 和 0.03375MPa。

对式（4.9）～式（4.11）进行迭代计算，可得不同相对淹没高度下，箱形管道发生整体倾覆所对应的洪水侧向临界荷载值。结果进一步显示，箱形管道在洪水作用下发生整体倾覆时，抗浮齿受拉钢筋已经屈服或受箱形管道倾覆挤压而屈服。抗浮齿在受拉钢筋大量屈服后会产生很大变形，丧失对箱形管道的侧向约束作用，箱形管道会立即被洪水从抗浮齿处冲脱。可见，抗浮齿的设置对提高架空箱形管道抗洪水倾覆能力以及整体承载力具有重要作用。

综合以上分析，可得架空箱形管道在冲沟洪水作用下可能的失效模式包括：柱墩顶部钢筋屈服、箱形管道腋角处混凝土开裂、抗浮齿钢筋屈服、箱形管道整体倾覆、箱形管道主筋屈服以及箱形管道整体丧失侧向抗弯承载力。表 4.1 为不同相对淹没高度下，箱形管道各失效模式所对应的洪水侧向临界荷载值。

表 4.1　箱形管道各失效模式所对应的洪水侧向临界荷载值　（单位：MPa）

失效模式	相对淹没高度			
	25%	50%	75%	100%
柱墩顶部钢筋屈服	0.1465	0.0981	0.0409	0.0248
箱形管道腋角处混凝土开裂	0.2195	0.1056	0.0393	0.0194
抗浮齿钢筋屈服	0.2261	0.1236	0.0466	0.0240
箱形管道整体倾覆	0.3671	0.1406	0.0503	0.0241
箱形管道主筋屈服	0.5028	0.3140	0.1377	0.0908
箱形管道整体丧失侧向抗弯承载力	0.7415	0.4608	0.2534	0.1634

各失效模式下临界荷载-相对淹没高度关系曲线如图 4.24 所示，图中，六条曲

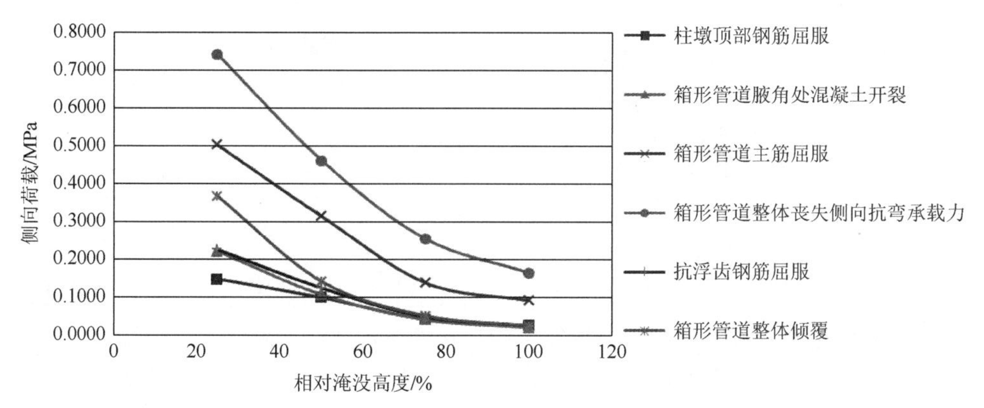

图 4.24　各失效模式下临界荷载-相对淹没高度关系曲线

线代表箱形管道的六种失效模式。当洪水荷载位于曲线下方时，表示相应的失效模式不会发生；反之，若洪水荷载位于曲线上方时，该曲线以及所有在其下方的曲线所对应的失效模式都会发生。图中显示，各临界曲线均是在水位低时荷载值大，水位高时荷载值小。这说明水位低时箱形管道受荷面积小，要使箱形管道发生相应失效模式需较大的荷载；而水位高时箱形管道受荷面积大，箱形管道发生相应失效模式只需较小的荷载。其中，洪水完全淹没箱形管道顶部（即相对淹没高度为 100%）为最危险工况。

4.4　船舶对架空箱形管道的撞击效应

重庆依山傍水，沿江架设的架空箱形管道在江水上涨期间还可能受到船舶撞击，造成管道破坏。因此，本节通过对船舶撞击下架空箱形管道的力学效应分析，为评估船舶撞击下架空箱形管道被破坏的风险提供依据。

选取重庆地区沿江铺设的一跨典型简支架空排水箱形管道为例，由于主要关注简支箱形管道柱墩和箱形管道的内力和变形，所以可忽略撞击过程中船舶的破坏，并将撞击船舶简化为船头，实际船身的质量由增大船头的密度来实现。采用非线性动力响应模拟船舶撞击过程，碰撞船、柱墩及箱形管道均采用实体单元。由于船用低碳钢的塑性性能对应变率高度敏感，其屈服应力和拉伸强度极限随应变率的增加而增加，所以材料的本构模型必须考虑应变率敏感性的影响，可采用 Cowper-Symonds 本构方程。有限元模型及网格划分如图 4.25 所示。

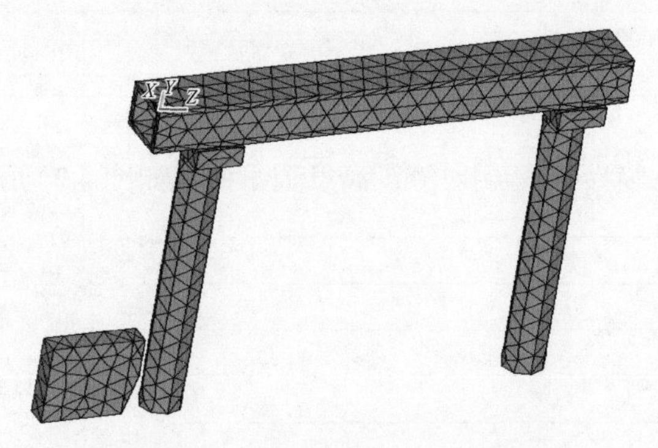

图 4.25　有限元模型及网格划分

撞击是一个典型的运动接触过程。首先碰撞前船头和柱墩相互分离，随着撞击运动，船头逐渐与柱墩接触，二者发生明显塑性变形；然后随着撞击深度增加，船头的动能不断减少；最后船头将反向滑离柱墩，回归到碰撞后的相互脱离状态。撞击过程如图 4.26 所示。

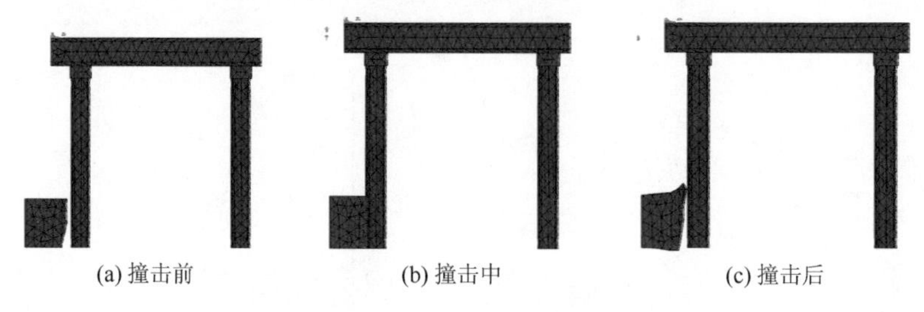

图 4.26　撞击过程示意图

在此，主要考察船的运行速度对箱形管道安全性的影响。可选取若干典型撞击速度进行分析，图 4.27～图 4.29 为船头以不同运动速度垂直撞击柱墩时，柱墩被撞击点应力及箱形管道位移-时间历程曲线。从图中可以看出，不同撞击速度作用下碰撞力曲线具有很强的非线性特征：船头未与柱墩接触时碰撞力为零，碰撞尚未发生，柱墩撞击点应力为零；随碰撞过程进行，柱墩撞击点应力迅速增大到最大值，但因柱墩及箱形管道发生振动，撞击点出现拉压变形致使拉压应力交替出现；之后船头反向滑离柱墩，柱墩及箱形管道振动变形逐渐减小，柱墩撞击点应力逐渐减小到零。由图 4.27 可知，船头速度为 2m/s 时，柱墩撞击点应力在 0.26s 时增加到最大值 1072MPa；但随柱墩振动，0.28s 时撞击点应力反向变为 280MPa；

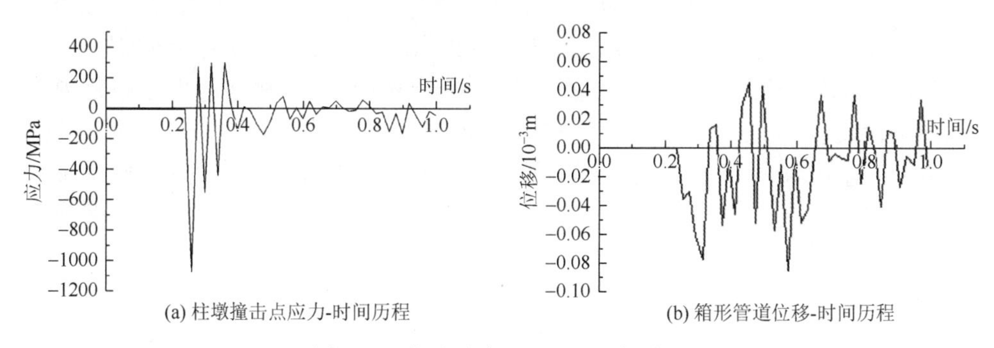

图 4.27　撞击速度 $v = 2$m/s 碰撞过程

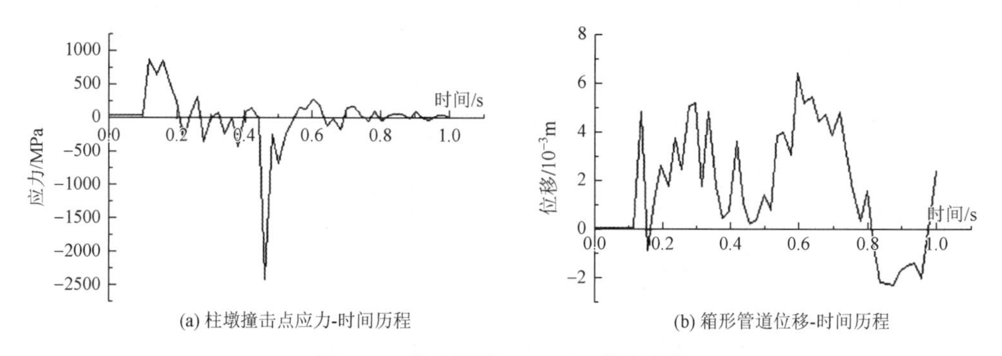

图 4.28　撞击速度 $v = 5$m/s 碰撞过程

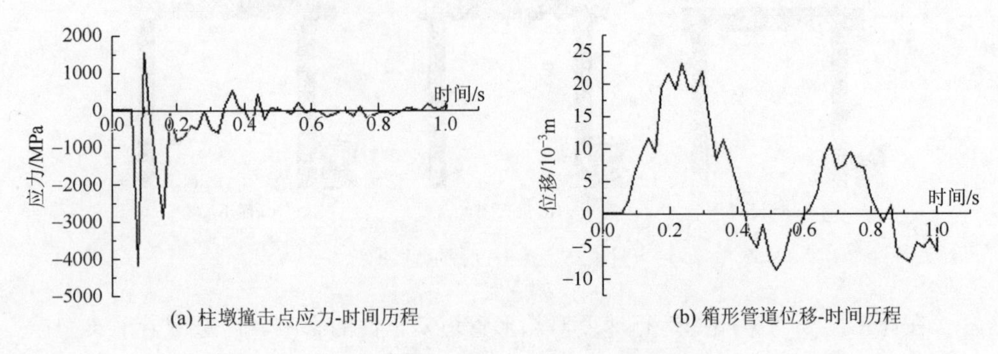

(a) 柱墩撞击点应力-时间历程　　(b) 箱形管道位移-时间历程

图 4.29　撞击速度 $v = 10$m/s 碰撞过程

撞击过程中箱形管道振幅较小。由图 4.28 和图 4.29 可知随桥头撞击速度增加，柱墩撞击应力增加，箱形管道振幅增加，位移增大。当船头速度为 5m/s 和 10m/s 时，柱墩撞击点应力最大值分别为 2438MPa 和 4180MPa，同时箱形管道位移迅速增加到 6.38×10^{-3}m 和 23.07×10^{-3}m。

船头以不同运动速度撞击时，柱墩及箱形管道应力应变云图如图 4.30～图 4.32 所示。撞击速度为 2m/s 时，柱墩应力均匀分布范围为−185～−423MPa，箱形管道局部应力集中，最大应力达到−898MPa，应变较小，分布情况与应力相同，撞击过程中柱墩及箱形管道未发生明显损伤破坏。撞击速度为 5m/s 时，柱墩及箱形管道均出现局部应力集中，且应力分布变化较大，柱墩应力分布范围为−61～−2000MPa，箱形管道应力分布范围为−1360～−2460MPa，应变增大，被撞击柱墩出现局部轻微损伤破坏。船头撞击速度增加到 10m/s 时，柱墩及箱形管道分布应力迅速增加，最大值大于 4000MPa，撞击过程中柱墩及箱形管道均多处发生损伤破坏。

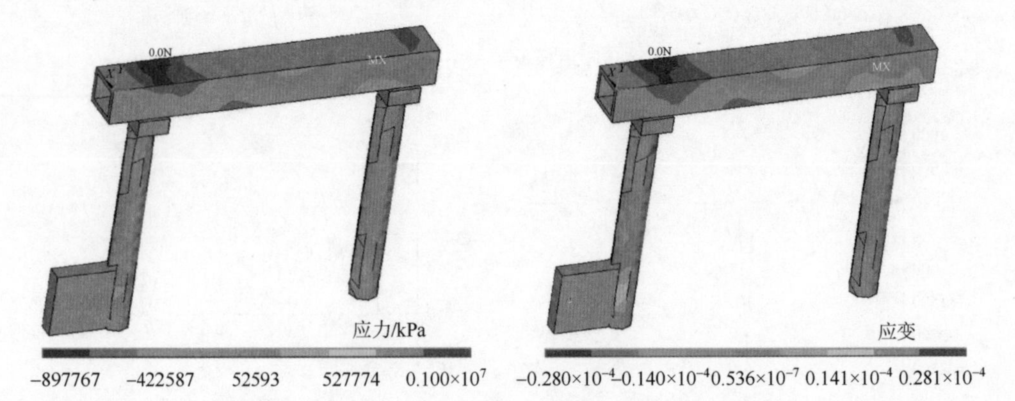

图 4.30　撞击速度 $v = 2$m/s 碰撞时应力应变云图

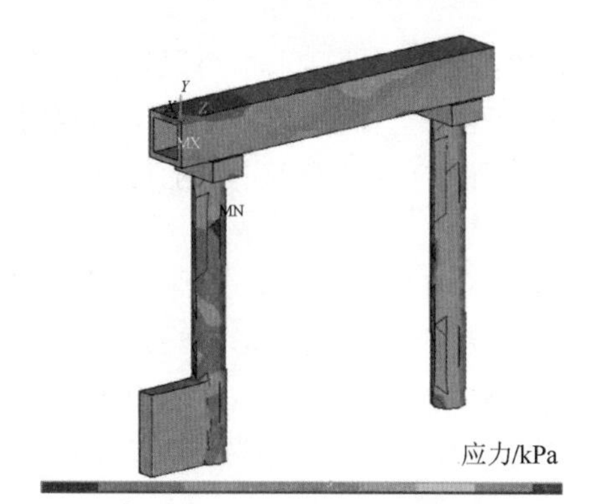

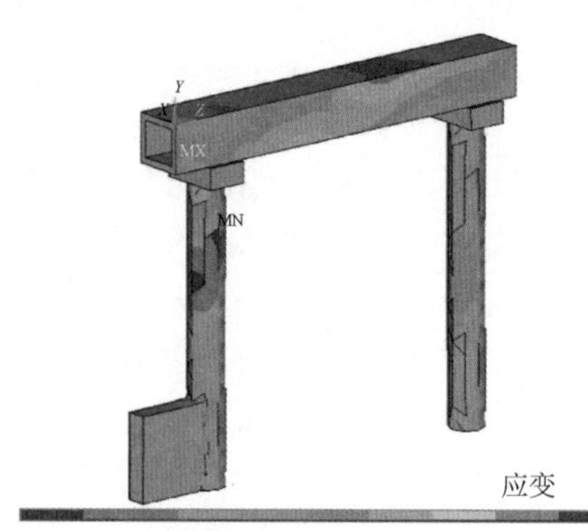

图 4.31　撞击速度 v = 5m/s 碰撞时应力应变云图

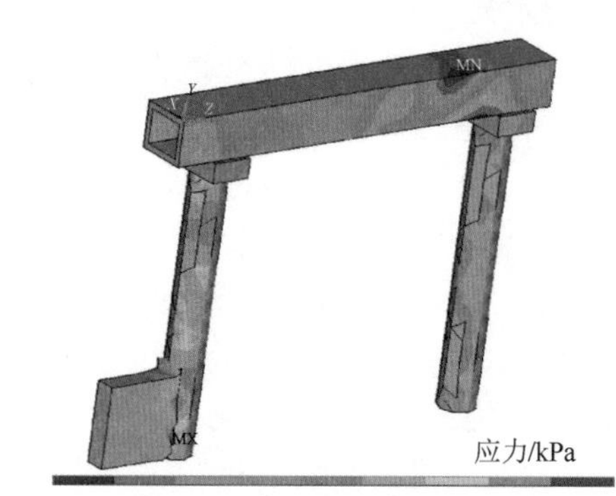

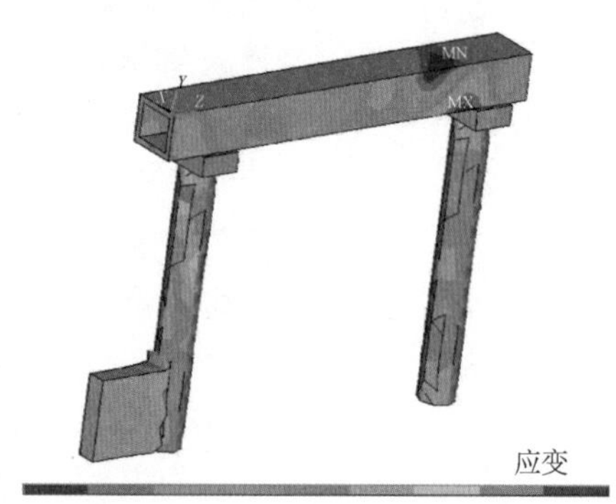

图 4.32　撞击速度 v = 10m/s 碰撞时应力应变云图

以上通过对航船进行不同速度撞击柱墩的数值模拟，分析撞击荷载作用下架空箱形管道柱墩及箱形管道的应力-位移时程曲线以及撞击时刻应力应变的分布情况。由此可知，为了有效保障排水干管系统架空箱形管道的正常工作，需控制航船经过沿江铺设架空箱形管道段的行驶速度和载重量。对于具有船舶撞击风险的架空箱形管道，当航船行驶速度小于 5m/s 时，柱墩及箱形管道所受应力小于 900MPa，不发生明显损伤破坏；当航船行驶速度超过 10m/s 时，柱墩及箱形管道局部所受应力在 900～2000MPa 时，将出现明显损伤破坏。

4.5　山地城市架空排水管道结构安全性评价

影响山地城市架空排水管道结构安全性的工况主要包括强降雨下的流量超载、洪水冲击和滨江（或滨河）管道的船舶撞击等，因此管道结构安全性评定标准的设置应区分管道使用条件，依据管道的使用工况、力学性能、失效模式及其后果差异，综合考虑评定参数的可获取性、监测和检测的可行性与可操作性。根据前述分析，强降雨下架空管道针对流量超载的结构安全性评定，可以管道充满度为标准；跨越冲沟的架空箱形管道在洪水冲击下的安全性评定，可以洪水相对淹没高度为标准；而沿江敷设的架空管道，可以可能撞击箱形管道的船舶行驶速度为结构安全性预警标准。

在此，参照《民用建筑可靠性鉴定标准》（GB 50292—2015）[9]，采用四级评价方法。各安全等级的评定标准阈值需根据管道材料性质、几何形式与尺寸、管道架设方式与支座形式、管道周围地形条件、降雨规律等加以确定。以重庆地区排水干管A线典型架空箱形管道（箱形管道跨度16m，截面尺寸为2.6m×3.0m）为例，各安全性等级含义与评定标准如下：

（1）1级，管道安全，无须检测、维护。对应管道充满度小于0.6，管道实际流量小于设计流量，冲沟洪水相对淹没高度小于25%。

（2）2级，低危险性，管道需注意维护和必要的检测。对应管道充满度为0.6～0.8，管道实际流量达到设计流量的1.2～1.5倍，冲沟洪水相对淹没高度为25%～50%。

（3）3级，较高危险性，需采取重点检测或维修措施。对应管道充满度为0.8～0.9，管道实际流量达到设计流量的1.5～1.7倍，冲沟洪水相对淹没高度为50%～90%。

（4）4级，高危险性，应立即采取维修或加固措施。对应管道充满度大于0.9，管道实际流量超过设计流量的1.7倍，冲沟洪水相对淹没高度大于90%。

滨江或滨河的架空管道，还需监测过往船舶。当存在船舶撞击风险时，以航船正对箱形管道的行驶速度分量为评定标准，即当正对箱形管道的行驶速度分量小于2m/s时，结构安全；当正对箱形管道的行驶速度分量小于5m/s时，柱墩及箱形管道所受应力小于900MPa，不发生明显损伤破坏，结构安全等级为2～3级；当正对箱形管道的行驶速度分量大于10m/s时，柱墩及箱形管道局部所受应力在900～2000MPa时，将出现明显损伤破坏，应对船舶行驶予以立即警告，并对管道采取应急防护措施。架空箱形管道所在区域存在滑坡风险时，其结构安全性等级取为边坡滑坡风险等级，见第3章。

参考文献

[1] Reissner E. On the problem of stress distribution in wide flanged box beam[J]. Journal of the Aeronautical Sciences，1938，(5)：295-299.

[2] Goldberg J E，Leve H L. Theory of prismatic folded plate structures[J]. International Assoc for Bridge and Structural Engineering Publications，1957，(17)：59-86.

[3] 程翔云，汤康恩. 计算箱形梁桥剪力滞效应的比拟杆法[J]. 公路工程，1984，(1)：67-75.

[4] Reissner E. Analysis of shear lag in box beam by principle of minimum potential energy[J]. Quarterly of Applied Mathematics，1946，5 (3)：268-278.

[5] 郭金琼，房贞政，罗孝登. 箱形梁桥剪滞效应分析[J]. 土木工程学报，1983，(1)：3-15.

[6] U. S. Department of Transportation Federal Highway Administration. Highways in the River Environment[R]. New York：U.S. Department of Transportation Federal Highway Administration，1987.

[7] 上海市工程设计院. 给水排水工程结构设计手册[M]. 2 版. 北京：中国建筑工业出版社，2007.

[8] 杨斌，郑银功，庹瑶，等. 洪水对桥梁结构的压力测试试验与桥梁安全分析[J]. 重庆交通大学学报（自然科学版），1997，16（1）：1-7.

[9] 四川省住房和城乡建设厅. 民用建筑可靠性鉴定标准[S]. GB 50292—2015. 北京：中国建筑工业出版社，2015.

第5章　山地城市埋地管道结构安全性分析与评价

5.1　概　述

山地城市地形、地质条件较为复杂，根据地貌与管底的相对标高、基础条件以及市政环境要求等的差异，排水管道系统除采用架空管道外，还多采用埋地管道。山地城市埋地管道具有以下特点：

（1）地质条件变化较大，特别是在土地整治平场工程中，“大挖大填”现象普遍，形成场地的地质条件的差异对排水管道的纵向稳定不利，易发生不均匀沉降；

（2）管道可能通过斜坡地段，土压力分布情况复杂，管道存在偏压现象。

作用于埋地管道上的荷载通常包括[1]：管道及管道内部流体的重量、管道内部流体的静水压力和水锤作用产生的压力、周围回填土土压力、地面堆载、管道周围有道路时的车辆动载、温度改变所引起的膨胀力或收缩力、管道纵向土体不均匀沉降产生的附加力、预制管道的管节在吊装和运输以及安装过程中受到的力、管道内部有压液体在管道沿线的弯折处所产生的纵向力、管道内部有真空情况存在时受到的负压力、地震作用力等。而在强降雨、滑坡以及其他人为致灾因素作用下，埋地管道可能承受滑坡、市政改造、不当施工等造成的过大或不均匀土压力等以及水土流失等造成的管道基础局部悬空，危害管道的结构性能，影响管网正常运行。

对于埋地管道，管道周围的土体，既是作用于管道周围的土压力荷载，又是阻止管道变形的阻尼介质。作用在地基表面的荷载，通过管道周围的土体传递到管道上，在其上形成附加土压力。附加土压力与土体自身的土压力的总和通常占管道正常使用工况时总作用力的60%以上，因此土压力分布模型是埋地管道力学性能分析的基础。埋地管道有多种分类方式，根据管道材料与其周围土壤的相对刚度可分为刚性管道和柔性管道。大量试验与工程实践表明[2]，管-土相对刚度、管道周围岩土的物理力学性能以及管槽几何形状和施工方法等对管道周围土压力的大小及分布规律有显著影响。

我国现行《给水排水工程构筑物结构设计规范》（GB 50069—2002）[3]沿用Marston-Spangler 理论[4]，即假定管顶土体为竖直的滑动面，内外土柱间形成剪切面；内外土体间的相对运动满足极限平衡条件；管顶垂直土压力按抛物线形状分布。上述假定与实际情况存在差异，東田淳和三笠正人的研究表明[5]，管周土体中的土压力并非均匀分布，管道顶部及底部存在土压力集中现象；而确定等沉降面也存在诸多不确定因素，从而导致管道埋深较浅时低估竖向土压力，埋深较大时又高估该压力值。

自 20 世纪 60 年代末，许多学者开始对埋地管道的纵向力学性能进行大量研究，其理论基础为考虑埋地管道与管道周围土体相互作用的弹性地基梁理论[6]，通常假定管道受沿管道纵轴线对称的荷载作用。而实际工程中，埋地管道常受多种非对称垂直荷载作用，例如，滑坡产生的非均匀分布土压力、埋地管道周边构筑物产生的附加土压力、管道影响范围内工程施工产生的非对称荷载等，导致管道因发生较大水平位移而被破坏。李大勇等初步探讨了如何运用 Winkler 弹性地基梁模型计算管道周围有深基坑开挖时地下管道的位移。段绍伟等通过模拟管-土之间的相互作用，对埋地管道受管道周围深基坑开挖的影响进行了分析[7]。上述研究均表明，当管道受不对称垂直荷载作用时，管道被破坏的主要模式是管道发生较大水平位移。目前，在不对称竖直荷载作用下，管道尺寸、埋深、管道周围荷载的分布情况等对埋地管道结构性能影响的研究尚不充分。此外，发生滑坡、坍塌时，埋地管道下方的土壤可能发生下陷或流失，从而形成局部悬空的跨越管道，降低管道整体支撑刚度，导致管道承载力下降，连续支撑的 Winkler 弹性地基梁理论对此也不再适用。

山地城市排水管道通常会经过大量斜坡地段，在这些地段，管道受力情况复杂多变，管道本身存在大量地质偏压段。而目前我国管道结构设计规范采用的是荷载结构法，即将土压力按假定的形式作用于管道上，未考虑斜坡地形、管-土相对刚度等因素对管道周围土压力以及管道力学性能的影响。

因此，本章重点针对山地城市埋地排水箱形管道，研究非对称竖直荷载下的管道横向力学性能、管-土相互作用机制以及斜坡地形下管道土压力分布特点、灾害性工况下管道力学性能及其破坏模式，建立山地城市埋地排水箱形管道结构安全性分析与评价标准。

5.2　水平地段埋地管道横截面土压力分布特性

5.2.1　管-土相互作用对管道横截面土压力的影响机制

在竖向土压力和地面荷载作用下，埋地管道因受力而变形，管顶向下挠曲，管道两侧向外膨胀，挤压侧壁土体，引起土体对管道的弹性抗力，约束管壁向外变形（图 5.1）。因此，埋地管道抵抗上部覆土压力的能力是由管道自身结构特性

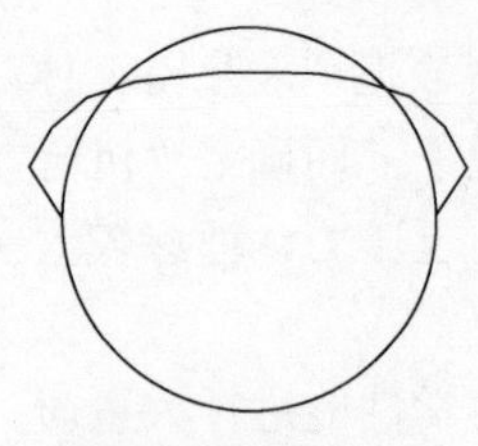

图 5.1 埋地管道横截面变形示意图

（强度和刚度）与管侧土抗力组成的，后者由管环受压变形引起，与管道周边土体材料性质有关。显然，在一定覆土高度和管道弹性模量下，管道的变形随周围土体弹性模量的增大而减小，基本成反比。因此，分析埋地管道的力学性能，应将管道周围一定范围内的土体作为结构的一部分加以考虑，即需考虑管-土的相互作用问题。

地下管道力学性能分析方法主要分为荷载分析法与地层结构法。荷载分析法忽略结构-地层相互作用，将土压力作用简化为给定的简单分布形式，以此作为荷载施加在管道结构上进行分析。地层结构法是将地下结构和地层视为整体，在满足变形协调条件的前提下分别计算地下结构与地层的内力，以验算地层的稳定性，进行管道截面设计。地层结构法主要包括如下内容：地层的合理化模拟、结构模拟、施工过程模拟、施工过程中结构与周围地层的相互作用以及地层与结构相互作用的模拟。与荷载结构法相比，地层结构法充分考虑了地下结构与周围地层的相互作用，可结合具体的施工过程充分模拟地下结构以及周围地层在每一个施工工况的结构内力以及周围地层的变形，更符合工程实际。但由于周围地层以及地层与结构相互作用的复杂性，工程中也常采用荷载结构法以简化分析和设计。

在埋地管道设计中，通常将土体的压力分布假定为给定的形状，如 Spangler 模型假设压力分布为抛物线。事实上，管道表面的粗糙程度和土体的物理性质（如颗粒组成、含水量）会影响管与土之间的摩擦，从而影响管-土相互作用下土压力的作用模式。此外，施工过程中，土体回填通常密实度不均匀，达不到设计所要求的密实度以及基础刚度等，也将影响管道结构的实际承载力。

20 世纪初，美国学者 Marston 等[8]根据散体极限平衡理论，提出了 Marston 管道土压力理论，指出研究埋地管道的受力性能需考虑管道埋深、管道与周围土体的相对刚度的影响。Spangler[9]提出了粗略考虑管-土相互作用的柔性管道变形的 Iowa 公式。Alam 等[10]根据试验数据研究了不同的管-土相对摩擦系数对管-土相对摩擦力的影响。刘全林等[11]考虑了基床形式和管-土相对刚度对上埋式管道垂直土压力的影响，提出了新的土压力模型，并推导出上埋式管道垂直土压力的计算公式。

5.2.2 管-土相互作用有限元分析模型

将埋地管道、混凝土基础和回填土作为整体建立有限元分析模型（图 5.2），研究管-土相对摩擦系数、回填土体刚度、管道基础刚度等对管道土压力分布形式的影响。

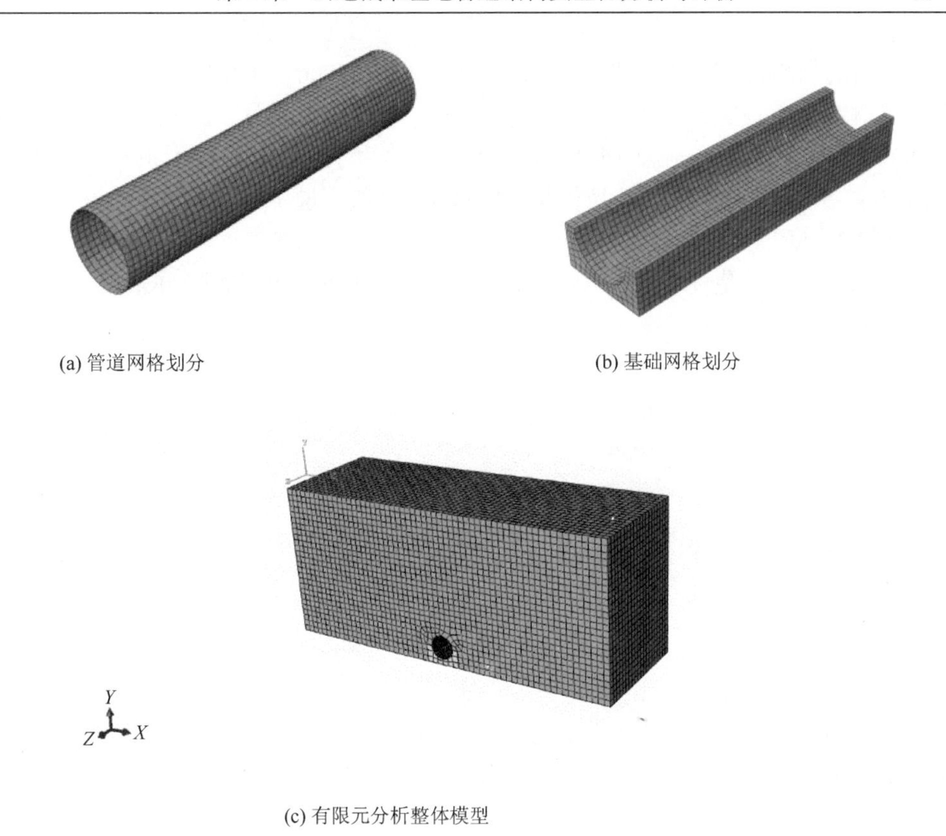

(a) 管道网格划分　(b) 基础网格划分

(c) 有限元分析整体模型

图 5.2　管-土相互作用有限元分析模型

埋地管道采用壳单元，混凝土基础和管道周围的土体采用三维实体单元。计算范围取管道两侧距离管道中心 6*D* 的范围，*D* 为管道截面直径或边长，以消除边界条件对埋地管道受力的影响。管道所受荷载主要考虑周围土体的自重压力，采用接触面模型模拟管-土相互作用，管-土接触面之间的相互作用可分为接触面间的法向作用与切向作用。其中，切向作用包括接触面之间的相对滑动和可能存在的摩擦剪应力，接触过程中允许管-土接触面产生相对滑动与分离。

接触面之间的切向作用采用 Coulomb 摩擦模拟。设接触表面应力达到临界剪应力之前，切向相对滑动为零。当接触表面剪力超过临界剪应力之后，两个表面之间将发生相对滑动。

玻璃钢管道是目前城市地下管网中应用较普遍的一种管道类型，玻璃钢管道是玻璃纤维与合成树脂的复合体，属于正交异性复合材料。玻璃钢管道属柔性管道，管-土相互作用效应显著，工程中的破坏现象也较普遍，因此在此选取玻璃钢管道研究管-土相互作用机制对管道横截面土压力的影响。

采用的埋地玻璃钢管道型号为 DN1200 和 SN25000，采用环向缠绕的方式制作。其材料力学性能参数由产品供应商提供：环向抗拉强度 300MPa，轴向抗拉强度150MPa，轴向弯曲强度140MPa，层间剪切强度50MPa，垂直剪切强度60MPa，环向抗拉模量 25GPa，轴向抗拉模量 12.5GPa，剪切模量 7GPa，弯曲模量 9.3GPa，泊松比 0.3，断裂延伸率 0.8%。设材料处于线弹性阶段。

考虑土体的弹塑性性质，土体材料选取 Drucker-Prager 模型，并采用广义 von Mises 屈服准则，即

$$F=\sqrt{J_2}-\alpha I_1-k=0 \tag{5.1}$$

混凝土基础主要承受压力，一般处于弹性状态，故分析中采用弹性本构关系。

5.2.3 基础刚度不均匀对管道受力性能的影响

实际工程中，施工不当等会使管道混凝土基础刚度达不到设计要求，管道在使用早期就十分普遍地出现开裂的现象。因此，将管道回填区分为四个区域（图 5.3），以此研究横截面刚度不均匀对管道性能的影响，其中，下半管道 120° 区域 2 处的回填至关重要[12]。

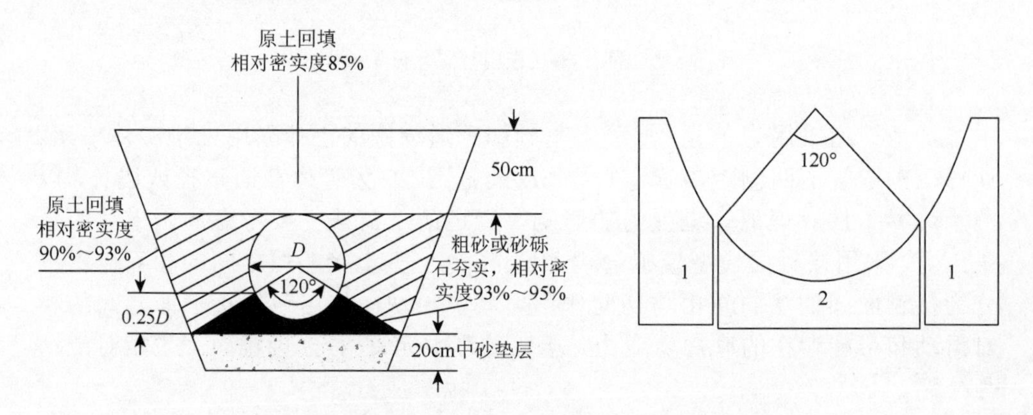

图 5.3　埋地玻璃钢夹砂管的回填区域及要求

将管道基础分为三部分，区域 2 处基础弹性模量分别取为 38000MPa、22000MPa、11000MPa、5000MPa、2000MPa 和 500MPa，区域 1 处基础弹性模量取为 38000MPa。土体的埋深为 5m，弹性模量为 4MPa，泊松比为 0.3，Drucker-Prager 模型的内摩擦角为 20°。管-土相对摩擦系数取为 0.2。管道横截面应力变化情况如图 5.4 所示。

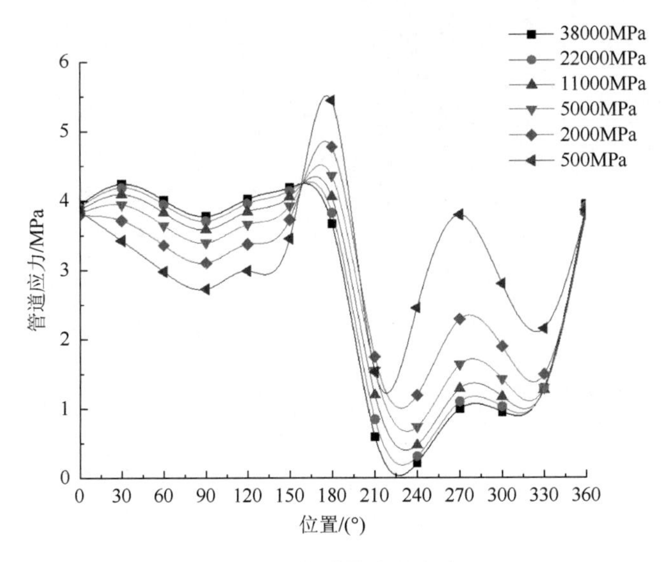

图 5.4　管道横截面应力

由此可知，当管道下部基础刚度相同时，由于基础对下半管道的约束较好，管道变形很小，上半管道的应力分布较均匀，下半管道的应力值较小；随着区域 1 管道基础刚度的减小，管壁应力集中加剧。随着区域 2 管道基础刚度的减小，管道水平两侧应力增大，管壁应力集中。同时，管道横截面内基础刚度存在薄弱区域，下半管道的应力也不断增大。

5.2.4　管-土相对摩擦系数对土压力分布的影响

实际工程中，土体的物理性质不同使管-土相对摩擦系数变化范围很大，变化范围为 0～0.7。图 5.5 和图 5.6 为竖向和水平向的土压力分布示意图。图 5.7 和图 5.8 为管-土相对摩擦系数对管道竖向和水平向土压力分布的影响。以管道水平直径处左侧为 0°，管顶为 90°，按顺时针方向确定，埋地管道上半截面总土压力如图 5.9 所示。

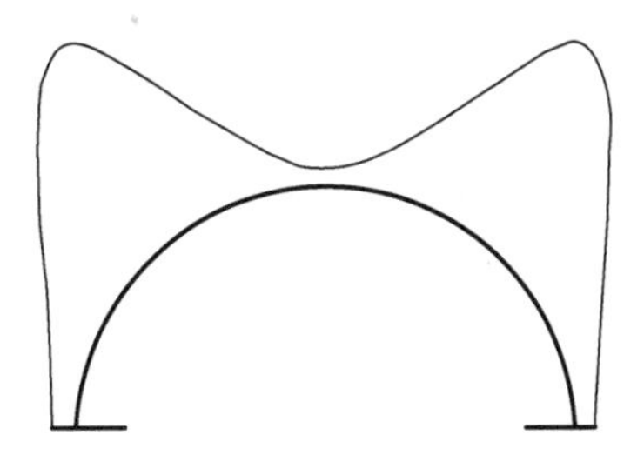

图 5.5　竖向土压力分布示意图

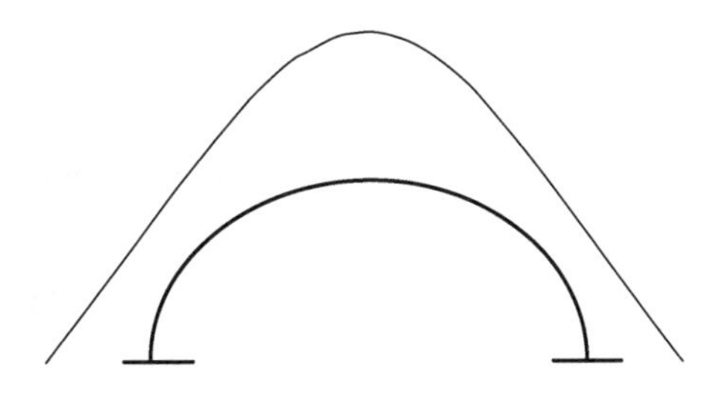

图 5.6　水平向土压力分布示意图

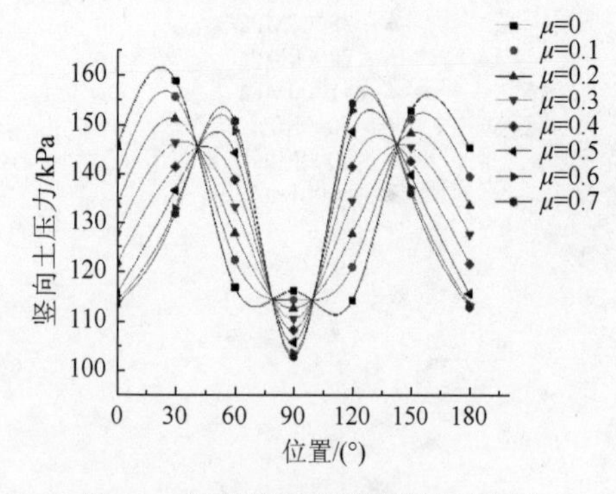

图 5.7　埋地管道横截面竖向土压力

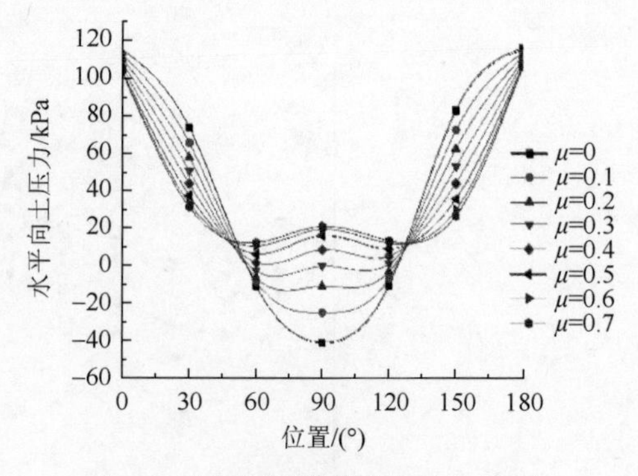

图 5.8　埋地管道横截面水平向土压力

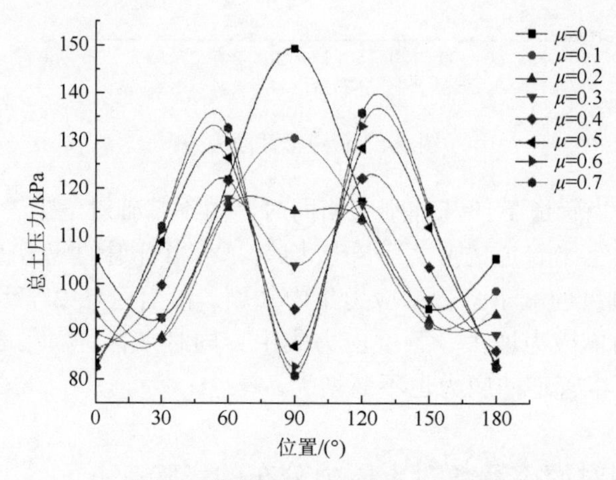

图 5.9　埋地管道上半截面总土压力

图 5.5 和图 5.7 显示，管道横截面竖向土压力的分布形式大体呈马鞍形。随着管-相对摩擦系数的增加，管道水平位置处竖向土压力减小，且变化幅度较大；而竖向土压力的峰值点位于管道上半部分，且随管-土相对摩擦系数增大，峰值点位置逐渐向管顶处移动。

随着管-土相对摩擦系数的增加，管道上部水平土压力的分布形式由单峰分布逐渐变化为双峰分布。当管-土相对摩擦系数较小时，管-土相互作用不明显，管顶的土体出现拉区，即退出工作。管-土相对摩擦系数的增大，使管道水平位置处的水平土压力减小，但变化不显著；管道的最大水平土压力位于管道水平位置附近，这是由管道在其水平位置处的侧向变形较大造成的。

5.2.5　回填土弹性模量对土压力分布的影响

施工过程中，回填土常就地取材，回填密实度往往不均匀，造成填土刚度分布不均，易导致管道破损。因此，有必要研究不同回填料及密实度条件下管道的受力状况。设管道埋深为 5m，泊松比为 0.3，Drucker-Prager 模型的内摩擦角为 20°，密度为 1850kg/m^3。混凝土基础的弹性模量为 38000MPa，泊松比为 0.3，管-土相对摩擦系数为 0.2。以填土弹性模量的差异表示回填土材料及其密实度的变化，分别取 E_s 为 1.2MPa、2.4MPa、4.8MPa、9.6MPa、19.2MPa、38.4MPa 和 76.8MPa，研究其对管道横截面竖向和水平向土压力分布的影响，结果如图 5.10 和图 5.11 所示。

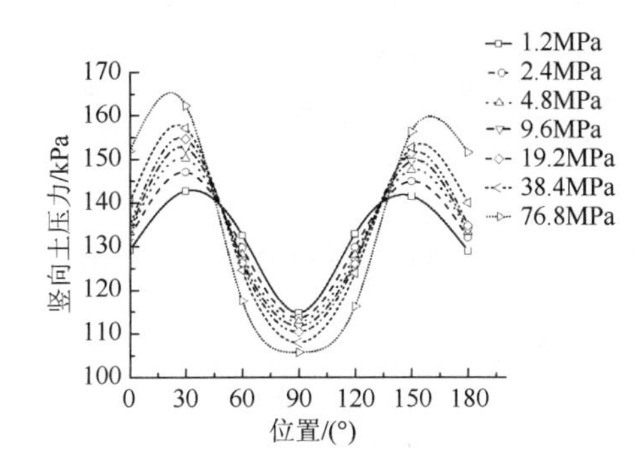

图 5.10　埋地管道上半截面竖向土压力

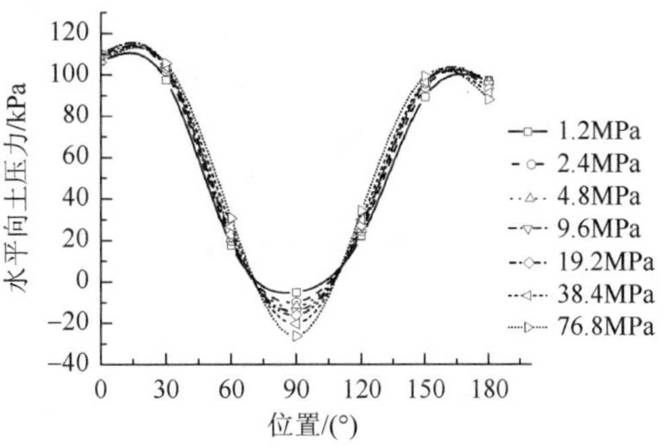

图 5.11　埋地管道上半截面水平向土压力

埋地玻璃钢管道在上部荷载（包括土压力与其他间接荷载）作用下，由于管壁刚度较小，管环因受力由正圆形逐渐变为扁平的椭圆环，所以管道左右侧壁和底部外凸挤压土体，土体对管道产生弹性抗力，约束管壁向外变形。管顶向下挠曲缓解了作用于管顶大部分的垂直土荷载，由周围土体在管上形成的土拱承受，即形成卸载拱如图 5.12 所示。随着回填土弹性模量的增加，管-土相对刚度减小，土拱效应趋于明显。管顶垂直土压力减小，上半管道的垂直土压力峰值增大，且变化幅度逐渐增大；管道截面水平位置处于管顶处的水平土压力有一定减小。管道竖向土压力在横截面上半段 30°、150°处最大，水平土压力在水平位置附近较大。

以上分析表明，管道混凝土基础刚度、管-土相对摩擦系数、回填土相对密实度等对管道横截面土压力分布以及管道力学性能有显著影响。

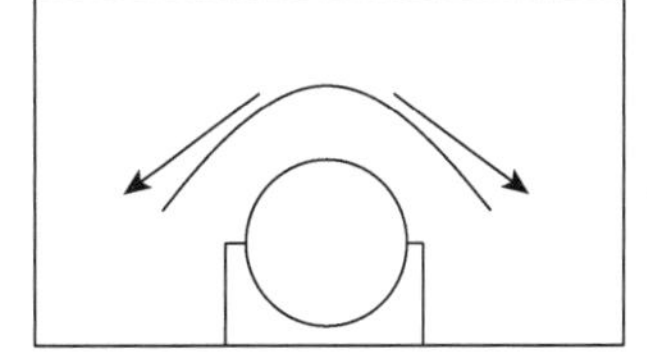

图 5.12　土拱效应示意图

考虑管-土相互作用条件下，管-土相对摩擦系数对总土压力的分布形式和管道受力有显著影响，如图 5.12 所示。随着管-土相对摩擦系数的增大，管-土相互作用更加明显，总的土压力分布形式由单峰分布变为双峰分布，且总土压力峰值减小。管道的应力峰值也不断增大，对管道受力不利。若按传统的固定土压力分布形式设计，将使管道不安全。

管-土相对刚度与管-基础相对刚度直接影响管道受力与变形。管-土相对刚度越小，土体对管顶的土压力的卸荷就越明显，但管腰处的竖向土压力峰值将增大。这是因为管-土的受力依据管-土相对刚度进行分配，土体刚度增大，土体中的应力增大，而管道中的应力减小。因此，施工过程中要求管道周边的土体回填密实，土体回填越密实，管道的变形就越小，受力越合理。

管道基础的刚度在横截面部分区域内达不到设计的理想状态时，将使管道的水平位置处应力集中，该区域的基础越薄弱，应力集中现象越严重。同时，管道横截面下半部分的应力也将增大，这是由基础对下半部分的管道约束减弱、管道产生了较大的位移所致。

5.3　水平地段纵向基础刚度不均匀对管道受力性能的影响

实际工程中，沿管道纵向地基土土质分布可能不均匀，或者施工导致沿管道纵向存在基础刚度薄弱区域，所以本节分析沿管道纵向基础刚度不均匀对管道受力性能的影响。

假设管道材料连续均匀、各向同性且处于弹性阶段；管道纵向弯曲变形为小变形；管道截面形状在环向内力和径向内力作用下几何形状保持不变；地基力学特性沿纵向分段均匀。

如图 5.13 所示两相邻检查井之间的管道，设地基力学特性沿纵向分段均匀。管道所受荷载通常包括内部流体压力、外部土压力、路面上传递的车辆荷载以及温度作用和冰冻作用（主要存在于北方地区）等。在此，重点分析管道纵向受力特性，可假设管道截面形状保持不变，将荷载视为纵向平面内的分布线荷载，忽略横向荷载分布不均匀对管道的影响，则沿管道的纵向荷载作用如图 5.14 所示。图中，$q_{\mathrm{E}}(x)$ 表示与管道上土压力相等效的分布线荷载，$q_{\mathrm{I}}(x)$ 表示与管道内部水压相等效的分布线荷载，地基对管道的弹性支承力与地基沉降相关，可用连续分布的弹簧代替，其抗压刚度系数取决于土层的力学特性，设分段均匀。

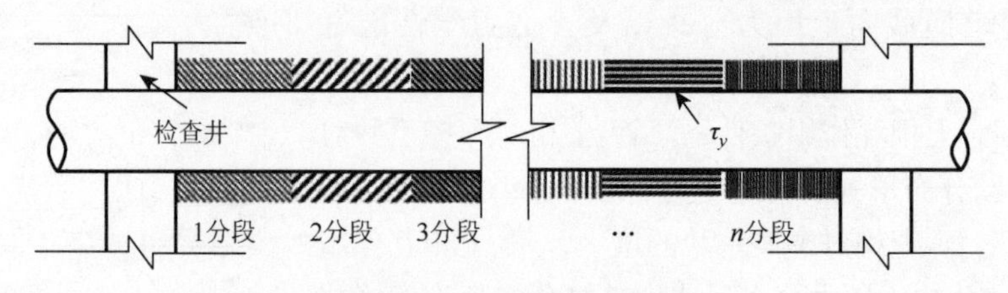

图 5.13　埋地管道示意图

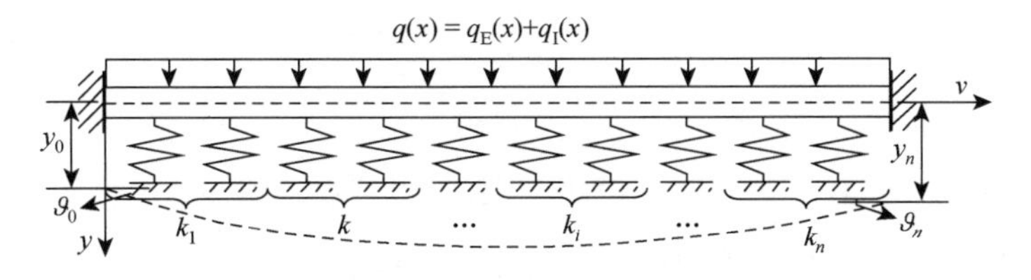

图 5.14　埋地管道纵向受力分析力学模型

在图 5.14 管道上截取长为 dx 的微段，其受力如图 5.15 所示。根据微段的平衡以及弯矩和挠曲线的近似微分关系，可建立如下平衡微分方程：

$$EIy^{(4)}+k(x,y)y=q(x) \tag{5.2a}$$

式中，E 为管道材料弹性模量；I 为管道横截面惯性矩；y 为管道纵向变形挠曲线；地基抗压刚度系数 $k(x,y)$既是管道纵向位置 x 的函数，也与地基的沉降 y 有关，y 等于管道的挠度。对于分段均匀地基，可引入 Heaviside 阶跃函数

$$k(x,y)=\sum_{i=1}^{n}\{k_i(y)\cdot[H(x-x_{i-1})-H(x-x_i)]\} \tag{5.2b}$$

式中，n 为地基的总分段数；$k_i(y)$为第 i 段地基的抗压刚度系数；x_{i-1} 和 x_i 分别为第 i 段地基的起始和终止位置；$H(\cdot)$为 Heaviside 函数，即

$$H(x-x_i)=\begin{cases}0, & x<x_i\\ 1, & x\geqslant x_i\end{cases} \tag{5.2c}$$

式（5.2a）由分段常系数的四阶常微分方程联合组成，可分段求解，各段分别满足变形连续条件和边界条件。

不失一般性，考察第 i 段 $(i=1,\cdots,n)$，即

$$EIy^{(4)}+k_i(y)y=q(x),\quad i=1,\cdots,n \tag{5.3}$$

（1）若 $k_i(y)=0$，则式(5.3)的解为

$$y=\iint\iint\frac{q(x)}{EI}\mathrm{d}x\mathrm{d}x\mathrm{d}x\mathrm{d}x+c_{i,3}x^3+c_{i,2}x^2+c_{i,1}x+c_{i,0} \tag{5.4}$$

式中，$c_{i,j}\,(j=0,1,2,3)$为待定系数。

（2）若 $k_i(y)\neq 0$ 且 $y\leqslant y_{i,u}$，则式(5.3)的解为

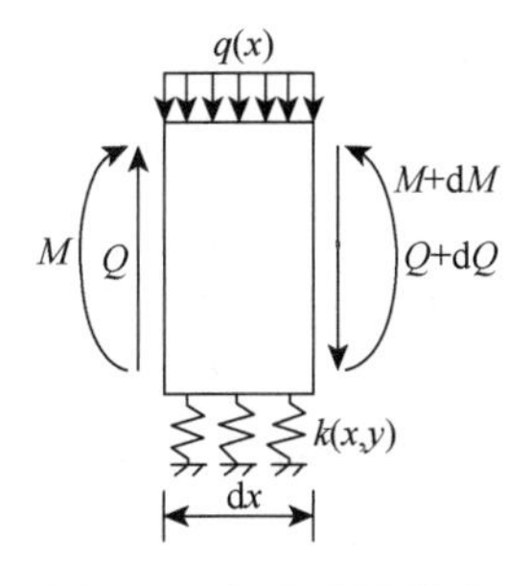

图 5.15　埋地管道微段受力模型

$$y=\mathrm{e}^{\beta_{i,0}x}(A_{i,0}\cos\beta_{i,0}x+B_{i,0}\sin\beta_{i,0}x)+\mathrm{e}^{-\beta_{i,0}x}(C_{i,0}\cos\beta_{i,0}x+D_{i,0}\sin\beta_{i,0}x)$$
$$+f_{i,0}[q(x)] \tag{5.5}$$

式中，$A_{i,0}$、$B_{i,0}$、$C_{i,0}$、$D_{i,0}$ 为待定系数；$f_{i,0}[\cdot]$为式(5.3)的特解；$\beta_{i,0}$ 为常数，可计算如下：

$$\beta_{i,0}=\sqrt[4]{\frac{k_{i,0}}{4EI}} \tag{5.6}$$

（3）若 $k_i(y)\neq0$ 且 $y>y_{i,u}$、$k_{i,1}=0$，则式（5.3）的解为

$$y=\iint\iint\frac{q(x)-k_{i,0}y_{i,u}}{EI}\mathrm{d}x\mathrm{d}x\mathrm{d}x\mathrm{d}x+d_{i,3}x^3+d_{i,2}x^2+d_{i,1}x+d_{i,0} \tag{5.7}$$

式中，$d_{i,j}\,(j=0,1,2,3)$为待定系数。

（4）若 $k_i(y)\neq0$ 且 $y>y_{i,u}$、$k_{i,1}\neq0$，则式(5.3)的解为

$$\begin{aligned}y=&\mathrm{e}^{\beta_{i,1}x}(A_{i,1}\cos\beta_{i,1}x+B_{i,1}\sin\beta_{i,1}x)+\mathrm{e}^{-\beta_{i,1}x}(C_{i,1}\cos\beta_{i,1}x+D_{i,1}\sin\beta_{i,1}x)\\&+f_{i,1}[q(x)-k_{i,0}y_{i,u}]+y_{i,u}\end{aligned} \tag{5.8}$$

式中，$A_{i,1}$、$B_{i,1}$、$C_{i,1}$、$D_{i,1}$ 为待定系数；$f_{i,1}[\cdot]$为式(5.3)的特解；$\beta_{i,1}$ 为常数，可计算如下：

$$\beta_{i,0}=\sqrt[4]{\frac{k_{i,1}}{4EI}} \tag{5.9}$$

式(5.4)～式(5.9)中，待定系数可根据管道接口处的形式及管道在检查井处的变形确定。

利用以上得到的管道挠曲线，可方便地计算管道的纵向内力，即

$$\theta(x)y' \tag{5.10a}$$

$$M(x)=-EIy'' \tag{5.10b}$$

$$Q(x)=-EIy''' \tag{5.10c}$$

式中，$\theta(x)$、$M(x)$和 $Q(x)$分别为管道横截面的转角、弯矩和剪力。

为简化，分别讨论两端支座处 1/4 管段处（区域Ⅰ）与管道中段 1/4 区域处（区域Ⅱ）基础刚度薄弱对管道受力的影响。

管道中段 1/4 区域处（区域Ⅱ）：取此区域基础的弹性模量分别为 38000MPa、22000MPa、11000MPa、5000MPa、2500MPa、500MPa，此区域外的基础弹性模量取为 38000MPa。土体的埋深为 5m，弹性模量为 4MPa，泊松比 0.3，Drucker-Prager 模型的内摩擦角为 20°，管-土相对摩擦系数取为 0.2。

分析结果如图 5.16 所示。可见：管道的受力性能受管道基础沿管道长度方向刚度分布的影响。管道在薄弱区域与非薄弱区域的交界面上存在应力集中。当基础刚度沿纵向均匀分布时，管道沿纵向的受力性能也较均匀；管道中部下方 1/4 区域的基础刚度越薄弱，在刚度变化的界面上管道存在的应力集中就越明显，且此薄弱区域中管道的应力分布不均。由此可见，基础刚度沿纵向不均匀分布对管道的受力是不利的，基础刚度越薄弱，按规范设计的管道的受力就越危险。

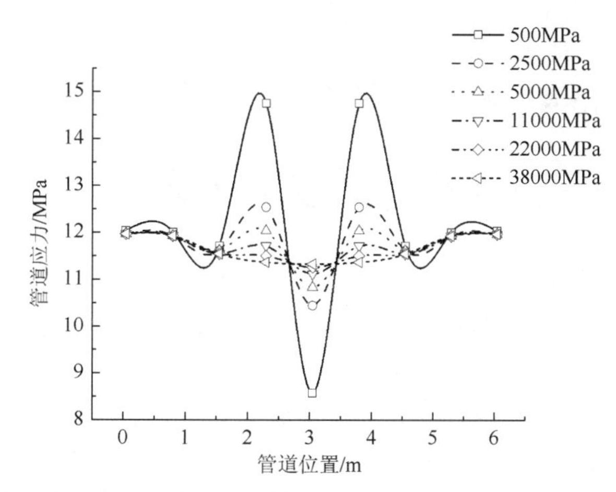

图5.16　管道中段1/4区域处（区域Ⅱ）基础刚度不均匀条件下的管道应力值

两端支座处1/4管段处（区域Ⅰ）：假设区域Ⅰ的管道基础刚度薄弱，分别取其弹性模量为38000MPa、22000MPa、11000MPa、5000MPa、2500MPa、500MPa，此区域外的基础的弹性模量设为38000MPa。土体的埋深为5m，弹性模量为4MPa，泊松比0.3，Drucker-Prager模型的内摩擦角为20°，管-土相对摩擦系数为0.2。

分析结果如图5.17所示。可见，若管道基础在管段的0～1.5m和4.5～6m区域刚度不断减小，在此区域附近的管道的应力都会受到影响，0～2.25m和3.75～6m区域的管道的应力随着基础刚度的减小而不断增大，特别是在1.5m和4.5m处，管道应力增大的幅度较大。由此可见，基础刚度在支座附近处达不到设计要求，存在薄弱区域，对于管道的受力是不利的。因此，在工程实践中，应该避免因为施工等使管道基础存在薄弱区域。

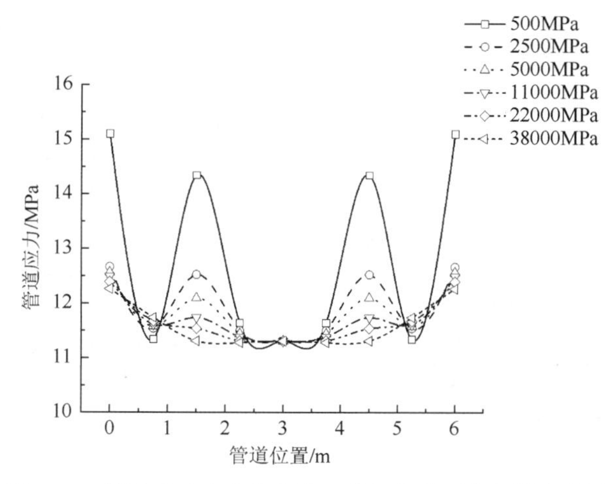

图5.17　管道基础支座处刚度不均匀条件下的管道应力图

5.4　斜坡地段埋地管道性能研究

5.4.1　斜坡地段管道埋置位置对土压力的影响

目前对埋地管道的力学性能分析，多假定地表水平、管道两侧的水平土压力呈对称分布，这与山地城市通过斜坡地段的管道受力差异显著。因此，对位于斜坡段的管道周围土压力分布情况进行室内模型试验研究。

管道试验模型如图 5.18 所示，面板四周以及侧板上部均进行了加固处理，以降低模型在施加水平推力过程中的弯曲变形。考虑到城市排水干管通常为钢筋混凝土管道，管道与周边土壤的相对刚性较大，通常处于弹性状态，因此采用矩形截面不锈钢管道模型。在模型侧壁上加支座限制管道模型的水平及竖向位移，管道位置可根据试验要求予以调整（图 5.18）。管道模型周围安装微型土压力计，以监测管道不同埋设位置的土压力值（图 5.19）。管道位置工况如图 5.20 所示，管道位于斜坡不同位置处土压力的分布情况如图 5.21 所示。

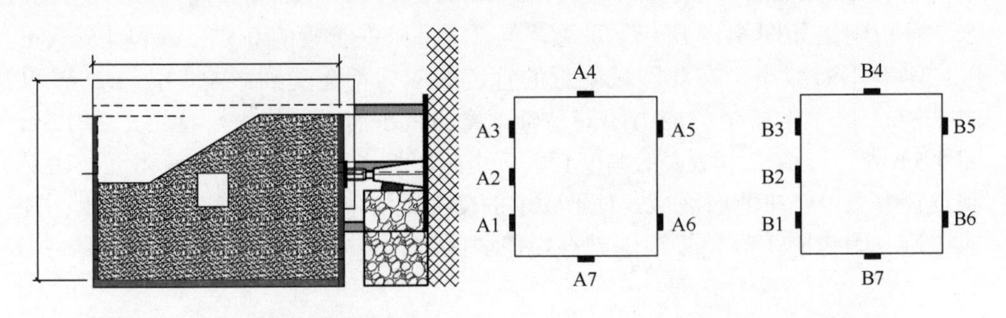

图 5.18　试验模型剖面图　　　　图 5.19　微型土压力计布置图

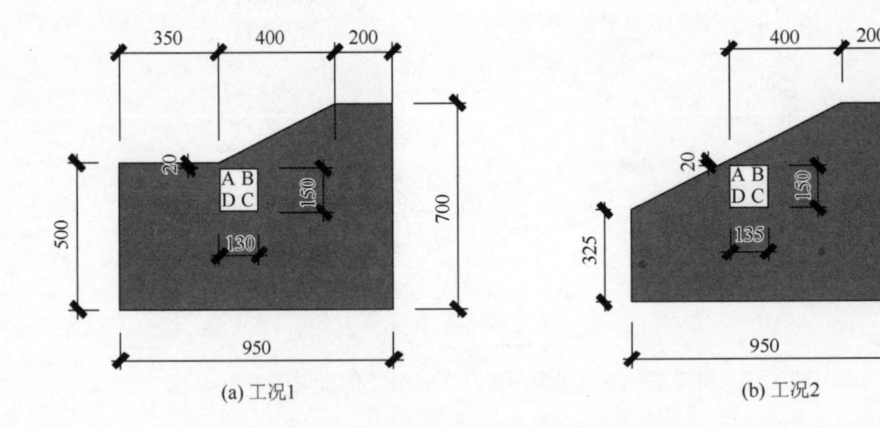

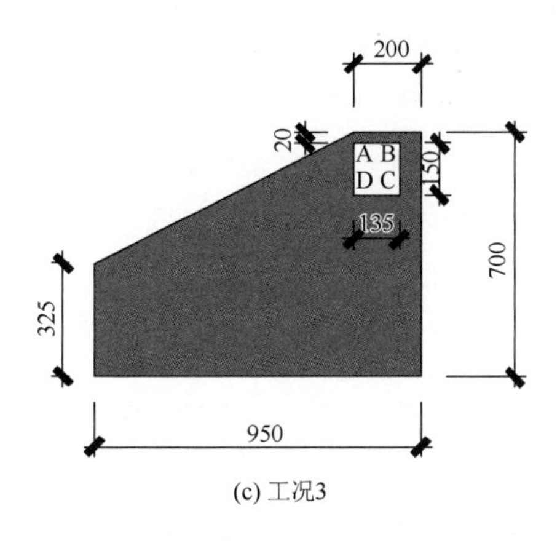

(c) 工况3

图 5.20　管道布置位置示意图（单位：mm）

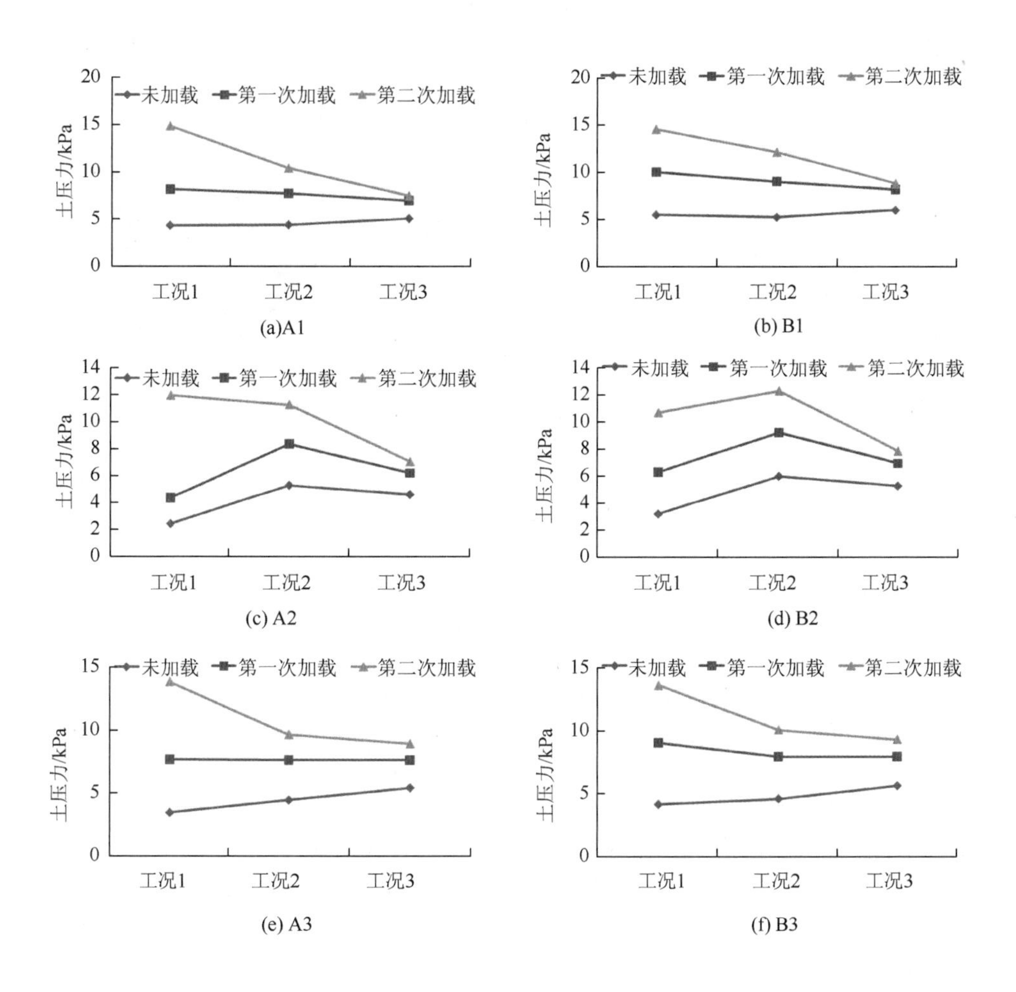

(a)A1　(b) B1

(c) A2　(d) B2

(e) A3　(f) B3

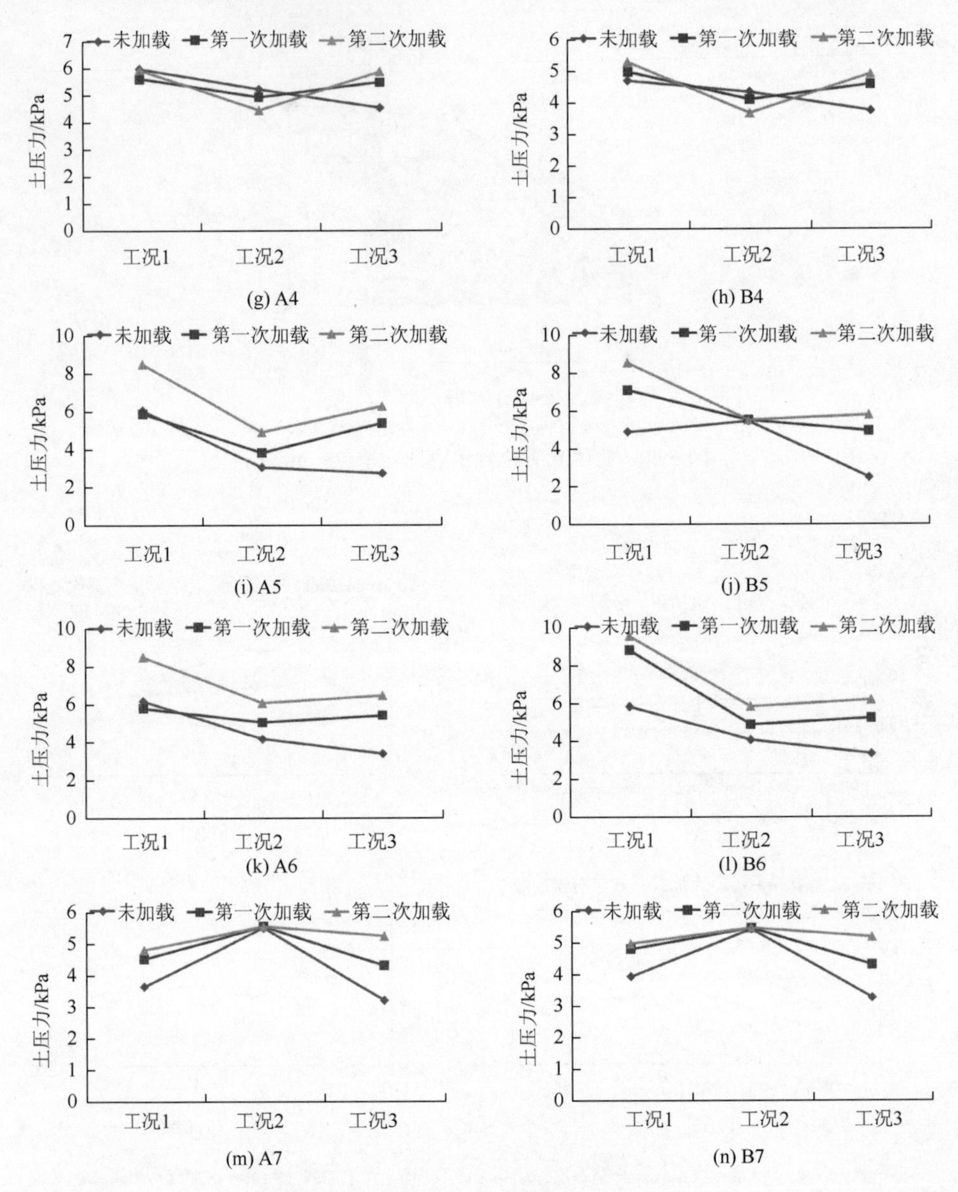

图 5.21　各测点土压力值与加载的关系

由图 5.21 可知，当管道在斜坡底部时，每次加载后，管道深埋侧侧壁上的土压力增大幅度最大，浅埋侧侧壁上的土压力增大幅度较小，而管道的顶板与底板上的土压力基本保持不变，受加载的影响较小；当管道在斜坡中部时，每次加载后，管道深埋侧侧壁上的土压力增大幅度最大，和管道在斜坡底部时趋势相同，但是管道浅埋侧侧壁上的土压力受加载的影响小于当管道位于斜坡底部时的情况，小幅度的增大，管道顶板及底板上的土压力基本不受加载的影响；当管道在斜坡顶部时，管道四个壁上的土压力全部随加载的增大而增大，其中底板上的土压力增大的幅度最大。试验表明，当斜坡有滑动的趋势时，管道位于斜坡顶部是最不利的情况。

由此可见，当管道位于斜坡底部时，管道周围土压力分布受斜坡的影响较小；当管道位于斜坡中部时，管道两侧水平土压力的不对称性最大，管道易因较大的水平位移而破坏；对于具有滑动风险的斜坡，管道位于斜坡顶部时最为不利。

5.4.2　斜坡地段管道土压力分布特性分析

我国现行规范，对于埋地排水管道土体荷载的计算通常采用荷载结构法，即不考虑管-土相互作用，而将给定分布形式的土压力作为荷载进行管道结构计算和设计。对于上埋式管道的土压力计算，Marston-Spangler 理论假定管道上部回填土体与两侧原状土体发生相对沉降时的滑动面为竖直平面，并应用散体极限平衡条件进行分析。当管道为刚性管道时，管道上方回填土的土柱沉降量要小于两侧原状土体的沉降量，在相对滑动的滑动面上，两侧的原状土体对管道上方回填土体产生的摩擦力方向向下，这就使得管道上部的竖直土压力大于管道顶部的回填土的土柱重量。顾安全[13]通过对现有的几种土压力计算模型以及大量实测结果的统计分析，提出上埋式管道上部土体的滑裂面为斜面，从而修正了竖直土压力的计算方法。

管侧水平土压力通常假定为对称分布，可应用朗肯主动土压力理论或静止土压力理论计算刚性管道上的水平土压力，差别在于前者引入水平侧压力系数，后者采用静止土压力系数。

目前，我国普遍采用的管道土压力计算方法中，《给水排水工程结构设计手册》[14]（后文简称《给排水手册》）与《水工混凝土结构设计手册》[15]（后文简称《水工手册》）在计算管道的竖直土压力时，均假定管道顶部的回填土体与周围的原状土体间的滑动面是一个竖直平面，且在确定等沉降面的方法中也有许多人为的简化假定，这会导致管道上方的竖直土压力在管道埋深较小时被低估，在管道埋深较大时又被高估；此外，还假定管道侧向水平土压力沿管道高度均匀分布且处处相等，其值为管道中心线处的侧向土压力。

《公路隧道设计规范》[16]（后文简称《公路规范》）对于浅埋隧道的荷载计算与前述方法有所不同。《公路规范》假设，埋深较小时，地下建构物顶部的竖直滑动面内部的土体重量即建构物所受到的竖向土压力，并应用朗肯主动土压力理论计算侧向土压力；当埋深较大时，则考虑在土体滑动面与非滑动面之间存在的摩擦阻力，并假定一条与水平线成β角的斜直线为土体的滑动面。对于倾斜的回填地面，《公路规范》还给出地下建构物处于偏压状态时的土压力分布图（图 5.22）。

由此可见，《公路规范》考虑了斜坡地形引起的非均匀土压力的偏压分布，侧向土压力区分了内外侧，并考虑了埋深的变化。

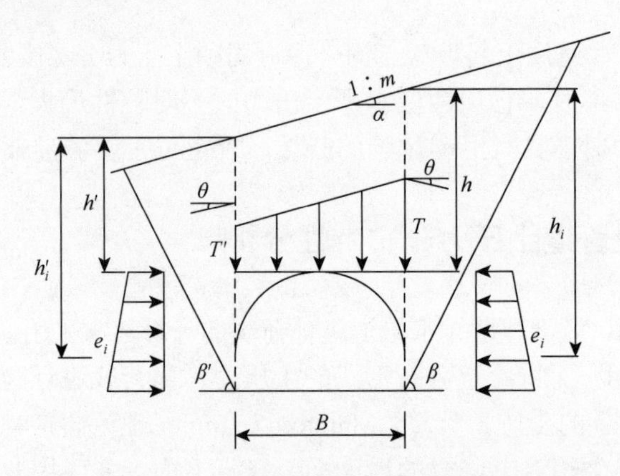

图 5.22 《公路规范》给出的倾斜的回填地面偏压时土压力分布图

《公路规范》假设竖直土压力的分布形状与地面坡度保持一致，上部竖直土压力为

$$Q = \frac{\gamma}{2}[(h + h')B - (\lambda h^2 + \lambda' h'^2)\tan\theta] \tag{5.11}$$

式中，γ 为围岩重度，kN/m^3；θ 为顶板土柱两侧摩擦角；λ、λ' 分别为内外侧的侧压力系数。其他符号的含义如图 5.22 所示，由式(5.12)计算

$$\begin{aligned} \lambda &= \frac{1}{\tan\beta - \tan\alpha}\frac{\tan\beta - \tan\varphi_c}{1 + \tan\beta(\tan\varphi_c - \tan\theta) + \tan\varphi_c \tan\theta} \\ \lambda' &= \frac{1}{\tan\beta' - \tan\alpha}\frac{\tan\beta' - \tan\varphi_c}{1 + \tan\beta'(\tan\varphi_c - \tan\theta) + \tan\varphi_c \tan\theta} \end{aligned} \tag{5.12}$$

滑动面的破裂角 β、β' 由式(5.13)确定

$$\begin{aligned} \tan\beta &= \tan\varphi_c + \sqrt{(\tan^2\varphi_c + 1)(\tan\varphi_c - \tan\alpha)/(\tan\varphi_c - \tan\theta)} \\ \tan\beta' &= \tan\varphi_c + \sqrt{(\tan^2\varphi_c + 1)(\tan\varphi_c + \tan\alpha)/(\tan\varphi_c - \tan\theta)} \end{aligned} \tag{5.13}$$

式中，φ_c 为围岩计算摩擦角。

水平土压力则按式(5.14)计算

$$e_i = \gamma h_i \lambda \tag{5.14}$$

式中，h_i 为内、外侧任意一点到地面的距离，m；其他符号意义同前。

采用上述管道周围土压力计算方法，分别计算作用在试验管道顶板 AB、深埋侧侧壁 BC（内壁）、浅埋侧侧壁 DA（外壁）的标准土压力值，并与试验值比较，结果见表 5.1。

表 5.1　土压力值　　（单位：kN/m）

管道位置	管壁	《给排水手册》	《水工手册》	《公路规范》	试验值
斜坡底部	AB	0.29	0.25	0.23	0.21
	BC	0.36	0.36	0.45	0.41
	DA	0.22	0.22	0.21	0.25
斜坡中部	AB	0.29	0.25	0.23	0.23
	BC	0.36	0.36	0.45	0.42
	DA	0.22	0.22	0.21	0.26
斜坡顶部	AB	0.16	0.14	0.13	0.15
	BC	0.22	0.22	0.24	0.21
	DA	0.22	0.22	0.24	0.26

表 5.1 显示，对于管道顶板 AB，《给排水手册》与《水工手册》计算所得竖向土压力值均较试验值大，其中，以采用《水工手册》计算得到的值最大，比试验值大 38%左右。而《公路规范》考虑了地形与土体内部摩擦等因素对地下结构受力的影响，计及周围土体对管道上方土体的摩擦可阻止上方土体的下沉趋势，所得管道上方竖向土压力的值小于其他方法所得，并接近试验值。

对于管道深埋侧侧壁 BC（内壁），《给排水手册》与《水工手册》计算所得土压力值均小于试验值。而《公路规范》考虑了斜坡地形引起的地形偏压问题对管道受力的影响，所得深埋侧的侧向土压力值大于其他方法所得值及试验值。对于管道浅埋侧侧壁 DA（外壁），三种方法得到的土压力值均小于试验值，可能是因为三种规范均采用主动土压力原理，而事实上，这部分土体受管道影响的可能为被动土压力。

由上述分析比较可知，《给排水手册》与《水工手册》通过深度来反映地形对管道周围土压力的影响，斜坡地段矩形管道的土压力计算结果与试验值相比差别较大；《公路规范》考虑斜坡地形的影响，计算结果和试验值较为接近，得到的土压力分布形式较为合理。

5.4.3　斜坡地段埋地管道的力学性能

土压力分布形式的假定对埋地管道的受力分析与设计具有显著影响。根据前文对比分析，山地城市斜坡地段埋地管道，考虑斜坡地形以及管-土相对摩擦对土压力分布的影响，采用如图 5.23 所示土分布形式，分析埋地管道受力变形特性以及斜坡参数（外侧上覆土厚度、坡度）与土性参数（内摩擦角与弹性模量）等对管道结构的影响。

取典型管道尺寸 $b\times h$ 为 2.7m×3m，壁厚 300mm，选取一典型斜坡段进行分析，如图 5.24 所示，图中，A、B、C、D 表示管道各角部顶点；AB 和 CD 分别为管道顶板和底板；BC 和 DA 分别为管道深埋侧和浅埋侧侧壁。模型基本参数见表 5.2。

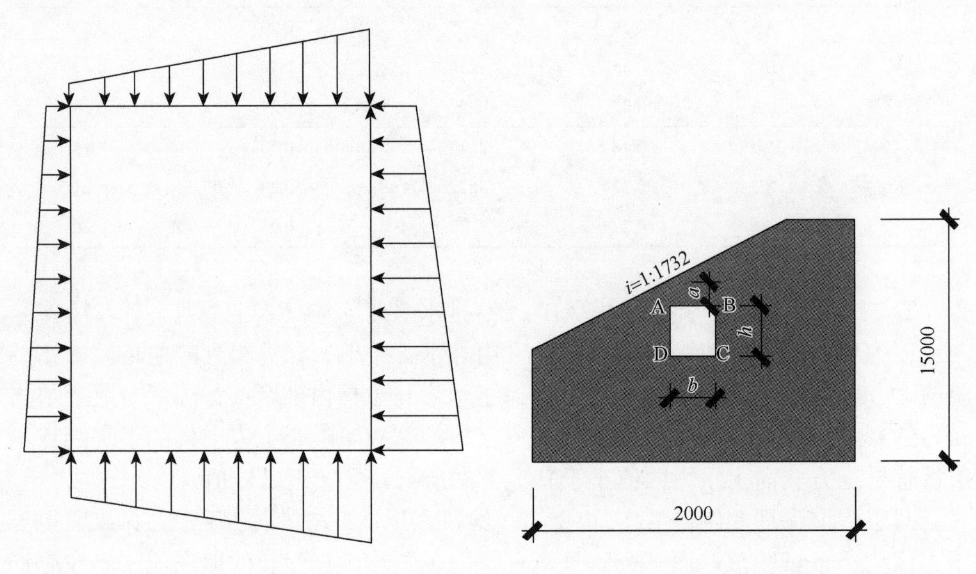

图 5.23　荷载结构法土压力分布形式示意图　　　　5.24　模型计算简图（单位：mm）

表 5.2　模型基本参数

模型材料	密度/(kg/m³)	弹性模量/GPa	泊松比 υ	黏聚力/kPa	内摩擦角/(°)
土体	2000	6×10^{-2}	0.3	25	20
管道	2500	30	0.2	—	—

1）外侧上覆土厚度

保持管道及覆土重度、土体强度、变形模量、坡度等不变，改变外侧上覆土厚度，见表 5.3，分析管道内力分布以及管道各边的跨中弯矩、支座处弯矩及剪力最大值随上覆土厚度的变化。为验证土压力分布假设的合理性，在此采用地层结构法（即将土体与管道整体建模分析）与荷载结构法进行分析比较，两者结果分别见图 5.25～图 5.28。

表 5.3　计算工况

计算工况	外侧上覆土厚度/mm	覆土重度/(kN/m^3)	变形模量/kPa	内摩擦角/(°)	弹性模量/MPa	坡度
1	0	18	25	20	60	1∶1.732
2	675	18	25	20	60	1∶1.732
3	1350	18	25	20	60	1∶1.732
4	2025	18	25	20	60	1∶1.732
5	2700	18	25	20	60	1∶1.732

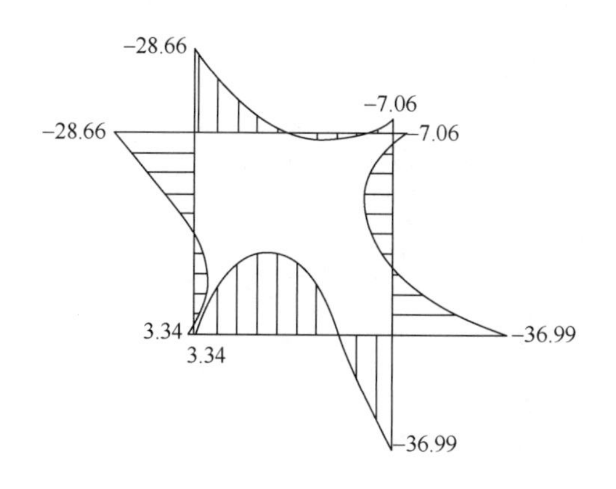

(a) 管道弯矩图 (单位:kN·m)

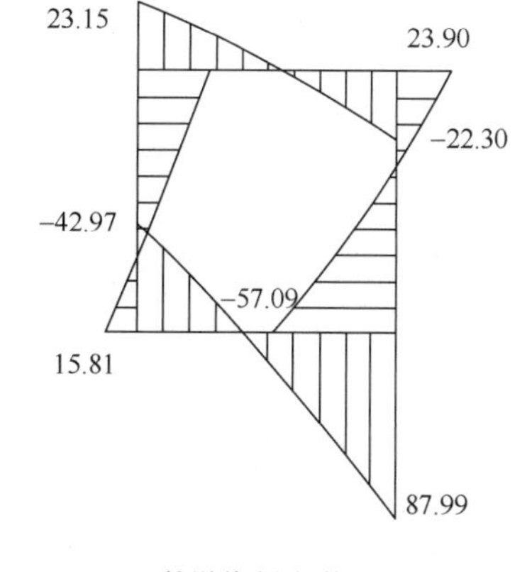

(b) 管道剪力图 (单位:kN)

图 5.25　荷载结构法管道结构内力分布图

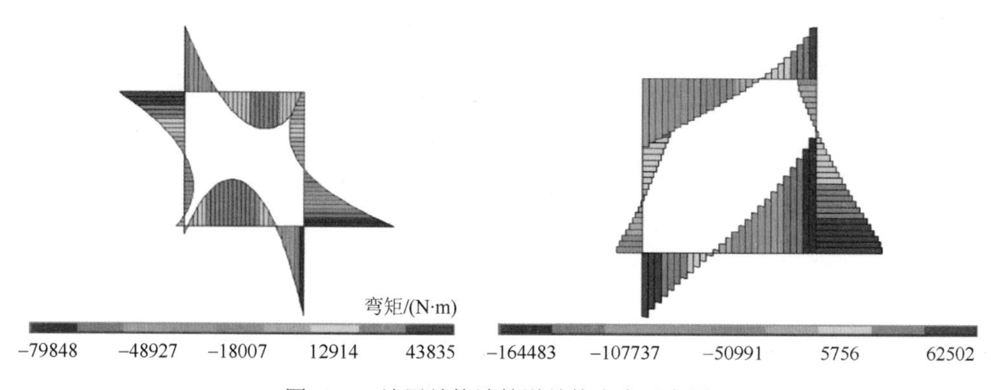

图 5.26　地层结构法管道结构内力示意图

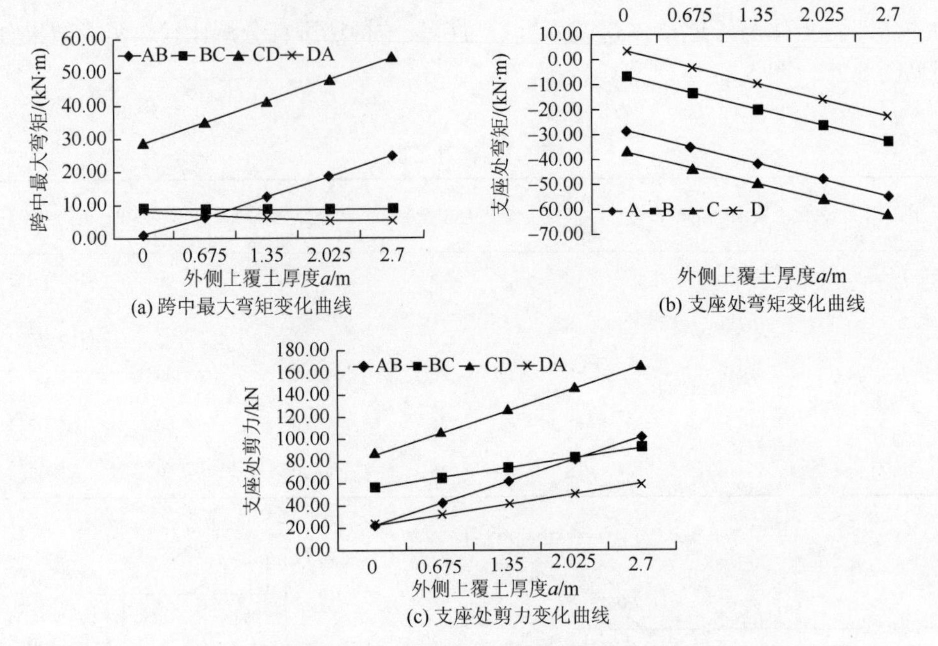

图 5.27 荷载结构法外侧上覆土厚度与管道结构内力的关系

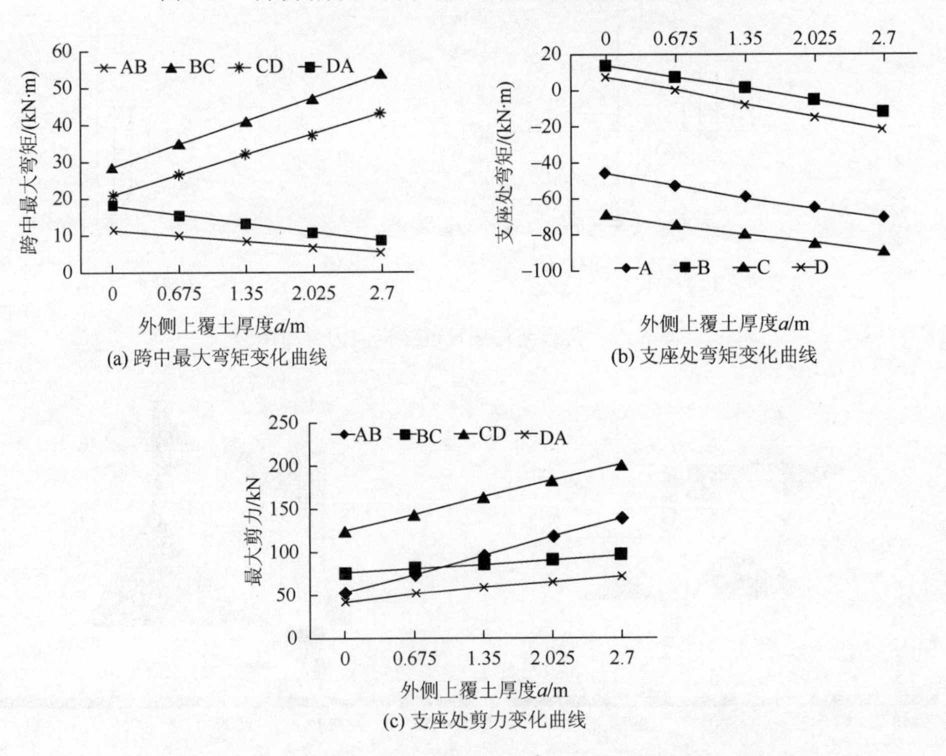

图 5.28 地层结构法外侧上覆土厚度与管道结构内力的关系

可见，荷载结构法与地层结构法分析结果一致，即：管道顶板 AB 及底板 CD 受上覆土厚度影响较大，其结构内力随着外侧上覆土厚度的增大而增大；管道浅埋侧侧壁 DA 及深埋侧侧壁 BC 受上覆土厚度影响较小，其中 DA、BC 跨中的最大弯矩随着外侧上覆土厚度的增大而减小。支座处弯矩随埋深的增大而增大，其中 A、C 支座处的弯矩远大于 B、D 支座处。AB、CD 壁上的剪力的增大趋势远大于侧壁上的剪力的增大趋势。由此可知，管道顶板及底板的内力对外侧上覆土厚度的变化最敏感。且此处假设的土压力分布形式合理。

2）坡度

保持其他参数不变，取侧壁上覆土厚度 $a=1350\text{mm}$，模型坡度分别取为 $i=$ 1∶2.748，1∶2.145，1∶1.732，1∶1.428，1∶1.192，管道结构内力变化与坡度的关系如图 5.29 所示。

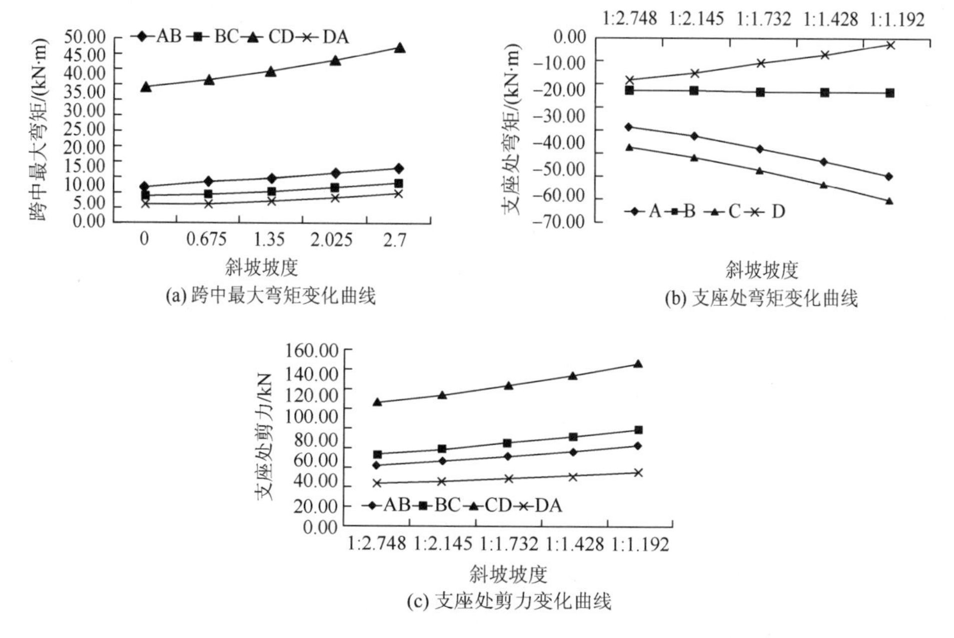

(a) 跨中最大弯矩变化曲线

(b) 支座处弯矩变化曲线

(c) 支座处剪力变化曲线

图 5.29 斜坡坡度与管道结构内力的关系

分析结果显示，与外侧上覆土厚度的影响不同，跨中弯矩和管道各边弯矩均随着斜坡坡度的增大而增大，但增大趋势平缓。其中，AB 壁跨中最大弯矩受斜坡坡度的影响最大，管道整体结构内力随斜坡坡度的增大而增大。管道各支座处的弯矩受斜坡坡度的影响较大，其中管道浅埋侧下部 D 支座，当斜坡坡角小于土体内摩擦角时其支座处弯矩最小，随着斜坡坡度的增大支座处弯矩先增大后减小。因此，管道支座处的弯矩对斜坡坡度的变化最敏感。

3）内摩擦角

取土体内摩擦角 φ=[15°, 20°, 25°, 30°, 35°]，其余参数同表 5.3 中工况 3，内摩擦角对管道结构内力的影响如图 5.30 所示。

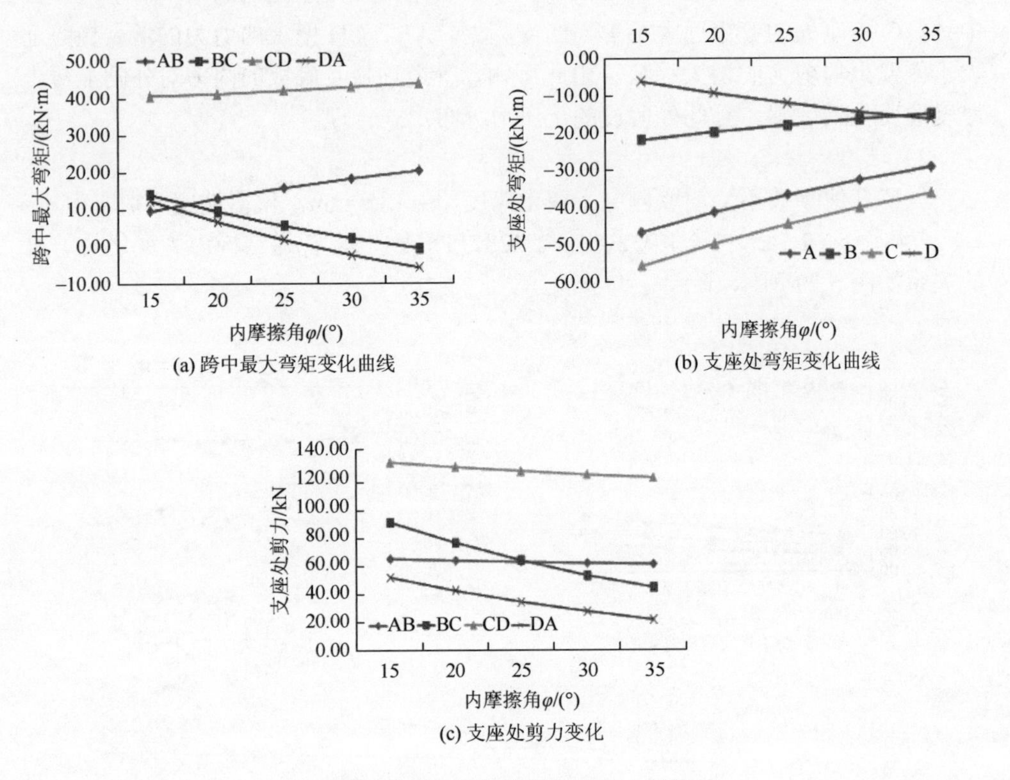

(a) 跨中最大弯矩变化曲线

(b) 支座处弯矩变化曲线

(c) 支座处剪力变化

图 5.30　内摩擦角与管道结构内力的关系

由图 5.30 可知，CD 边上管道跨中最大弯矩随着 φ 的增大而小幅度增大，变化不明显，AB 边跨中弯矩随着 φ 的增大而增大，BC 及 DA 边上跨中弯矩随着 φ 的增大由内侧受拉变为外侧受拉。A、B、C 支座处的弯矩随着 φ 的增大而减小，D 支座处的弯矩随着 φ 的增大而增大。AB 支座处的剪力变化幅度较小，受 φ 的影响较小，其他支座处的剪力随 φ 的增大而减小。

4）覆土重度

保持其他参数不变，使计算模型中的覆土重度 λ=16kN/m^3, 17kN/m^3, 18kN/m^3, 19kN/m^3, 20kN/m^3，其他参数同表 5.3 中工况 3，管道结构内力变化与覆土重度的关系如图 5.31 所示。

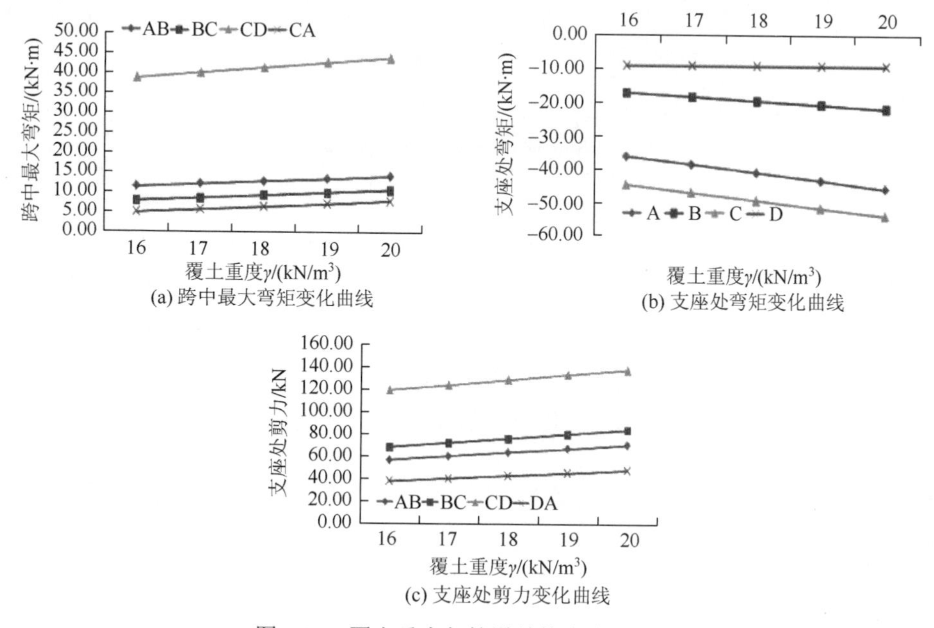

(a) 跨中最大弯矩变化曲线

(b) 支座处弯矩变化曲线

(c) 支座处剪力变化曲线

图 5.31　覆土重度与管道结构内力的关系

可见，随着覆土重度 λ 的增大，管道结构内力呈整体增大趋势，其中顶板及底板的增大趋势较大，覆土重度的改变对管道支座处反向弯矩影响较小。管道底板的结构内力变化对覆土重度的变化最敏感。

5）弹性模量

取土体弹性模量分别为 $E=0.6\times10^7$Pa，3.3×10^7Pa，6×10^7Pa，33×10^7Pa，60×10^7Pa，其他参数同表 5.3 中工况 3，采用地层结构法计算管道结构内力变化与土体弹性模量的关系，结果如图 5.32 所示。

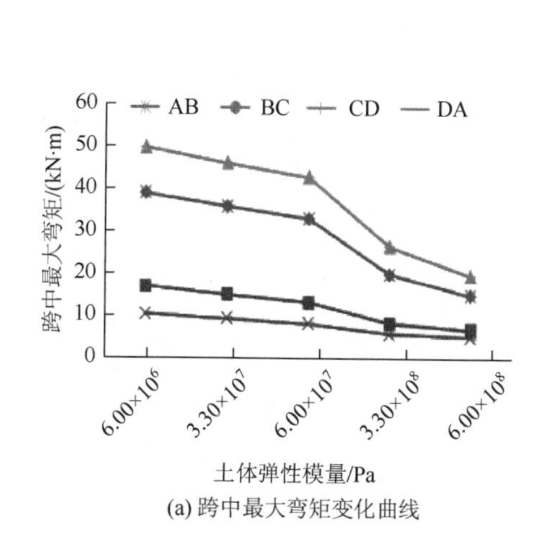

(a) 跨中最大弯矩变化曲线

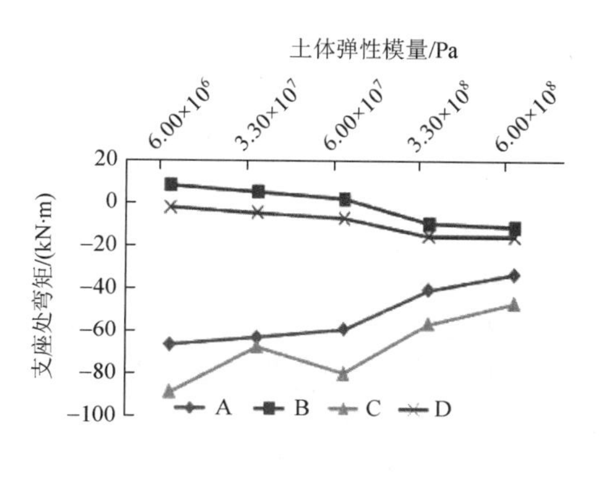

(b) 支座处弯矩变化曲线

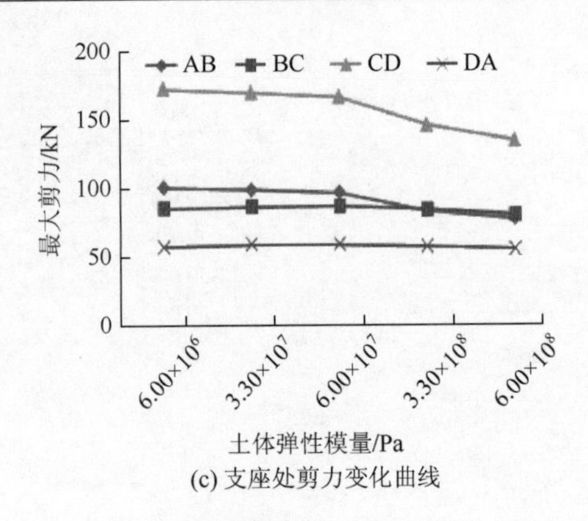

(c) 支座处剪力变化曲线

图 5.32　土体弹性模量与管道内力的关系

由分析结果可知，跨中最大弯矩随着土体弹性模量的增大而减小，当管-土相对刚度变化，管道从刚性管转化为柔性管时，管道跨中最大弯矩显著下降；B、D 支座处弯矩随着土体弹性模量的增大而增大，当管道从刚性管转化为柔性管时，增大趋势减缓；A 支座处的弯矩随着土体弹性模量的增大而减小，当管道从刚性管转化为柔性管时，弯矩有显著的减小，然后增大趋势减缓；C 支座处的弯矩受土体弹性模量的影响较大，当管道从刚性管转化为柔性管时，C 支座处的弯矩有一次显著的增大。整体而言，C 支座处的弯矩随着土体弹性模量的增大而减小；BC、DA 壁上的剪力受土体弹性模量的影响较小，顶板及底板的剪力随着土体弹性模量的增大而减小。显然，土体弹性模量的增大，对管道结构的受力有利。

5.5　山地城市排水管道结构安全性评价与预警

综合前述分析，根据横截面土压力分布形式的不同，可将山地城市埋地管道按所处位置分为水平地段和斜坡地段。水平地段埋地管道的破坏模式主要包括纵向基础刚度不均匀导致的梁式弯曲破坏、横截面土压力过大造成的腹板破坏。斜坡地段埋地管道，无滑坡风险时，其破坏形式主要为侧向土压力不均匀导致的管道位移和变形、顶部土压力过大造成的顶板破坏；有滑坡发生时，斜坡地段管道破坏模式包括滑坡推力和冲击下的管道过大位移、变形与倾覆等。

因此，分别对水平地段与斜坡地段的埋地管道，建立埋地管道结构安全性评定标准。与第 3 章和第 4 章的边坡危险性以及架空管道安全性评价方法类似，对埋地管道结构安全性采用四级评价方法，各等级含义同第 4 章。可根据管道具体几何、材料参数与使用工况，综合管道结构性能试验与数值分析，依据不同水平地段和斜坡地段，影响管道正常使用的主要破坏模式，分别建立四个等级的评定阈值或评定指标。

在此，以重庆市排水干管 A 线埋地箱形管道为例，管道主要承受内部水压与外部土压，由管道模型试验与数值分析结果可知，除整体变形与位移外，跨中腹板为埋地箱形管道的薄弱环节，对 A 线典型钢筋混凝土埋地箱形管道（箱形管道内截面 2.4m×2.8m，壁厚 350mm，跨度 16m），模拟分析位于斜坡地段无滑坡危险时，非均匀侧向土压作用下，管道跨中腹板受力变形全过程，荷载-位移曲线见图 5.33。

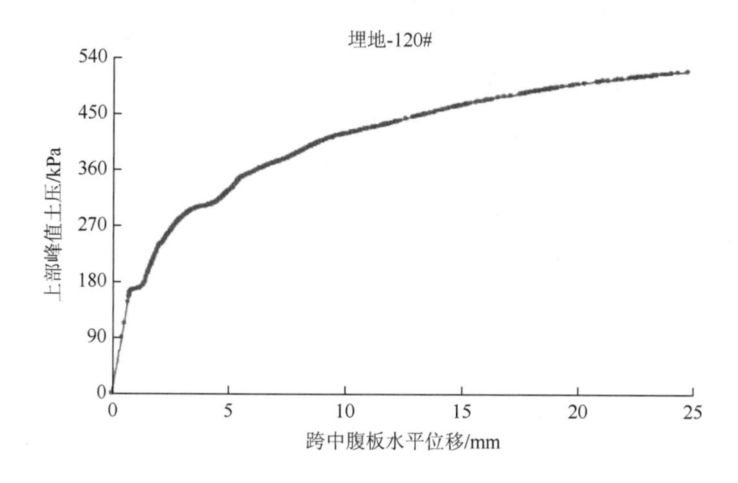

图 5.33　埋地箱形管道跨中腹板荷载-位移曲线

可见，在非均匀侧向土压作用下，跨中腹板内侧混凝土开裂时，荷载位移曲线出现第一个明显转折点；跨中腹板内侧箍筋屈服时，荷载位移曲线出现第二个明显转折点。

位于 A 线工程水平地段的埋地管道，选取典型箱形管道（内截面 2.3m×2.6m，壁厚 300mm，跨度 13.5m）模拟分析竖向土压力作用下管道受力性能。可知，当其上部峰值土压力达到 144kPa 时，箱形管道表面混凝土开始开裂，将此状态设为水平地段埋地箱形管道安全性等级由 1 级进入 2 级的临界状态；当上部峰值土压力达到 270kPa 时，结构整体刚度下降，设为安全性等级 3 级的临界状态；上部峰值土压力达到 342kPa 时，纵筋开始屈服，为安全性等级 4 级的临界状态。

综上所述，兼顾埋地管道在线监测与检测的可行性，考虑埋地管道的变形与位移，难以直接检测或监测，以基础不均匀沉降代替。在不考虑滑坡风险时，重庆市排水干管 A 线埋地箱形管道的结构安全性评定标准如下设置：

（1）1 级，管道安全，无须检测、维护。对应无基础不均匀沉降以及跨中腹板混凝土开裂之前的状态，腹板外表面混凝土应变低于 200$\mu\varepsilon$。水平地段管道，上部峰值土压力低于 144kPa；斜坡地段管道，侧向土压力小于 150kPa。

（2）2 级，低危险性，管道需注意维护和必要的检测。对应基础不均匀沉降小于 0.003L（L 为管道长度），跨中腹板箍筋屈服，腹板外表面混凝土应变大于 200$\mu\varepsilon$。水平地段管道，上部峰值土压力为 144～270kPa；斜坡地段管道，侧向土压力小于 200kPa。

（3）3 级，较高危险性，需采取重点检测及维修措施。对应基础不均匀沉降为 0.003L～0.005L，跨中腹板内侧纵筋屈服之前。水平地段管道，上部峰值土压力为 144～270kPa；斜坡地段管道，侧向土压力为 200～300kPa。

（4）4 级，高危险性，应立即采取维修加固措施。对应基础不均匀沉降大于 0.005L，箱形管道跨中腹板纵筋开始屈服。水平地段管道，上部峰值土压力大于 270kPa；斜坡地段管道，侧向土压力大于 300kPa。

斜坡地段的管道，当存在滑坡风险时，以边坡安全性等级作为管道安全性等级。

对重庆市排水干管 A 线管道的结构安全性现状进行评估，可得：A 线全线除隧洞外，无滑坡风险和洪水荷载条件下，安全性等级均为 1 级（图 5.34）；强降雨条件下，考虑滑坡风险以及跨越冲沟处洪水荷载作用，120#～124#管段受冲沟洪水荷载影响，安全性等级为 2 级，38#～43#、70#～80#管道受滑坡威胁，安全性等级为 3 级，其余管段安全性等级仍为 1 级（图 5.35）。

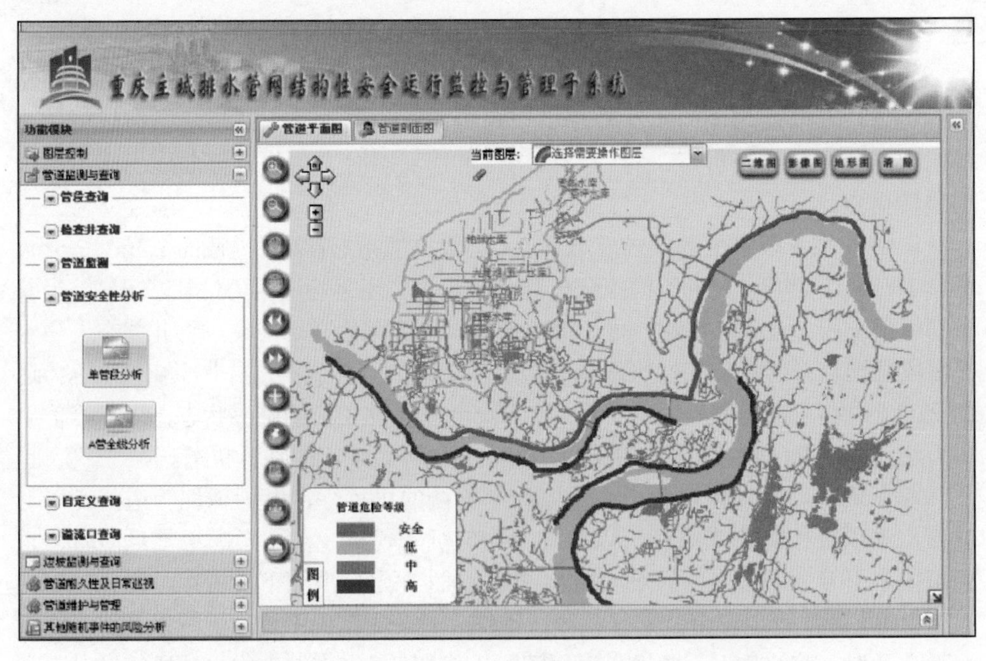

图 5.34　无滑坡和洪水荷载风险下重庆主城排水干管 A 线管道结构安全性评价

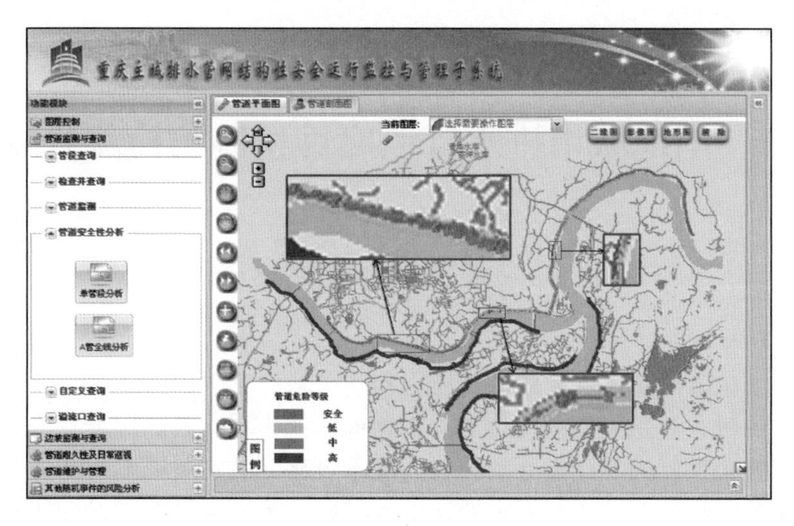

图 5.35　滑坡和洪水风险下重庆主城区排水干管 A 线管道结构安全性评价

参 考 文 献

[1] 中华人民共和国国家质量监督检验检疫总局，中国国家标准化管理委员会. 压力管道规范——工业管道[S]. GB/T 20801—2006. 北京：人民出版社，2007.

[2] 计海力，李宗利，陈江林. 管土相对刚度对沟埋管道竖向土压力影响研究[J]. 人民黄河，2012，34(4)：143-144.

[3] 中华人民共和国建设部. 给水排水工程构筑物结构设计规范[S]. GB 50069—2002. 北京：中国建筑工业出版社，2002.

[4] Spangler M G. Underground conduits—An appraisal of modem research[J]. Transactions of the American Society of Civil Engineers，1948，113（6）：368-374.

[5] 東田淳，三笠正人. 弾性論による埋設管の土圧の検討[J]. 土木学会論文集，1986，(376)：181-190.

[6] 丁大钧，刘忠德. 弹性地基梁计算理论和方法[M]. 南京：南京工学院出版社，1986.

[7] 段绍伟，沈蒲生. 深基坑开挖引起邻近管线破坏分析[J]. 工程力学，2005，22（4）：79-83.

[8] Marston A，Anderson A O. The Theory of Loads on Pipes in Ditches：And Tests of Cement and Clay Drain Tile and Sewer Pipe[M]. Ames：Iowa State College of Agriculture and Mechanic Arts，1913.

[9] Spangler M G. The Structural Design of Flexible Pipe Culverts [M]. Ames：Iowa Engineering Experiment Station，Bulletin 153，1941.

[10] Alam S，Allouche E N. Experimental investigation of pipe soil friction coefficients for direct buried PVC pipes[C]. Pipeline Division Specialty Conference，2010：1160-1169.

[11] 刘全林，杨敏. 上埋式管道上竖向土压力计算的探讨[J]. 岩土力学，2001，22（2）：214-218.

[12] 马念. 玻璃钢夹砂管在山地城市排水工程中的应用[J]. 给水排水，2005，31（8）：84-87.

[13] 顾安全. 上埋式管道及洞室垂直土压力的研究[J]. 岩土工程学报，1981，3（1）：3-15.

[14] 上海市政工程设计院. 给水排水工程结构设计手册[M]. 北京：中国建筑工业出版社，1984.

[15] 周氏，章定国，钮新强. 水工混凝土结构设计手册[M]. 北京：中国水利水电出版社，1999.

[16] 浙江省交通设计院. 公路隧道设计规范[M]. 北京：人民交通出版社，1991.

第6章　山地城市排水管道腐蚀机制与检测修复技术

6.1　概　述

工程结构除需满足一定的承载能力和使用功能要求外，还需满足耐久性要求。结构的耐久性是指结构在化学、生物或其他不利因素的作用下，在预定时间内，其材料性能的恶化不导致结构出现不可接受的失效概率的能力；或指结构在规定的目标使用期内，不需要花费大量资金加固处理而能保证其安全性和适用性的能力[1]。

我国城市排水管道，材料、接口和基础等多以混凝土为主，在污水长年累月的磨蚀、腐蚀以及其他环境介质腐蚀作用下，往往达不到预期使用寿命，造成材料性能的腐蚀退化。城市排水管道通常埋设于地下，其老化、损伤和破裂难以监测与检测。近年来，城市地下管道（给水、排水、煤气、热力管线等）爆管、裂管时有发生，老化、材料受腐蚀退化是造成管道被破坏的主要因素之一。我国城镇化的飞速发展，对环境保护的要求日益提高，全国各大城市原有的污水管网已远远满足不了要求，城市排水管网的扩建和新建具有速度快、规模大的特点。为发挥城市排水管网的应有功能、延长其使用寿命，从排水管道设计、建造和投入使用开始，有的放矢地引入耐久性设计、检测、维护和修复方法势在必行。

本章分析城市污水对管道的腐蚀成分及其腐蚀机理，揭示管道材料力学性能的衰变规律，并介绍目前常用的管道故障检测修复技术。

6.2　混凝土排水管道耐久性判定标准

6.2.1　排水管道腐蚀机理

以重庆市排水管道为例，进行城市污水采样，以分析城市污水对管道的主要腐蚀成分及其浓度，结果见表6.1。由表可见，城市生活污水排水管道中，腐蚀介质成分多样，包括无机盐、有机物与微生物等[2]。

表 6.1 重庆市某市政污水管道内腐蚀介质成分及其浓度

编号	成分								
	pH	硫化物/(mg/L)	Na^+/(mg/L)	Mg^{2+}/(mg/L)	Cl^-/(mg/L)	SO_4^{2-}/(mg/L)	NH_4^+/(mg/L)	游离 CO_2/(mg/L)	COD/(mg/L)
1	7.73	0.50	5.90	1.10	4.90	3.15	5.05	1.45	278.00
2	7.57	0.59	5.35	1.10	4.78	2.60	4.10	0.50	386.00
3	7.50	0.60	6.10	1.10	4.75	1.20	2.75	2.35	361.00
4	7.60	0.67	5.35	1.10	4.25	1.65	3.00	1.50	328.00
5	7.71	0.62	4.83	1.00	4.35	2.10	2.30	2.95	321.00

根据上述典型城市污水腐蚀成分及其浓度，进行混凝土试块浸泡腐蚀试验。制备 100mm×100mm×100mm 的混凝土立方体试块和 100mm×100mm×300mm 的棱柱体混凝土试块，混凝土配合比为水泥∶砂∶石∶水＝1∶0.85∶3.5∶0.41，325 号普通硅酸盐水泥，粒径为 5～15mm 的石灰石碎石，砂为石屑粉，原材料和混凝土配合比为国内现行混凝土排水管材的常用配比。城市污水对混凝土管道的腐蚀作用是一个长期效应，为缩短试验周期，根据《岩土工程勘察规范[2009 年版]》（GB 50021—2001）[3]环境水对混凝土结构的腐蚀性评价（表 6.2）以及前述检测的城市污水腐蚀介质的基准浓度，综合确定快速腐蚀试验的溶液浓度（表 6.3）。

表 6.2 环境水对混凝土结构的腐蚀性评价

腐蚀介质	腐蚀等级	腐蚀介质浓度/(mg/L)		
		高寒区	湿润区	干旱区
SO_4^{2-}	弱	250～500	500～1500	1500～3000
	中	500～1500	1500～3000	3000～6000
	强	＞1500	＞3000	＞6000
Mg^{2+}	弱	1000～2000	2000～3000	3000～4000
	中	2000～3000	3000～4000	4000～5000
	强	＞3000	＞4000	＞5000
NH_4^+	弱	100～500	500～800	800～1000
	中	500～800	800～1000	1000～1500
	强	＞800	＞1000	＞1500

注：（1）表中数值适用于有干湿交替作用的情况；无干湿交替作用时，表中数值应乘 1.3 的系数。

（2）表中数值适用于不冻区（段）的情况；对于冻区（段），表中数值应乘以 0.8 的系数，对微冻区（段）应乘以 0.9 的系数。

表 6.3　快速腐蚀试验腐蚀性离子配液表

浓度水平	腐蚀性离子浓度/(mg/L)					
	Mg^{2+}	CO_3^{2-}	S^{2-}	NH_4^+	Cl^-	SO_4^{2-}
基准浓度	2	3	1	6	14	5
浓度水平 1	200	300	100	600	1400	500
浓度水平 2	800	1200	400	2400	5600	2000
浓度水平 3	1400	2100	700	4200	9800	3500
浓度水平 4	2000	3000	1000	6000	14000	5000

共进行三组污水腐蚀溶液浸泡试验，第一、二组为无机物介质，第三组为有机物介质。对试验溶液浓度定期监测，待浓度降至初始浓度的30%以下时，更新配置溶液，并保持腐蚀试验的箱体内半缺氧状态。三组试验用的混凝土试块均统一制作和标准养护后投入配制的腐蚀性溶液，分 6 个时间段（腐蚀后第 2 月、第 5 月、第 8 月、第 11 月、第 14 月、第 17 月）测试混凝土试块的强度，每次测试 3 块混凝土试块[4, 5]。

腐蚀浸泡试验显示，污水腐蚀成分中，Mg^{2+}、NH_4^+的腐蚀性较强；污水中硫元素以多种形式存在，最常见的是SO_4^{2-}，硫化氢存在情况较少，且硫化物在污水中很不稳定，在 S^{2-}、HS^+、SO_3^{2-}、SO_4^{2-}之间会相互转化，其多种化合物对混凝土都有侵蚀作用。Cl^-本身对混凝土不会造成腐蚀作用，但会引起管道中钢筋的锈蚀。混凝土试块 5 个月后表面腐蚀效果如图 6.1 所示。

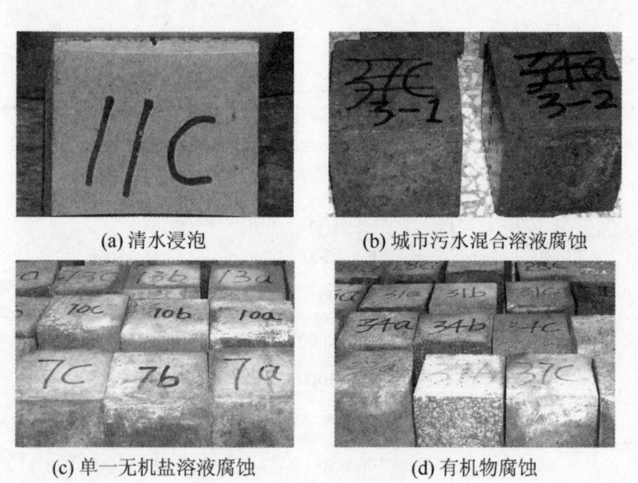

(a) 清水浸泡　(b) 城市污水混合溶液腐蚀
(c) 单一无机盐溶液腐蚀　(d) 有机物腐蚀

图 6.1　浸泡 5 个月后混凝土试块腐蚀情况

观察不同腐蚀介质及其不同浸泡时间下的混凝土试块的腐蚀现象，并进行单轴抗压强度试验。结果显示，受腐蚀混凝土试块的外观随着腐蚀时间的增加而变化。无机盐腐蚀的混凝土试块表面局部存在细小裂缝；硫酸腐蚀的混凝土试块两个月后表面变得十分疏松，表层 5mm 左右已完全失去胶凝力；有机物与微生物腐蚀的混凝土试块随腐蚀时间增加表面起砂明显。混凝土强度随腐蚀介质的浓度和腐蚀时间的不同而呈现不同的变化规律。由图 6.2 和图 6.3 可知，试验初期（5 个月内），混凝土强度变化不稳定，存在局部波动；试验中期（5～11 个月），混凝土强度总体呈下降趋势；试验后期（11～17 个月），混凝土强度出现明显衰减。而浸泡于清水中的混凝土强度则表现为缓慢的增长[6]。

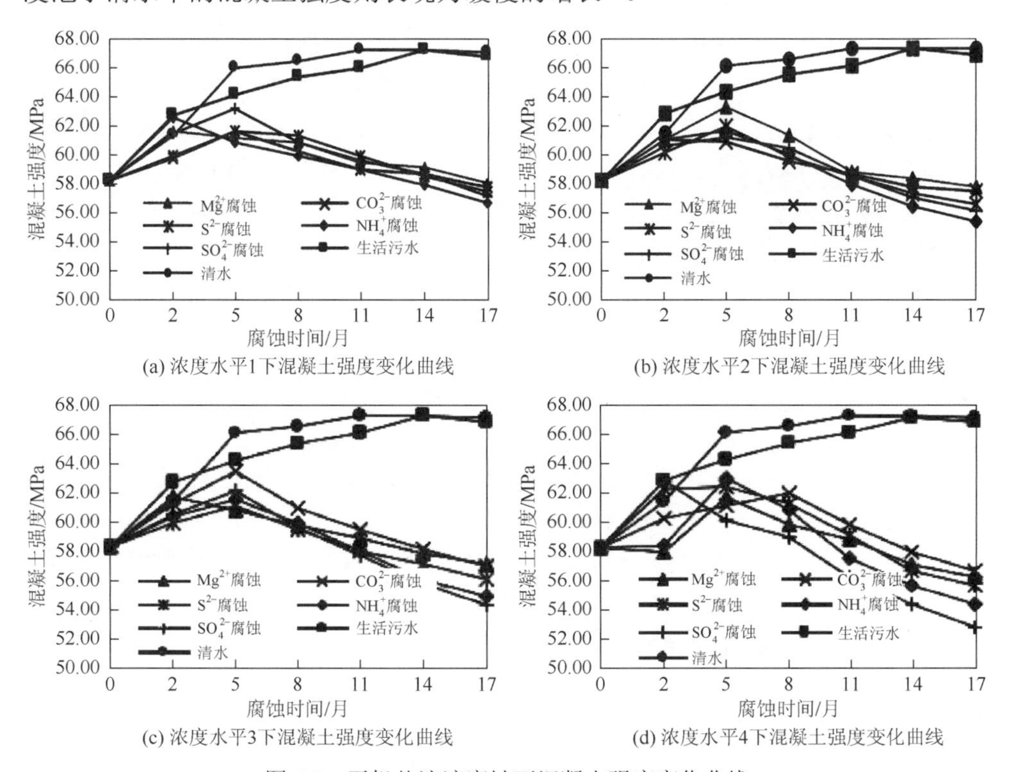

图 6.2　无机盐溶液腐蚀下混凝土强度变化曲线

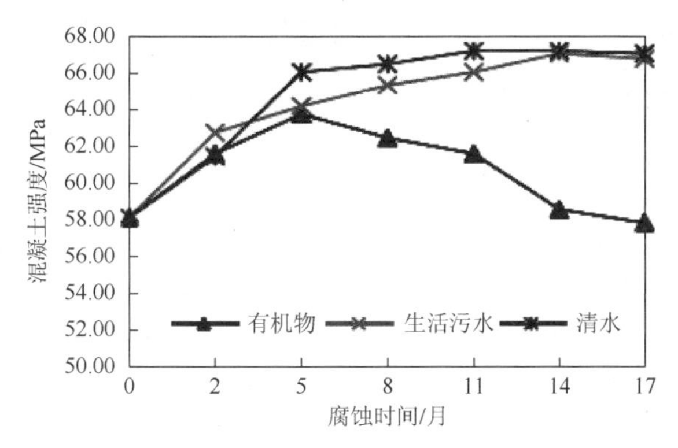

图 6.3　有机物溶液腐蚀下混凝土强度变化曲线

试验中后期（8～11 个月），腐蚀介质试验溶液的浓度水平在 1、2、3 时，含 NH_4^+ 的溶液对混凝土的腐蚀作用最强，其次是 S^{2-} 和 SO_4^{2-} 溶液，CO_3^{2-} 溶液较弱，而 Mg^{2+} 溶液随浓度水平增长，其腐蚀作用逐渐增大；加大腐蚀溶液浓度，达到浓度水平 4 时，SO_4^{2-} 溶液的腐蚀作用超过了 NH_4^+ 溶液。在浓度水平 4 的 SO_4^{2-} 溶液中，17 个月后混凝土强度下降了 21.5%，而同等浓度水平的 NH_4^+ 溶液中，相同腐蚀时间下，混凝土强度下降了 19.2%。

产生上述现象的原因在于不同腐蚀介质对混凝土的腐蚀作用机理存在差异。

NH_4^+ 易与混凝土中的 $Ca(OH)_2$ 反应生成难电离的氨水，随着氨水浓度的增加，释放出氨气，使反应持续充分地进行，固相的石灰不断被溶解，混凝土内部毛细孔粗化，渗透系数增大，混凝土试块表层剥落，腐蚀过程不断由混凝土试块表面向内部深入，混凝土内部越来越疏松。因此，与其他腐蚀介质相比，腐蚀溶液浓度较低时，NH_4^+ 溶液的腐蚀作用较大。

SO_4^{2-} 与混凝土中的 $Ca(OH)_2$ 会发生膨胀性腐蚀反应，生成石膏和钙矾石，使混凝土试块体积剧增，导致混凝土试块开裂。当 SO_4^{2-} 溶液浓度较高（大于 1000mg/L）时，混凝土试块在第 5 个月后表面变得十分松散并出现细小可见裂缝。

CO_3^{2-} 溶液和 S^{2-} 溶液的腐蚀作用相近，当它们浓度较高时，主要是使难溶的碳酸钙、硫化钙和氢氧化钙转变为易溶的碳酸氢钙和硫氢酸钙而流失，使混凝土中的石灰浓度降低，引起分解性腐蚀。

Mg^{2+} 溶液在浓度水平 3 下的腐蚀作用逐渐明显，这是由于当 Mg^{2+} 溶液浓度较低时，溶液反应量小，与混凝土试块表面中的 $Ca(OH)_2$ 发生反应，生成的 $Mg(OH)_2$ 将在混凝土试块表面形成薄膜，保护混凝土试块内部免遭腐蚀。而当 Mg^{2+} 溶液浓度较高时，混凝土试块表面中的 $Ca(OH)_2$ 不足以中和 Mg^{2+}，溶液将向混凝土试块内部扩散并进一步腐蚀。

与无机盐溶液相比，城市污水中有机物的腐蚀机理较为复杂，腐蚀严重（图 6.3），主要由于污水中的多种有机酸对混凝土产生腐蚀作用，与混凝土中的 $Ca(OH)_2$ 发生反应，生成可溶性盐而流失，属分解性腐蚀。

人工强化污水（包含无机盐和有机物的高浓度污水）的腐蚀效果较有机物溶液的腐蚀效果弱，可能是由于溶液中的有机酸与无机盐发生化学反应，消耗了溶液中的腐蚀介质。

上述研究表明：城市污水中的 Mg^{2+}、NH_4^+、CO_3^{2-}、S^{2-} 和 SO_4^{2-} 以及有机物对混凝土均具有明显的腐蚀作用，Cl^- 对混凝土的腐蚀作用不明显，NH_4^+ 的腐蚀作用较大，S^{2-} 和 SO_4^{2-} 的腐蚀作用次之，CO_3^{2-} 和 Mg^{2+} 的腐蚀作用较小，有机物腐蚀与 CO_3^{2-} 和 Mg^{2+} 的腐蚀作用接近。

6.2.2　污水腐蚀下混凝土强度变化规律

图 6.4 和图 6.5 分别为未腐蚀以及腐蚀 2 个月和 4 个月后混凝土的单轴受压应力-应变全曲线。与未腐蚀混凝土试块相比，受腐蚀混凝土试块在受压过程中表现出如下特征：

腐蚀严重尤其是受酸腐蚀的混凝土试块受压时，出现明显的主裂缝，且发展迅速。加载过程中，主裂缝不断延伸发展，宽度不断增大，被破坏时这条主裂缝基本贯穿试块，宽度达 3mm 以上，十分显著，而其他裂缝发展不明显；腐蚀较严重的试块在受压过程中，混凝土剥落严重，存在局部压碎现象，内部微裂缝很多[7, 8]。

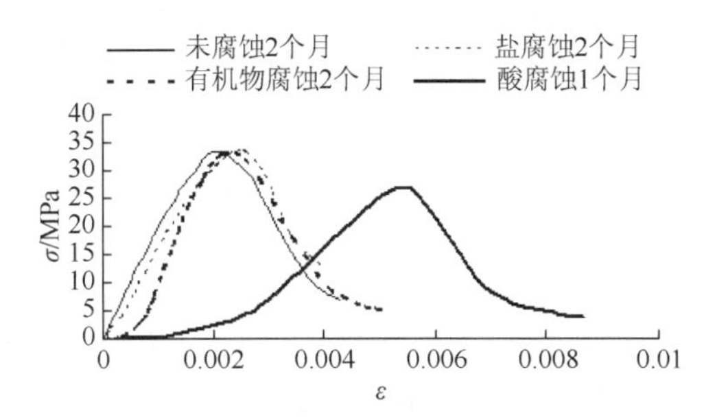

图 6.4　腐蚀 2 个月后混凝土试块单轴受压应力-应变全曲线

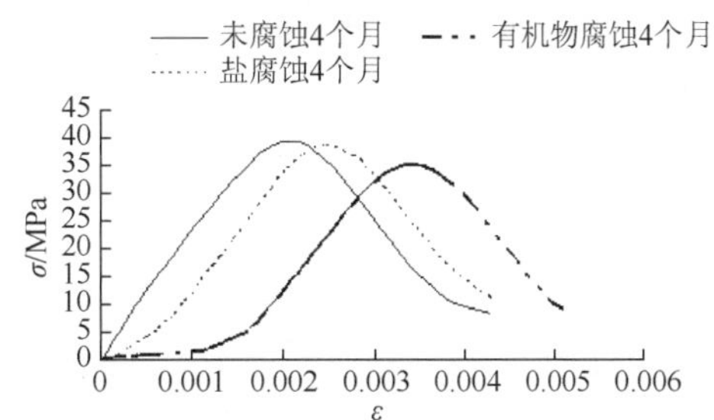

图 6.5　腐蚀 4 个月后混凝土试块单轴受压应力-应变全曲线

由此可知：

（1）腐蚀混凝土试块在受压初期，表现出较明显的非线性特征。在约 0.1 峰值应力前，曲线斜率较小，混凝土试块弹性模量较低，在较低的应力下产生较大的变形。随着应力增加，斜率增大，材料逐渐进入线弹性阶段。腐蚀混凝土试块受压初期对应的是裂缝闭合阶段。尽管通常未腐蚀混凝土试块在加载初期也会存在裂缝闭合阶段，但由于腐蚀混凝土试块受腐蚀介质的化学物理作用，水泥胶凝作用被破坏，内部结构松散，孔隙和微裂缝增多，所以，在受压之初，垂直于压应力方向的微裂纹和孔洞受压闭合而产生的压缩变形较明显。但由于微裂缝并未贯通，所以虽然弹性模量较低，变形仍是稳定发展的。混凝土试块腐蚀越严重，这种现象越显著，如受强酸和长时间有机物腐蚀的试块。其中，以酸腐蚀最为严重，初始变形最大。

（2）线弹性阶段，腐蚀混凝土试块的弹性模量降低。与未腐蚀混凝土试块相比，腐蚀混凝土试块的峰值强度降低，曲线形状变尖，峰荷应变和极限应变有所增加，尤其是腐蚀严重的混凝土试块，如受酸腐蚀或腐蚀时间较长，其峰荷应变明显大于未腐蚀混凝土试块，这是由于初期的裂缝闭合阶段推迟了峰值应变的发生。

（3）应力越过峰值点后，曲线斜率减小，混凝土试块产生塑性变形。混凝土试块腐蚀越严重，其塑性变形越小，在残余应力约为 0.4 峰值应力前，曲线的弯曲半径减小，形状变尖，混凝土试块塑性性能下降。此阶段是微裂纹的稳态扩展阶段，在荷载作用下，混凝土试块内部重新产生微裂纹，各微裂纹独立扩展，试块表面无可见宏观裂缝。

（4）随着裂纹的扩展、分叉、绕行和贯通，逐步形成较大的裂纹，混凝土试块进入非稳态扩展阶段即软化阶段。0.4 峰值应力后，应变急剧增大，曲线弯曲半径迅速增大，曲线平缓。混凝土试块腐蚀越严重，软化阶段应力下降越快，试块表面出现明显主裂缝，如酸和有机物腐蚀试块。材料由于宏观裂纹的出现而被破坏。在此阶段，材料的体积变形由压缩转化为膨胀，泊松比增大，材料发生显著非弹性变形。

可见，混凝土力学性能的劣化受腐蚀介质种类、浓度以及腐蚀时间的影响，总的表现为内部初始微裂缝增多、初始变形增大、峰值应力和弹性模量降低、塑性变形能力降低，腐蚀作用对混凝土变形能力的影响大于对其强度的影响。

混凝土本构关系的研究通常基于现象学的统计方法，然而，混凝土的多相性、不均匀性以及初始微缺陷等特征，使基于现象学的统计模型很难解释混凝土被破坏的机理。20 世纪 80 年代以后，损伤力学理论在混凝土力学性能研究中发挥越来越重要的作用。目前损伤力学的研究模型主要分为两类：一类是研究损伤后果的宏观唯象学模型；另一类是描述损伤过程物理力学本质的细观损伤模型。将随机理论与损伤模型结合又产生宏观随机损伤模型和细观随机损伤模型等。

“损伤”是指在外载和环境作用下，细观结构层次的缺陷发展引起的材料或结构的劣化过程。腐蚀介质的化学和物理作用，使腐蚀混凝土内部存在比未腐蚀混凝土更严重的缺陷，不确定性更强，且内部缺陷的严重程度随腐蚀程度加深，其受力变形过程是典型的损伤累积、发展及破坏的过程。因此，在此利用唯象学的宏观随机损伤模型，针对腐蚀混凝土特征，建立腐蚀混凝土单轴受压本构关系模型。

根据前述单轴受压应力-应变全曲线，可将腐蚀混凝土单轴受压本构关系分为两阶段：裂缝初始闭合阶段和裂缝再次发生、发展至破坏阶段。裂缝初始闭合阶段对应腐蚀混凝土受压初期，变形主要由于腐蚀作用产生的大量微裂缝和孔洞在垂直于压应力方向的闭合，不同于荷载下结构微元的损伤和断裂发展过程。该段曲线初始斜率小，逐渐增大至线弹性阶段，初始闭合曲线的形状和长度取决于混凝土受腐蚀的程度，是受腐蚀混凝土的重要特征之一。可设

$$\dot{\sigma}=E(1-D_0)\varepsilon^{1+\beta},\quad \varepsilon\leqslant\varepsilon_1 \tag{6.1}$$

式中，E 为线弹性模量；D_0 为初始损伤；β 为损伤演化参数；ε_1 为第一阶段与第二阶段的分界点，可取 0.1 峰值应力所对应的应变。上述参数均取决于受腐蚀程度、受腐蚀时间和腐蚀介质种类。参数 D_0 和 β 可由下列边界条件确定：

（1）$\left.\dfrac{\mathrm{d}\sigma}{\mathrm{d}\varepsilon}\right|_{\varepsilon=0}=E(1-D_0)$；

（2）$\left.\sigma\right|_{\varepsilon=\varepsilon_1}=0.1\sigma_{\mathrm{pk}}$，$\sigma_{\mathrm{pk}}$ 是峰值应力。

各试块的参数取值见表 6.4，设未腐蚀混凝土的 D_0、ε_1 为 0。由表 6.4 可知，腐蚀越严重，初始损伤变量 D_0 越大，第一阶段越长，ε_1 值越大，曲线越平坦；反之，则 D_0 值小，第一阶段短，ε_1 小。各种腐蚀介质中，以酸、有机物和微生物的腐蚀较显著。

表 6.4　腐蚀混凝土第一阶段参数取值

系数	盐		有机物和微生物		酸
	2 月	4 月	2 月	4 月	1 月
ε_1	0.0003	0.0005	0.0007	0.00163	0.0026
D_0	0.2130	0.4249	0.3847	0.5289	0.7293
β	0.0730	0.1282	0.2282	0.3452	0.3576

第二阶段即裂缝在荷载作用下再次产生、发展至破坏的阶段，对应 $\varepsilon_1\leqslant\varepsilon\leqslant\varepsilon_{\mathrm{u}}$，$\varepsilon_{\mathrm{u}}$ 为极限应变。

设混凝土由许多微小单元组成，加载过程中的损伤是连续的，故可设混凝土各微单元强度服从概率分布 $\varphi(\varepsilon)$，它是混凝土在加载过程中各微单元损伤率的一种度量。采用损伤变量 D_2 表示混凝土在外荷作用下的宏观损伤，显然它与各微单元所包含缺陷有关，这些缺陷直接影响微单元的强度，故有如下关系成立：

$$\frac{\mathrm{d}D_2}{\mathrm{d}\varepsilon}=\varphi(\varepsilon) \tag{6.2}$$

研究表明，Weibull 分布函数适合描述混凝土的损伤断裂过程，因此可设微单元损伤率满足三参数 Weibull 分布，即

$$\varphi(\varepsilon)=\frac{m}{\alpha^m}(\varepsilon-\gamma)^{m-1}\exp\left[-\left(\frac{\varepsilon-\gamma}{\alpha}\right)^m\right] \tag{6.3}$$

则

$$D_2=\int_{\gamma}^{\varepsilon}\varphi(x)\mathrm{d}x=1-\exp\left[-\left(\frac{\varepsilon-\gamma}{\alpha}\right)^m\right] \tag{6.4}$$

式中，α 为尺度参数；m 为形状参数；γ 为位置参数，当 $\varepsilon \leqslant \varepsilon_{pk}$ 时，可设 $\gamma=0$。

由边界条件：① $\varepsilon=0$，$\sigma=0$；② $\varepsilon=0$，$\dfrac{d\sigma}{d\varepsilon}=E$；③ $\varepsilon=\varepsilon_{pk}$，$\sigma=\sigma_{pk}$；④ $\varepsilon=\varepsilon_{pk}$，$\dfrac{d\sigma}{d\varepsilon}=0$。可得 $m=\dfrac{1}{\ln\left(\dfrac{E\varepsilon_{pk}}{\sigma_{pk}}\right)}$，$\alpha=\varepsilon_{pk}\Big/\left(\dfrac{1}{m}\right)^{\frac{1}{m}}$。式中，$\varepsilon_{pk}$ 为峰荷应变；σ_{pk} 为峰值应力。则有

$$D_2=1-\exp\left[-\frac{1}{m}\left(\frac{\varepsilon}{\varepsilon_{pk}}\right)^m\right] \tag{6.5}$$

故受污水腐蚀的混凝土单轴受压本构关系为

$$\sigma=E\varepsilon(1-D_2)=E\varepsilon\exp\left[-\frac{1}{m}\left(\frac{\varepsilon}{\varepsilon_{pk}}\right)^m\right] \tag{6.6}$$

令 E' 为峰值点的弹性模量，$K=E/E'$，则 $m=1/\ln K$。

对于腐蚀混凝土，由于第一阶段的存在，需对式（6.6）进行坐标变换。令应变 $\varepsilon'=\varepsilon-\varepsilon_1$，应力 $\sigma'=\sigma-\sigma_1$，σ_1 是第一阶段末 ε_1 所对应的应力。则当 $\varepsilon_1\leqslant\varepsilon\leqslant\varepsilon_{pk}$ 时，腐蚀混凝土应力-应变关系为

$$\sigma-\sigma_1=E(\varepsilon-\varepsilon_1)\exp\left[-\frac{1}{m}\left(\frac{\varepsilon-\varepsilon_1}{\varepsilon_{pk}-\varepsilon_1}\right)^m\right] \tag{6.7}$$

当 $\varepsilon>\varepsilon_{pk}$ 时，$\gamma=f(\varepsilon')$，其中 $\varepsilon'=\varepsilon-\varepsilon_{pk}$。对于未腐蚀混凝土，可由试验数据回归得

$$f(\varepsilon')=146.9\varepsilon'^2-0.114\varepsilon' \tag{6.8}$$

不同腐蚀溶液下，受腐蚀混凝土单轴受压应力-应变全曲线如图 6.6～图 6.9 所示，图中，虚线为试验值，实线为理论模型值。各曲线参数 m 分别为：清水——2 个月后为 3.90，4 个月后为 3.75；盐——2 个月后为 2.97，4 个月后为 5.66；有机物和微生物——2 个月后为 3.04，4 个月后为 5.01；酸——1 个月后为 7.93。m 的取值反映了材料的脆性和损伤速率。m 越大，材料越趋向脆性，损伤发展越快，曲线尖而窄，以图 6.8 和图 6.9 分别受有机物和微生物以及酸腐蚀的混凝土试块最为明显；反之，m 越小，材料越表现出弹塑性，曲线越“胖”，如图 6.6 所示未腐蚀混凝土试块所示。图中还显示，峰值应力前，理论曲线与试验曲线吻合较好，而在 1.5 倍峰荷应变后，理论曲线与试验数据差异逐步增大，理论曲线很快进入完全失效状态，而实际试块还表现出一定的残余变形能力。造成这一差异的原因是试验设备及方法的局限，目前还难以准确记录软化阶段混凝土的应力-应变过程。

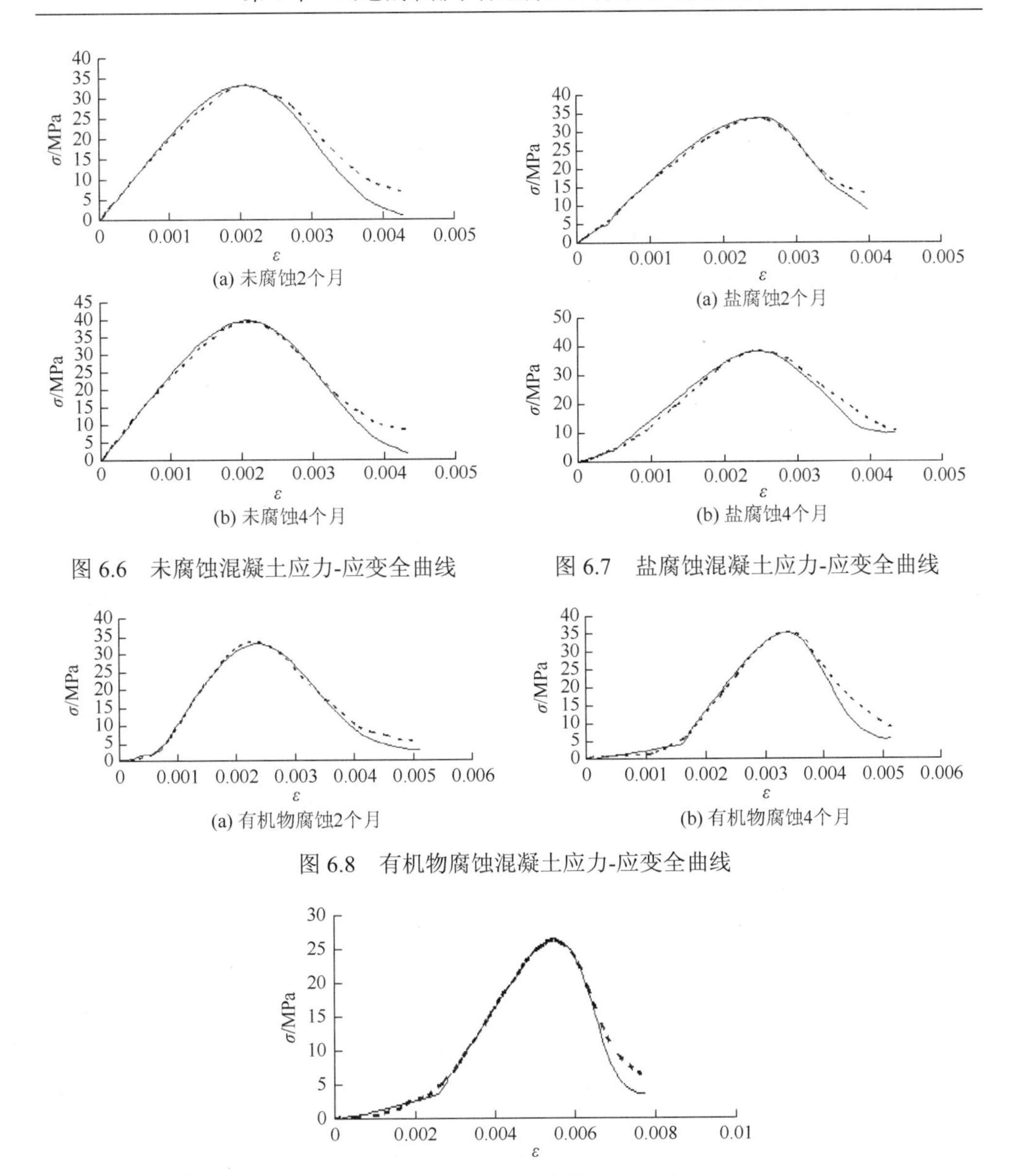

(a) 未腐蚀2个月

(b) 未腐蚀4个月

图 6.6　未腐蚀混凝土应力-应变全曲线

(a) 盐腐蚀2个月

(b) 盐腐蚀4个月

图 6.7　盐腐蚀混凝土应力-应变全曲线

(a) 有机物腐蚀2个月

(b) 有机物腐蚀4个月

图 6.8　有机物腐蚀混凝土应力-应变全曲线

图 6.9　酸腐蚀混凝土应力-应变全曲线

上述腐蚀混凝土试块的单轴受压试验研究表明，城市排水管道中，受污水腐蚀作用的混凝土内部存在较一般混凝土更多、分布更不均匀的初始裂缝和缺陷，腐蚀越严重的混凝土，剥落现象越严重，主裂缝发展迅速，发育显著，而其他裂缝发展不明显；腐蚀弹性模量、峰值应力和残余变形能力降低，其降低程度受腐蚀程度影响。腐蚀时间越长，腐蚀程度越高，强度、弹性模量及变形能力下降越多。

6.2.3 排水管道的耐久性评定标准

城市排水管道，长期浸泡于污水中，以及管道堆积污泥等的腐蚀作用，易造成管道局部腐蚀，材料力学性能退化，进而导致管道开裂、污水泄漏。根据前述排水管道腐蚀机理及现象，参照混凝土结构耐久性评定标准，将管道耐久性损伤分为 4 级。考虑到城市管道多埋置于地下，检测监测难度大，标准中涉及参数和指标等兼顾其易测易得性，主要根据易观察到的混凝土管道表面腐蚀破坏现象，判断耐久性等级。各级的含义及其分级标准如表 6.5 所示。

表 6.5 污水腐蚀下管道耐久性评定标准

腐蚀等级	含义	评定标准
1	极轻度腐蚀，混凝土表面有微观毛细裂缝，无须采取措施	混凝土管道表面裂缝宽度小于 0.1mm
2	轻度腐蚀，混凝土有微观毛细裂缝，需重点检测	混凝土管道表面裂缝宽度大于 0.1mm，小于 0.3mm
3	较严重腐蚀，混凝土有可见裂缝，需采取维修及防腐措施	混凝土管道表面裂缝宽度大于 0.3mm，小于 0.7mm
4	严重腐蚀，混凝土有明显可见裂缝，混凝土表面有锈蚀产物溢出，需立即采取维修加固措施	混凝土管道表面裂缝宽度大于 0.7mm

6.3 城市排水管道故障检测方法

污水管网破损带来的危害是多方面的，包括管道修复费用、污水泄漏引起的土壤污染和地下水污染问题等所造成的经济损失。市政排水管道口径大、埋设深，抢修时间长，对交通环境等市政运行影响大，还会产生较大的次生经济损失。例如，杭州市在 1990 年初至 1993 年底的 4 年内，共发生大型市政排水管道事故 22 起，为及时修复这些管道，仅直接用于抢修的经费就达 390 多万元[9]。工程统计资料表明，管道紧急维修费用比正常情况下的维修费用高出近 50%，而管道的维修费用又高于定期检测维护费用。因此，对城市排水管网进行定期检测维护，及时掌握管道使用情况，合理判断管道破坏风险，采取相应的修复补救措施，可使管道维护科学化、系统化，摆脱对管道事故盲目应付的被动局面。同时，从管网使用全寿命的角度，还可有效降低整体维修费用，避免被动的紧急抢修造成的巨大经济损失（图 6.10）。

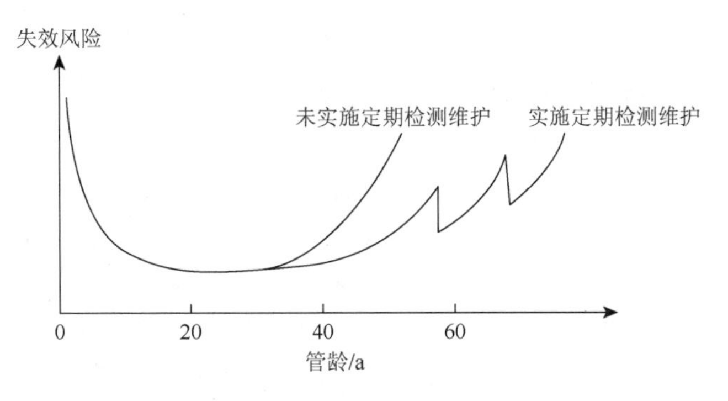

图6.10 管道失效风险与管龄及检测的关系

6.3.1 排水管道检测项目

排水管道的故障检测、诊断与修复技术是保障管网安全运行的有力措施。排水管道的检测包括直接法和间接法。直接法是直接测定管道材料的腐蚀情况，间接法是通过对管道内输送的污水中含有腐蚀成分的浓度的测量推断管道的腐蚀速度或腐蚀行为。排水管道通常为重力管，大多数情况下管道内部不承受压力，其检测方法与油气管网和给水管网不同。在此主要介绍管道内检测，包括管道壁厚及其内部状态的检测和污水腐蚀性成分含量、流量等的监测方法，主要包括：闭路电视法、变焦照相技术、污水管道扫描和评价技术、地中雷达法、超声波检测法（声呐法）、激光干涉仪法和红外线温度记录法等。检测内容主要为管道损坏种类、损坏部位和范围、损坏程度等。

排水管道必须满足一定性能要求，包括：水力要求，即管道应保障无阻塞运行，排水畅通；环境要求，即管道内的物体不能污染环境（如土壤、地下水），需保障人的健康和生命安全；结构要求，管道结构需满足防渗要求，应达到要求的设计寿命和结构完整性，不危及管道周边现有邻近建筑物和使用设施。相应地，排水管道检测项目包括结构状况、水力性能和环境影响三个方面，见表6.6。

表6.6 排水管道检测项目

分类	检测项目
结构状况	管道平面位置和埋设深度（与确定荷载有关，影响管道破坏的可能性和破坏后果的严重程度），管道的柱塞、坍塌等事件数，管道底部土壤类型和地下水位，管道上部车辆荷载，管道与基础之间的空隙，地震活动，裂缝，管道接口，管壁厚度，腐蚀坑，黏附的砂浆，管道使用年限
水力性能	管道粗糙度、管径、充满度、沉积物沉积情况、流速、流量、水力坡度、渗入和渗漏
环境影响	污染物（铵盐、镁盐、硫化物、硫酸盐、有机物等）的浓度、渗漏量、腐败性、臭味和污染事件数

6.3.2　排水管道直接检测技术

最基本的管道检测方法是人进入。管径大于 1.2m 的管道，人可以进入管道内部进行检查。人不能进入的管道，可利用闭路电视（closed circuit television，CCTV）等其他管道内部检测和评价技术。英、美和加拿大等国已开发应用多种管道内自动检测技术，可在管线检测中不必开挖即可精确地测定泄漏的位置，可进入人员无法进入的、包括入户支管在内的各种管道中，保质、保量地探测出管道的内部状况。这些检测技术包括闭路电视检测、遥感诊断检测和高级多传感器系统检测等。其中闭路电视检测是主要的内部检测技术。遥感诊断检测包括红外线温度记录法、音速测距法和地中雷达法等，高级多传感器系统包括 KARO、PIRAT 和 SSET 等。图 6.11 为按操作方式将管道检测技术进行的分类。使用时可根据管道的材料、管径、埋深、充满度（fluid level）和可疑问题的性质予以选择。

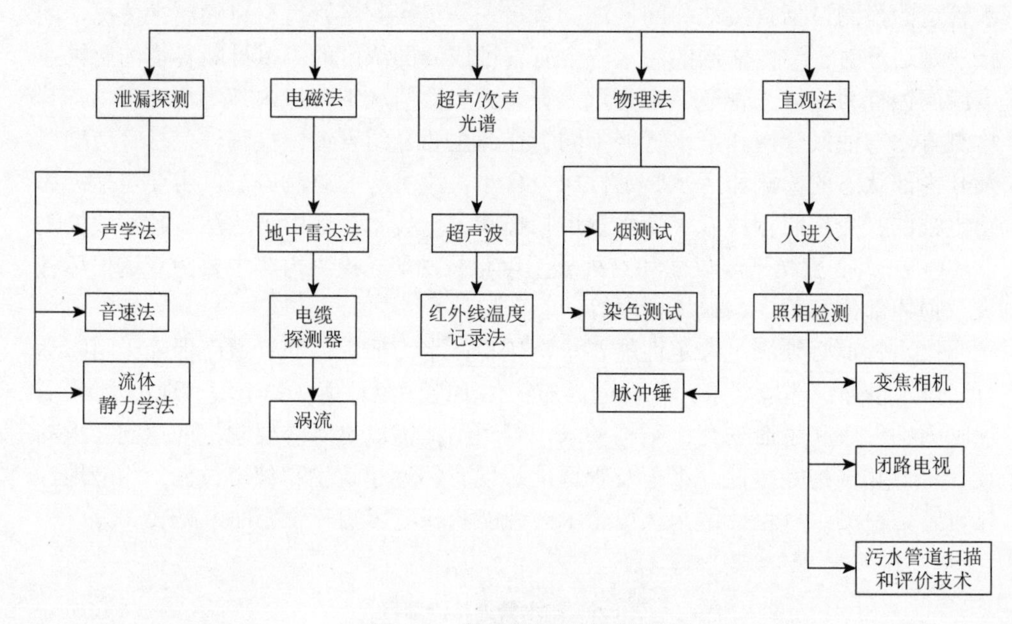

图 6.11　管道检测技术分类

1. 闭路电视法

闭路电视（CCTV）是检测排水管道最常用的技术。CCTV 作为一种管道检测技术，于第二次世界大战之后兴起于欧洲，此后该项技术发展迅速。CCTV 技术利用架在运载车上的照相机、摄像机等记录管道实际状况，照片或影像被传送给地面工作人员，由工作人员解释图像并记录所检测到的故障的位置和特征，并可将图像保存在录像带或光盘里，供工程人员以后作进一步评价。图 6.12 为一张管道修复前后的 CCTV 扫描图[10]。

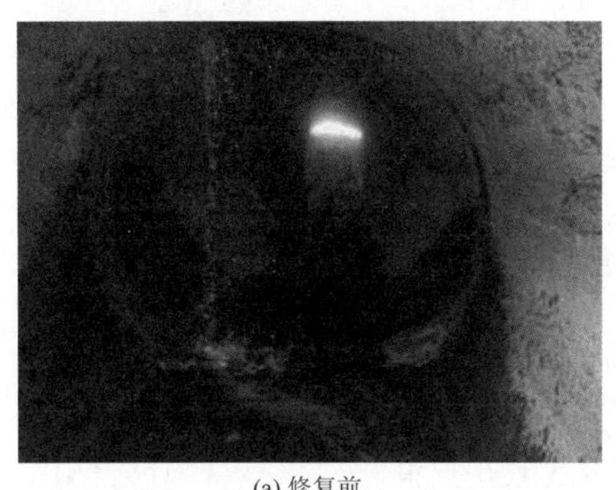
(a) 修复前

(b) 修复后

图 6.12　某市排水管道修复前后的 CCTV 扫描图

近年来，电视检查-计算机系统得到开发，该系统可将所有 CCTV 的检查结果加以存储和处理，管理人员不仅可以检查到污水管道是否有损坏，分析损坏类型，记录损坏的尺寸和部位，还可借助计算机分析优化选择合理的修复方法；能帮助管理人员对城市管网系统制订养护计划，从而使养护管理科学化。CCTV 技术的局限在于检测评估的合理性和准确性依赖于工作人员的经验和认知水平。在摄像过程中工作人员需要现场记录观察结果并解释从照相机传送过来的图像，使照相机在管道中运移的速度和工作效率受到限制，一些微小损坏由于被生物膜或泥覆盖而难以被发现。CCTV 技术的检测效率会随管径增加而降低，因为照明的需要和获取细节性结论的难度都随照相机-目标对象之间距离的增大而增加。由于光照弱引起反射造成的错误或工作人员的疏忽会对决策产生不利影响。

2. 变焦照相技术

变焦照相技术（zoom camera technology）具有大范围变焦镜头装置和大功率点光源，可对检查井和污水管道进行可视化检测。照相机通过检查井进入，放置方向与管道纵轴一致，在管道内移动时连续拍摄管道内表面，并将图像显示到监视器上，同时图像被保存起来供以后评价和分析用。与检查井相连的所有污水管道都能在同一张照片中被观察到。与传统的 CCTV 技术相比，变焦照相技术因为不再需要预先清扫管道和检查井入口，该技术大大减少了检测时间和费用，还可评价检查井状况。这种方法主要局限于运行范围受照明设备光线穿透深度的限制，在管径小于 250mm 的管道内变焦照相机的标准运行范围是 25m，而在管径大于 250mm 的管道内标准运行范围可以达到 50m。

3. 污水管道扫描和评价技术

污水管道扫描和评价技术（sewer scanners and evaluation technology，SSET）是由日本的 Toa Grout 公司、Core Corp 公司和 TGS 公司（京都市政下水道服务公司）于 1994～1997 年联合开发的。SSET 克服了检测中很大程度依赖操作人员的经验和技巧的缺点，是一种灵活的、带有多个传感器的非破坏性的管道检测系统，使用了 CCTV 技术、扫描仪技术和回转仪技术。SSET 系统不仅能够提供沿管线的常规的 CCTV 记录，而且能够提供沿管线内壁的 360°环向扫描图像，对缺损及其位置进行彩色编码。对收集的信息进行处理，并以一致的、高分辨率的二维图像形式传给工作人员，SSET 系统在水平和垂直管线中都能使用，该系统带有整套控制和数据采集系统，可以将缺损记录下来，中途不需要停顿来评价缺损，可将数据下载到计算机进行分析处理、打印，或者制成用户报告，效率大大提高。SSET 系统的优点包括：高质量的数据；能放大缺损，更好地定量评价；提供关于管线状态的文档报告；可利用回转仪系统测量管道水平和垂直方向上的偏差；可显示管线的正确位置；省略现场评价环节，可以快速完成现场扫描工作；彩色编码技术有利于分析和清楚地观测；可以生成数理统计信息，使评价过程变得更加经济有效。

4. 地中雷达法

地中雷达（ground penetrating radar，GPR）是通过向地面或其他非金属介质发射脉冲无线电波工作的，通过测量折射波（或反射波）的强度和滞后时间生成图像（图 6.13）。GPR 包括中央主机（central frame）以及带天线（antenna）的内装式（built-in）发射器（transmitter）及接收器（receiver），发射器及接收器通过电缆与中央主机相连。使用频率为 100～1000MHz。GPR 主要用来确定埋地管道的位置和深度，当能穿透主介质（host medium）时也可用来确定管道周围的空隙，或评价衬砌修复质量。GPR 的穿透深度和图像精度受介质（如混凝土、土壤、岩石）和发射机发射的无线电频率的影响（图 6.14）。一般地，对于线形物体能探测到 8～12 倍直径的深度（如对于 200mm 直径的管道能探测到的最大深度为 2m）。GPR 的探测能力受主介质电磁特性的影响也很大，高导电材料如黏土矿物的存在，会引起 GPR 信号的急剧衰减，较大程度上限制了穿透深度。

5. 超声波检测法

管道壁厚、裂缝宽度和管道周围回填土状况等也是综合评价管道性能的重要因素，CCTV 技术对此无能为力。此外，简单的可视化图像技术对存在碎屑、腐蚀和生物膜等遮蔽物的管壁损坏也较难评估。超声波检测（ultrasonic inspection）

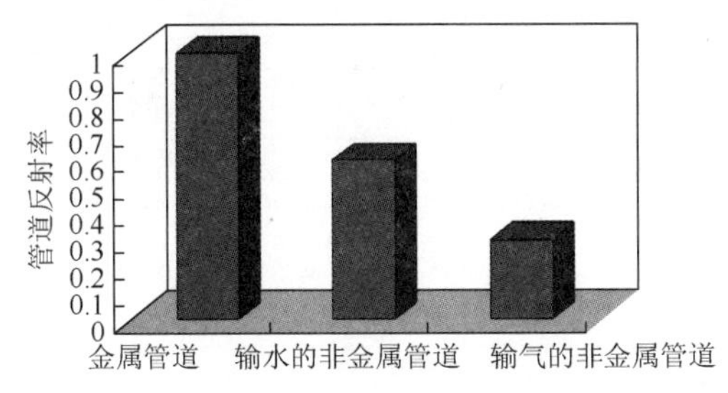

图 6.13　管道组成与管道反射率

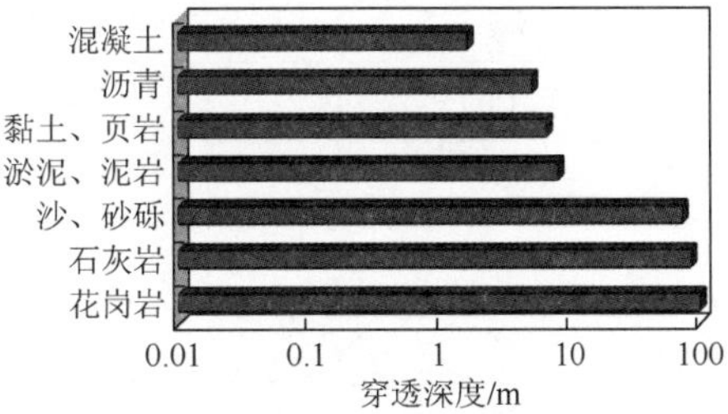

图 6.14　GPR 的标准穿透深度

装置是向被测物体表面发射确定的、高频率脉冲声波，声波遇到相邻表面的交界面或遇到不同密度和弹性特性的物质，反射回发射源，利用返回分析装置的能量变化和声波传到目标物体后再返回发射源的传播时间可估计各不同目标物体的位置（如方向及与发射源的距离），能探测到管壁弯曲（pipe-wall deflection）、腐蚀损失和管壁交叉连接部位的裂缝或凹陷。此外，超声波还能测量管道内底中沉积物的体积，但不适用于检测具有许多砖-灰泥交界面的砖砌污水管道。超声波检测法（声呐法）能用于满充或空的塑料、混凝土和黏土管道。对于非满充管道，仅能收集到管道未充满部分或浸没部分的信息。

6. 激光干涉仪法

激光常用来测量管道的形状以及过分弯曲和其他缺损，包括裂缝和接缝移位，能确定它们的位置、测量其三维尺寸。激光干涉仪（laser interferometer）是基于光滑管壁反射回传感器的光量最多，而有裂缝的表面反射回传感器的光量减少的原理，适用于空的或完全满充的在役管道。

7. 红外线温度记录法

红外线温度记录法（infrared thermography）是一门测量特定区域温度变化的技术，能有效探测泄漏、管道周围空隙和不良回填。通常，检测结果以图片的方式表示，图片用不同颜色和浓度区分温度不同的区域。红外线温度记录法的主要缺点在于当解释结果缺少与管道缺陷位置和范围相关的信息时主要依靠工作人员的经验，且易受当地环境气象条件（如雨和雪）的影响。

表 6.7 比较了几种检测技术的单位费用，表 6.8 总结了各检测技术的适用工况，表 6.9 给出了各种检测技术所能探测的管道缺陷，表 6.10 比较了几种检测技术的优缺点。总体而言，目前各种检测技术，以 CCTV 法应用最广。

表 6.7　检测技术的单位费用

检测技术	单位费用/(美元/m)	单位费用/美元
CCTV	1.75～14.00	0.009
声呐法	6.00～10.00	0.03
人进入	1.33～20.00	0.007
CCTV 与声波定位仪相结合	6.6	0.013
缩放照相技术	44.25	0.033

表 6.8　检测技术的适用工况

检测技术	不利工况					
	碎屑	渗透	空隙及定位	交叉连接	未标记的管道	备注
CCTV	√	√	×	√	×	内部检查法，能适应于所有的管道
SSET	√	√	×	√	×	多传感器装置
GPR	×	×	√	√	√	应用于管外或管内
超声波检测	√	×	√	×	×	不适用于砖砌污水管道
激光干涉仪	√	×	×	×	×	不能应用于非满充的管道
红外线温度记录法	×	√	√	√	√	受环境条件的限制（如气候）
人进入	√	√	×	√	×	受管径和输送的液体/气体类型的限制

表 6.9　检测技术能探测的破坏类型

检测技术	能探测的破坏、缺损类型						
	节点偏移	砂浆损坏	裂缝	腐蚀	管壁变薄（钢管）	支管偏斜（lateral deflection）	管顶下陷（crown sag）
CCTV	√	√	√	√	×	√	√
SSET	√	√	√	√	×	√	√
GPR	×	×	×	×	×	×	×
超声波检测	√	×	√	√	√	√	√
激光干涉仪	√	×	√	×	×	√	√
红外线温度记录法	√	×	√	×	×	×	×
人进入	√	√	√	√	×	√	×

表 6.10　污水管道系统检测技术的比较

检测技术	优点	缺点
CCTV	使用普遍、非常熟悉的技术；新发展质量更高的图像输出和轻便的检测系统	依靠技术人员的技能和经验；依靠电视图像的质量；难以进行现场评价；没有提供回填条件信息；确定的管道缺陷探测的不准确性
红外线温度记录法	大面积检测；允许夜间检测；能探测管壁缺陷和提供回填信息；现场效率高	不能提供裂缝深度的信息（深裂缝难于探测）；图像解译依靠环境和表面状况；依靠单一传感器收集数据
超声波检测法	可描述管道的交叉断面；测量管壁偏差（deflection）、腐蚀损失和碎片体积；现场效率高	仅测量管道露出水面或浸没水下的部分，不能同时进行；依靠单一传感器收集数据
地中雷达法	提供连续的管壁交叉断面轮廓；能测出裂缝深度；现场效率高	数据解译非常困难，需要经验和平时训练
高级多传感器系统（KARO、PIRAT、SSET）	多传感器系统（提供更可靠的数据）；提供连续的管壁轮廓；机器人组件；可望获得更高的收益/成本率	处于样机或测试阶段（需要进一步发展为现场应用）；初期成本高

6.4　排水管道修复技术

管道修复技术包括开挖修复与非开挖修复。开挖修复虽然可对管道内外进行全面修复，但对于城市交通量大、人口密集的商业地区较难进行，且投资大，施工周期长，综合费用高。

污水管道非开挖修复技术在西欧、美国等国发展迅速，经过半个多世纪的开发实践，大体上已形成以插入套管法、管内涂层法和软管翻衬法三大类别为主的十多种工艺技术[11]，随着各种遥控机器人的开发，维修的范围逐步扩大，修复质量也大大提高。例如，南非普利托里亚市使用 GIS、GPS 和 CSTT 等检测系统，结合清管方法、内衬法和爆管法等修复技术，共进行了约 35km 的管道非开挖修复[12]。日本从 1986 年开始采用管道非开挖修复技术，到 1988 年年底，共实施了 3800m 的工程。美国密歇根州迪尔伯恩的污水截流管是在 20 世纪 20 年代和 30 年代初修建的，直径为 900～1350mm，管道年久失修，接口损坏处严重渗流，采用插入内衬管的方法进行修复，并选用高密度聚乙烯内衬管。西德汉堡市与日本某公司协作，由后者研制出“小口径循环式破碎掘进”的方法，并在汉堡市下水道工程中应用。1990 年以来，德国的汉堡市用内衬玻璃管修复既有渠道取得了经验。美国明尼阿波利斯市拥有 1736km 的污水管道、11 个泵站和 11 万个污水管道接头，市区现有污水管道经过四五十年的使用已经老化，过去经常采用传统的开挖修复法。为了减少市区的管沟开挖和路面破坏，Insituform 技术服务公司研制出一种原位管子固化衬里的新方法，解决了市内现有污水管道修复的难题[13]。此外，还开发和应用了包括聚乙烯玻璃纤维树脂和特种玻璃内衬在内的多种新材料以及新的修复装置。由瑞士开发的 ka-Te 系统是一种多功能的遥控机器人，可完成铣削、注入胶结剂、磨光等一系列填补作业，主要用于修复管径 200～800mm 管道中的缺陷[14]。

我国在污水管道非开挖修复技术方面的研究和应用起步较晚，目前多采用开挖施工修复方法。此外，在污水管道维护清扫方面引进并生产了管道冲洗车、掏泥车等维护机械设备，以改善下水道工人的劳动条件，降低劳动强度，保障劳动安全。

国外应用较广的原始固化软管内衬修复法需要大型施工机具，主要原材料依赖进口，修复成本高。而山地城市排水管道很多处于交通不便的地方，大型施工机具难以到达。高密度聚乙烯管内衬法则需要开挖大型工作坑，施工成本较高，且影响交通，不适宜大埋深管道的修复。因此，迫切需要开发适用于山地城市的新型经济型管道快速修复技术。

针对现行山地城市管道修复方法存在的不足以及对大管径排水管道快速修复的需求，本章提出一种大管径排水管道内插钢管局部加强非开挖修复技术[15, 16]，与涂覆修复技术配合使用，可用于管道的结构性修复与非结构性修复。该技术是在待修复管道中，每隔一段距离内插一段钢管，并在钢管中间的上侧增加月牙肋以增加其整体刚度，如图 6.15[15]所示。该技术可用于管道局部破坏或变形的修复，施工方便，操作场地小，不需要大型施工设备，无须开挖，只需分段内衬钢管，修复材料较节省，经济高效，适用于埋深较深、管径 800mm 以上的局部管道修复。而一般内衬法用于埋深较深的管道，需要开挖工作坑，施工成本高，周期长，不适用于商业密集地带以及山地城市。

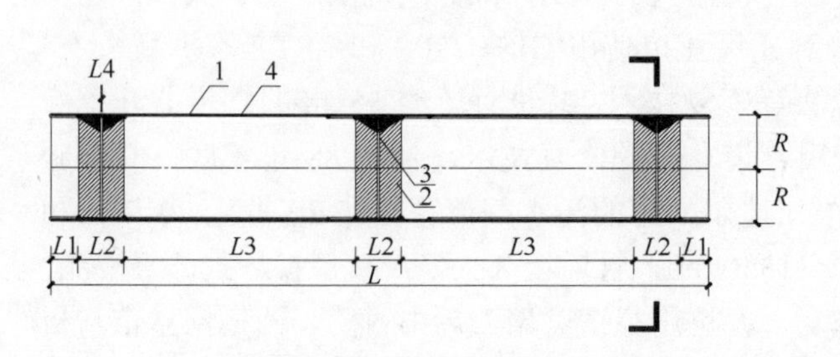

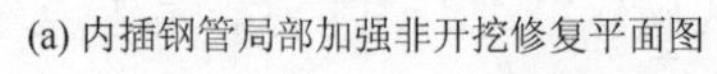
(a) 内插钢管局部加强非开挖修复平面图

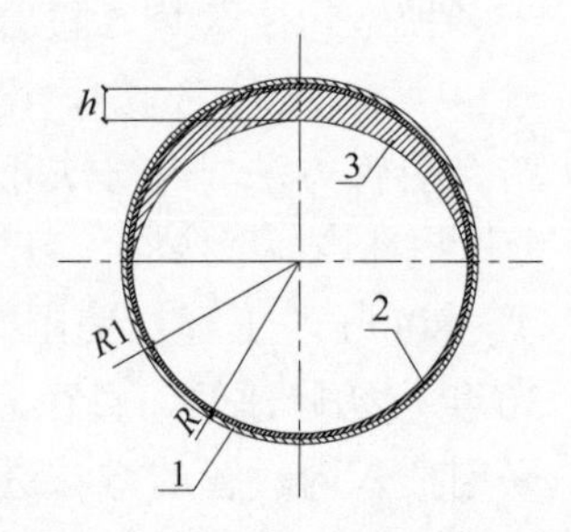

(b) 内插钢管局部加强非开挖修复1—1剖面图

图 6.15　大管径排水管道内插钢管局部加强非开挖修复技术

参 考 文 献

[1] 牛荻涛. 混凝土结构耐久性与寿命预测[M]. 北京：科学出版社，2003.

[2] Chen Z，He Q，Yan W. Research on the corrosion of sewer system pipelines from domestic wastewater[C]. New Pipeline Technologies，Security，and Safety，Reston，2003.

[3] 中华人民共和国建设部. 岩土工程勘察规范[S]. GB 50021—2001. 北京：中国建筑工业出版社，2009.

[4] 黄河. 损伤理论在腐蚀混凝土力学性能研究中的应用[D]. 重庆：重庆大学，2004.

[5] 翟运琼. 腐蚀混凝土单轴受压本构模型及其在混凝土构件力学性能分析中的应用[D]. 重庆：重庆大学，2005.

[6] Yan W T，He Q，Long T R，et al. Effects of corrosive medium in domestic sewage on concrete strength[J]. Journal of Central South University of Technology，2007，14（S3）：484-489.

[7] 陈朝晖，黄河，颜文涛，等. 腐蚀混凝土单轴受压力学性能研究[J]. 华中科技大学学报（自然科学版），2008，36（3）：38-41.

[8] Chen Z，Huang H，Zhai Y. Stress-strain model of corroded concrete under uniaxial compressive loading[J]. Journal of Wuhan University of Technology（Materials Science Edition），2010，25（2）：303-307.

[9] 刘林湘. 城市污水管网的腐蚀与检测修复研究[D]. 重庆：重庆大学，2004.

[10] 刘萃，李科. 桂林市排水管道的 CCTV 检测研究与应用初探[J]. 建筑工程技术与设计，2016，（8）：1330.

[11] 蔡志章. 地下管道不开挖修复技术与工程实例[J]. 岩土钻凿工程，2001，（2）：111-117.

[12] 李春燕. 南非普利托里亚市排水管道修复工程[J]. 岩土钻凿工程，2001，（6）：1-18.

[13] 郑光明. 国外旧管道内检测和内修复技术[J]. 石油石化节能，2000，（3）：46-51.

[14] 牛建华，李左芬. 国外的排水管材和维修与更新技术[J]. 天津市政工程，1994，（3）：41-52.

[15] 翟俊，何强，陈朝晖，等. 一种大管径排水管道内插钢管局部加强非开挖修复方法：中国，1908725.2011.

[16] 何强，翟俊，陈朝晖. 一种大管径排水管道内插钢管局部加强非开挖修复结构：中国，902620.2012.

第7章　山地城市排水管网结构安全性综合评价体系

7.1　概　　述

如前所述，山地城市排水管网管道类型多样，工况复杂，多灾害且时间空间不确定。

本章以重庆市排水管网干管结构为主体，重点针对降雨导致的地质灾害、内压超载以及生活污水腐蚀等多种危害排水管道结构安全的情况，建立山地城市排水管网在多灾害、多工况下的安全性评价体系与方法。

7.2　基本理论

7.2.1　决策与决策方法

人类的决策活动有着悠久的历史，凡是有人类活动的地方，无论做什么事情，为了什么目的都需要进行决策，可以说决策是伴随着人类活动而产生的。当事物存在两种及两种以上可选方案时就需要从中选择其一，这个选择最优方案的过程就是决策过程。简单而言，决策就是做决定。

决策是一个主观过程，但可以借助一些科学方法和手段进行，于是决策科学应运而生。因此，决策就是借助一定的科学方法和手段，从两种及两种以上可行方案中选择最优方案并付诸实施的过程，是在人们对过去和现在的实践有所认识，并对未来做出科学预测的基础上，以目标、方向、原则、方法、途径、方案、方针、政策、策略、计划等形式来指导未来的实践活动。

决策问题的类型有很多，分类标准也多种多样。按照不同的标准主要有以下几种分类。

1）按照决策的作用

按照决策的作用，决策可以分为战略性决策和战术性决策。战略性决策是指与确定组织发展方向和远景有关的重大问题的决策。战术性决策是实现战略性决策的策略性措施和手段，是对局部的战术性问题的决策。

2）按照目标的多少

按照目标的多少，决策可以分为单目标决策和多目标决策。单目标决策是指决策目标仅有一个的决策，多目标决策是指决策目标有两个或两个以上的决策。

3）按照决策的定型程度

按照决策的定型程度，决策可以分为确定型决策、风险型决策和非确定型决策。确定型决策是指选中的方案在执行后有一个确定结果。风险型决策是指选中的方案在执行后会出现几种可能的结果，这些结果出现的概率是明确的，但有一定的风险。非确定型决策是指选中的方案执行后会有多种结果，但这些结果出现的概率是不明确的。

4）按照方法不同

按照方法不同，决策方法大体上可划分为“硬方法”和“软方法”。“硬方法”即定量决策方法，常用于数量化决策，其核心思想为应用数学工具，建立决策中各个变量以及变量与目标之间关系的数学模型，并通过对这种数学模型的计算和求解，选择最佳的决策方案。这类方法主要有决策树法、最优控制法、线性规划法、博弈论法和排队论法等。“软方法”又可称为定性决策方法，是一种直接利用决策者本人或有关专家的智慧来进行决策的方法，核心思想为通过对事物运动规律的分析，在把握事物内在本质联系基础上充分发挥专家的集体智慧和经验，使决策更加准确有效。这类方法适用于因素错综复杂的综合性战略决策问题，主要有特尔斐法（又称德尔菲法）、列名小组法、头脑风暴法、方案前提分析法和提喻法等。此外，近年来也发展了一些定量与定性相结合的综合方法，如层次分析法等。

7.2.2　典型的决策方法

决策方法有许多，以下将介绍几种典型的决策方法。

1. 决策树法

决策树法[1]是典型的“硬方法”之一，它利用概率论的原理，并采用树形图作为分析工具，将决策中不同备选方案进行比较，从而获得最优方案。由于决策树能直观地显示整个决策问题在时间和决策顺序上不同阶段的决策过程，使决策问题层次清楚，阶段明显，从而被广泛地应用于现代管理和决策之中。

1）决策树的组成元素和绘制

决策树又称决策图，由决策点、方案枝、状态结点、概率枝和结果点五个要素组成。图 7.1 为典型决策树的要素示意图。

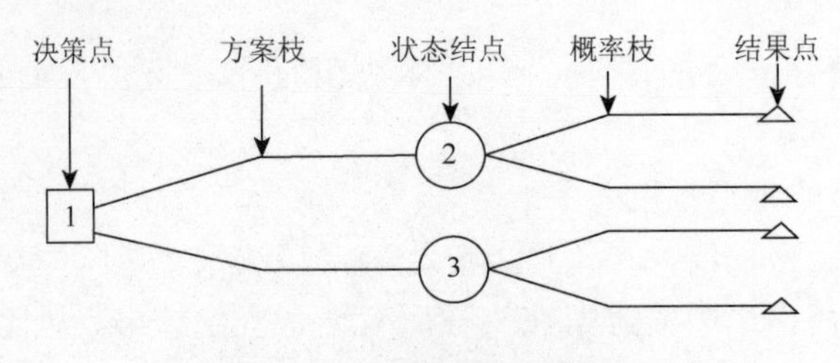

图 7.1　决策树要素示意图

（1）决策点：决策树的出发点称为决策点，代表决策问题，一般用方形结点表示。

（2）方案枝：从决策点引出的若干条直线称为方案枝，每条直线代表一个备选方案，方案枝通常有两枝或两枝以上。

（3）状态结点：各方案枝的终点称为状态结点，表示一个备选方案可能遇到的自然状态的起点，一般用圆形结点表示，画于各方案枝的末端。

（4）概率枝：从状态结点引出的若干条直线称为概率枝，每条直线代表备选方案可能遇到的一种自然状态（如环境变化、市场变化等），状态的内容和出现的概率可在每条分枝上注明。

（5）结果点：各概率枝的终点称为结果点，代表该概率枝所达到的结果（即损益值），一般用三角形符号表示，画于各概率枝的末端并列出损益值。

决策树的绘制一般自上而下进行，首先由决策点出发，根据已知条件排列出各个备选方案和每一备选方案的各种自然状态。然后画出各方案枝、状态结点和概率枝，将各概率枝的概率标于概率枝上。最后计算或估算出不同方案在不同自然状态下的损益值，标于结果点旁。在此过程中，完备信息的合理考虑是决策树绘制中最重要的一环，即合理全面地考虑并绘制各方案枝、状态结点和概率枝。如果决策树的某些结点或枝条被忽略，则会导致决策过程信息的遗漏缺失，从而增大决策风险。

2）决策树分析的步骤

应用决策树进行决策分析时，应由下向上逐步分析，分层进行决策。对每个状态结点要计算各种情况的累计期望值，在决策点将各状态结点上的期望值进行比较，选取期望收益值最大的方案。对落选的方案要进行剪枝，留下一条效益最好的方案枝表示优选的方案。一般地，决策树分析有以下三个基本步骤：

（1）绘制决策树，将决策问题图解化，将所有的状态结点和决策点用符号标明，并核查计算结果，包括各概率枝概率、损益值等。

（2）计算各个方案的期望值并将其标于该方案对应的状态结点上。

（3）剪枝，即比较各个方案的期望值，并将期望值标于方案枝上，将期望小的（即劣等方案）减掉后所剩的最后方案为最佳方案。

决策树适用于数值型和标称型（离散型数据，变量的结果只在有限目标集中取值），能够读取数据集合，提取数据中蕴含的规则。

决策树模型有很多优点，例如，决策树计算复杂度不高，便于使用且高效，可处理具有不相关特征的数据，便于构造易于理解的规则等。当然，决策树模型也存在一些缺点，例如，处理缺失数据困难、过度拟合以及忽略数据集中属性之间的相关性等。

2. 特尔斐法

特尔斐法[1]在20世纪40年代由赫尔默（Helmer）和戈登（Gordon）首创。1946年，美国兰德公司为避免集体讨论存在的屈从于权威或盲目服从多数的缺陷，首次用这种方法进行定性预测，后来该方法迅速被广泛采用。

特尔斐法又称专家意见法或专家函询调查法，调查人员依据系统程序对参与讨论的专家实行匿名发表意见的方式，且专家之间不得相互讨论，不发生横向联系，只与调查人员发生关系，通过反复调查、征询、归纳和修改专家的意见，汇总成专家的一致看法。换言之，特尔斐法采用背对背的通信方式征询专家小组成员的预测意见，经过几轮征询，使专家小组的预测意见趋于集中，最后做出符合市场未来发展趋势的预测结论。特尔斐法的具体实施步骤如下：

（1）确定调查题目，拟定调查提纲，准备向专家提供的资料（包括预测目的、期限、调查表以及填写方法等）。

（2）组成专家小组。按照课题需要的知识范围，确定专家。专家人数的多少，可根据预测课题的大小和涉及面的宽窄而定，一般不超过20人。

（3）向所有专家提出要预测的问题及有关要求，并附上与这个问题有关的所有背景材料，同时请专家提出还需要什么材料，由专家做书面答复。

（4）各个专家根据他们所收到的材料，提出自己的预测意见，并说明自己是如何利用这些材料提出预测值的。

（5）将各位专家第一次判断意见汇总，列成图表，进行对比，再分发给各位专家，让专家比较自己同他人的不同意见，修改自己的意见和判断。也可以把各位专家的意见加以整理，或请身份更高的其他专家加以评论，然后把这些意见分送给各位专家，以便他们参考后修改自己的意见。

（6）将所有专家的修改意见收集、汇总，再次分发给各位专家，以便做第二次修改。逐轮收集意见并为专家反馈信息是特尔斐法的主要环节。收集意见和信息反馈一般要经过三四轮。在向专家进行反馈时，只给出各种意见，而不说明发表意见的专家的具体姓名。这一过程重复进行，直到每一个专家不再改变自己的意见为止。

（7）对专家的意见进行综合处理，汇总成一致意见。

特尔斐法能充分发挥各位专家的作用，集思广益，准确性高。能把各位专家意见的分歧点表达出来，取各家之长，避各家之短。同时，特尔斐法又能避免专家会议法的缺点：①权威人士的意见影响他人的意见；②有些专家碍于情面，不愿意发表与其他人不同的意见；③出于自尊心而不愿意修改自己原来不全面的意见。

特尔斐法的主要缺点是过程比较复杂，花费时间较长，专家给出的预测结果也会因专家对工程背景的了解程度而出现差异。此外，大多数群体决策过程会存在个人出色的见解因随大流而被抛弃的缺点，特尔斐法也存在这种情况。

3. *层次分析法*

层次分析法[2, 3]作为一种新型的系统工程方法，最早由美国著名运筹学家、匹兹堡大学教授 T.L.Saaty 于 20 世纪 70 年代提出。层次分析法既可以实现定量分析与定性分析的有机结合，又可以通过收敛性检验来衡量定量分析的准确性，进而决定是否需要重新评价；同时层次分析法还能将复杂系统简单化，使问题更易解决。

层次分析法是指将一个复杂决策问题分解成组成因素，并按支配关系形成层次结构，在此基础上通过定性指标模糊量化的方法确定决策方案相对重要性的系统分析方法。换言之，层次分析法是将决策问题按总目标、各层子目标、评价准则直至具体的备选方案的顺序分解为不同的层次结构，判断矩阵的特征向量，求得每一层次的各元素对上一层次某元素的优先权重，再由加权和递阶归并得到各备选方案对总目标的最终权重，最终权重最大者为最优方案。这里的“优先权重”是一种相对的量度，它表明各备选方案在某一评价准则或子目标下优越程度的相对量度，以及各子目标对上一层目标重要程度的相对量度。层次分析法比较适用于具有分层交错评价指标且目标值又难以定量描述的决策问题。

层次分析法一般包括四个步骤：①分析系统中各因素之间的关系，建立系统的递阶层次结构；②对同一层次各元素关于上一层次中某一准则的重要性进行两两比较，构造两两比较判断矩阵；③由判断矩阵计算被比较元素对于该准则的相对权重；④计算各层元素对系统总目标的组合权重并进行排序，确定最优方案。

1）建立递阶层次结构

递阶层次结构的建立是层次分析法中最重要的一步。首先，把复杂问题分解为各组成部分，也称为元素，把这些元素按属性不同分成互不相交的若干组，以形成不同层次。同一层次的元素作为准则对相邻下一层次的全部或某些元素起支配作用，同时它又受上一层次元素的支配。这种从上至下的支配关系形成了一个递阶层次。最高层次通常只有一个元素，一般是分析问题的预定目标，或理想结果；中间层次一般是准则、子准则；最低一层是决策的方案。层次之间各元素的支配关系不一定是完全的，可能存在不支配下一层次所有元素的元素。图 7.2 为一个典型的递阶层次结构示意图。

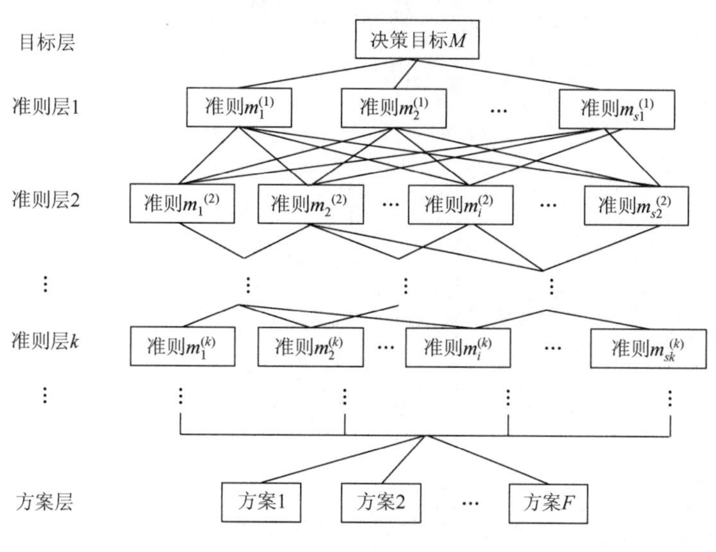

图 7.2　递阶层次结构示意图

层次数与问题的复杂程度和所需要分析的详尽程度有关，每一层次中的元素一般不超过 9 个，若一层中包含数目过多的元素将会给两两比较判断带来困难。一个好的层次结构对于解决问题是极为重要的。层次结构建立在决策者对所面临的问题具有全面深入的认识的基础上。如果在层次的划分和确定层次之间的支配关系上举棋不定，最好重新分析问题，弄清问题各部分之间的关系。有时一个复杂问题仅仅用递阶层次结构表示是不够的，需要采用更复杂的结构形式，如循环层次结构、反馈层次结构等，这些结构是在递阶层次结构基础上扩展得到的层次结构形式。

2）构造两两比较判断矩阵

递阶层次结构建立之后，就可以确定上下层元素之间的作用关系（即隶属关系）。继而，需要以此结构图为基础，获得各被支配元素对其支配元素的相对权重。遗憾的是，对于大多数问题，尤其是人的主观判断起重要作用的问题，元素的相对权重很难直接获得，需通过适当的方法导出。层次分析法通常采用两两比较（或称为成对比较）的方法，根据各被支配元素对支配元素的相对重要程度，构造两两比较判断矩阵，再基于判断矩阵导出权重。

为简便计，此处仅以第 k 准则层的第 i 个元素 $m_i^{(k)}$ 及其所支配的下一层（即 $k+1$ 层）的所有 j 个元素 $m_1^{(k+1)}$，$m_2^{(k+1)}$，…，$m_j^{(k+1)}$ 为例，说明判断矩阵的构造过程。

首先，确定$m_1^{(k+1)}$，$m_2^{(k+1)}$，…，$m_j^{(k+1)}$各元素对$m_i^{(k)}$的相对重要性测度。若以标度值$a_{i,ln}^{(k)}$表示元素$m_l^{(k+1)}$和$m_n^{(k+1)}$（$1\leqslant l, n\leqslant j$）对准则$m_i^{(k)}$的相对重要程度，则可按照表7.1所示的1～9比例标度对$a_{i,ln}^{(k)}$进行赋值。显然，$a_{i,ln}^{(k)}$必然具有如下特性：①$a_{i,ln}^{(k)}>0$; ②$a_{i,ln}^{(k)}=\dfrac{1}{a_{i,nl}^{(k)}}$; ③对角线元素恒为1, 即$a_{i,ll}^{(k)}=1$。

其次，以$a_{i,ln}^{(k)}$（$1\leqslant l$，$n\leqslant j$）为基础，可直接构造$m_i^{(k)}$的判断矩阵$A_i^{(k)}$如下：

$$A_i^{(k)}=[a_{i,ln}^{(k)}]_{j\times j}=\begin{bmatrix} 1 & a_{i,12}^{(k)} & \cdots & a_{i,1n}^{(k)} & \cdots & a_{i,1j}^{(k)} \\ a_{i,21}^{(k)} & 1 & \cdots & a_{i,2n}^{(k)} & \cdots & a_{i,2j}^{(k)} \\ \vdots & \vdots & & \vdots & & \vdots \\ a_{i,l1}^{(k)} & a_{i,l2}^{(k)} & \cdots & a_{i,ln}^{(k)} & \cdots & a_{i,lj}^{(k)} \\ \vdots & \vdots & & \vdots & & \vdots \\ a_{i,j1}^{(k)} & a_{i,j2}^{(k)} & \cdots & a_{i,jn}^{(k)} & \cdots & a_{i,jj}^{(k)} \end{bmatrix} \tag{7.1}$$

表7.1 1～9尺度的含义

标度值 a_{ln}	含义
1	$m_l^{(k+1)}$与$m_n^{(k+1)}$的影响相同
3	$m_l^{(k+1)}$比$m_n^{(k+1)}$的影响稍微强
5	$m_l^{(k+1)}$比$m_n^{(k+1)}$的影响强
7	$m_l^{(k+1)}$比$m_n^{(k+1)}$的影响明显强
9	$m_l^{(k+1)}$比$m_n^{(k+1)}$的影响绝对强
2，4，6，8	$m_l^{(k+1)}$与$m_n^{(k+1)}$的影响之比在上述两个相邻等级之间，可取上述相邻判断的中间值
倒数1，1/2，…，1/9	若$m_l^{(k+1)}$与$m_n^{(k+1)}$的重要性之比为a_{ln}，则$m_n^{(k+1)}$与$m_l^{(k+1)}$的重要性之比为$a_{nl}=1/a_{ln}$

3）计算单一准则下元素的相对权重

仍以第k层元素$m_i^{(k)}$与所支配元素$m_1^{(k+1)}$，$m_2^{(k+1)}$，…，$m_j^{(k+1)}$为例说明。

基于判断矩阵$A_i^{(k)}$，可计算元素$m_1^{(k+1)}$，$m_2^{(k+1)}$，…，$m_j^{(k+1)}$对于准则$m_i^{(k)}$的相对权重$w_{i,1}^{(k)}$，$w_{i,2}^{(k)}$，…，$w_{i,j}^{(k)}$，并进行一致性检验。

（1）相对权重的计算求解。目前，最为常用的确定相对权重的方法为特征根法，即通过构造与判断矩阵$A_i^{(k)}$有关的特征根问题求解相对权重。若记$w_i^{(k)}=(w_{i,1}^{(k)}, w_{i,2}^{(k)}, \cdots, w_{i,j}^{(k)})^{\mathrm{T}}$，则$w_i^{(k)}$可经由如下特征根问题求解，即

$$A_i^{(k)} w_i^{(k)} = \lambda_{i,\max}^{(k)} w_i^{(k)} \tag{7.2}$$

式中，$\lambda_{i,\max}^{(k)}$ 为判断矩阵 $A_i^{(k)}$ 的最大特征根。显然，由上述 $a_{i,ln}^{(k)}$ 的特性可知 $A_i^{(k)}$ 为正定矩阵，从而可以证明 $\lambda_{i,\max}^{(k)}$ 必为单根且为正根，因此可以方便地采用幂法对此特征根问题进行求解，并将求解得到的 $w_i^{(k)}$ 经过正规化处理后得到的向量作为被支配元素 $m_{i.1}^{(k+1)}$，$m_{i.2}^{(k+1)}$，…，$m_{i.j}^{(k+1)}$ 对 $m_i^{(k)}$ 的相对权重向量。然而，由于判断矩阵 $A_i^{(k)}$ 本身就是定性问题定量化的结果，不具有严格意义上的精确性，所以，$\lambda_{i,\max}^{(k)}$ 和 $w_i^{(k)}$ 的计算允许存在一定的误差，除了可采用常规的特征根问题求解方法（如幂法）外，也发展出了一些简便快捷的近似求解方法，如和积法、方根法等。以下将对幂法、和积法和方根法进行介绍。

①幂法。

（a）任取 j 维归一化的初始正向量 $w_{i,0}^{(k)} = (w_{i,1,0}^{(k)},\ w_{i,2,0}^{(k)},\ \cdots,\ w_{i,j,0}^{(k)})^{\mathrm{T}}$。

（b）计算 $\overline{w}_{i,p+1}^{(k)} = A_i^{(k)} w_{i,p}^{(k)}$，$p=0$，1，2，…。

（c）对 $\overline{w}_{i,p+1}^{(k)}$ 进行归一化处理得到归一化向量 $w_{i,p+1}^{(k)}$，即

$$w_{i,p+1}^{(k)} = \overline{w}_{i,p+1}^{(k)} \Big/ \sum_{l=1}^{j} \overline{w}_{i,l,p+1}^{(k)} \tag{7.3}$$

（d）精度检查，对于预先给定的精度 ε，当 $|w_{i,l,p+1}^{(k)} - w_{i,l,p}^{(k)}| < \varepsilon\ (l = 1, 2, \cdots, j)$ 时，$w_{i,p+1}^{(k)}$ 为所求的特征向量，转向步骤（e）；否则返回步骤（b）重新计算直至满足精度要求。

（e）计算最大特征值：

$$\lambda_{i,\max}^{(k)} = \frac{1}{j}\sum_{l=1}^{j} \frac{\overline{w}_{i,l,p+1}^{(k)}}{w_{i,l,p}^{(k)}} \tag{7.4}$$

②和积法（规范列平均法）。

（a）将判断矩阵 $A_i^{(k)}$ 中的元素按列进行归一化，即

$$\overline{a}_{i,ln}^{(k)} = a_{i,ln}^{(k)} \Big/ \sum_{p=1}^{j} a_{i,pn}^{(k)}, \quad l,n = 1,2,\cdots,j \tag{7.5}$$

（b）将归一化过后的判断矩阵的同一行各列相加，即

$$\overline{w}_{i,l}^{(k)} = \sum_{n=1}^{j} \overline{a}_{i,ln}^{(k)}, \quad l = 1,2,\cdots,j \tag{7.6}$$

（c）将相加后的向量除以 j 可得相对权重向量，即

$$w_{i,l}^{(k)} = \overline{w}_{i,l}^{(k)} / j, \quad l = 1,2,\cdots,j \tag{7.7}$$

（d）计算最大特征根为

$$\lambda_{i,\max}^{(k)} = \frac{1}{j}\sum_{l=1}^{j}\frac{(A_i^{(k)}w_i^{(k)})_l}{w_{i,l}^{(k)}} \tag{7.8}$$

式中，$(A_i^{(k)}w_i^{(k)})_l$ 表示向量（$A_i^{(k)}w_i^{(k)}$）的第 l 个分量。

③方根法（几何平均法）。

（a）计算判断矩阵 $A_i^{(k)}$ 每一行元素的乘积，即

$$b_{i,l}^{(k)} = \prod_{n=1}^{j} a_{i,ln}^{(k)}, \quad l = 1,2,\cdots,j \tag{7.9}$$

（b）计算 $b_{i,l}^{(k)}$ 的 j 次方根，即

$$\overline{w}_{i,l}^{(k)} = \sqrt[j]{b_{i,l}^{(k)}}, \quad l = 1,2,\cdots,j$$

（c）将向量 $\overline{w}_i^{(k)} = (\overline{w}_{i,1}^{(k)}, \overline{w}_{i,2}^{(k)}, \cdots, \overline{w}_{i,j}^{(k)})^{\mathrm{T}}$ 进行归一化处理，即可得到相对权重向量

$$w_i^{(k)} = \overline{w}_i^{(k)} \Big/ \sum_{p=1}^{j}\overline{w}_{i,p}^{(k)} \tag{7.10}$$

（d）计算最大特征根，即

$$\lambda_{i,\max}^{(k)} = \frac{1}{j}\sum_{l=1}^{j}\frac{(A_i^{(k)}w_i^{(k)})_l}{w_{i,l}^{(k)}} \tag{7.11}$$

（2）一致性检验。在层次分析法的实施过程中，判断矩阵 $A_i^{(k)}$ 中的标度值 $a_{i,ln}^{(k)}$ 代表了元素 $m_l^{(k+1)}$ 和 $m_n^{(k+1)}$ 对准则 $m_i^{(k)}$ 的重要性之比。若假设元素 $m_l^{(k+1)}$ 对准则 $m_i^{(k)}$ 的重要性为 $C_{i,l}^{(k)}$，元素 $m_n^{(k+1)}$ 对准则 $m_i^{(k)}$ 的重要性为 $C_{i,n}^{(k)}$，则 $a_{i,ln}^{(k)}$ 可表示为

$$a_{i,ln}^{(k)} = \frac{C_{i,l}^{(k)}}{C_{i,n}^{(k)}} \tag{7.12}$$

显然，对于 $a_{i,ln}^{(k)}$，既可以通过元素 $m_l^{(k+1)}$ 和 $m_n^{(k+1)}$ 的直接比较得到，也可以通过其他元素的间接比较得到，即

$$a_{i,ln}^{(k)} = \frac{C_{i,l}^{(k)}}{C_{i,n}^{(k)}} = \frac{C_{i,l}^{(k)}}{C_{i,t}^{(k)}} \times \frac{C_{i,t}^{(k)}}{C_{i,n}^{(k)}} = a_{i,lt}^{(k)} \times a_{i,tn}^{(k)} \tag{7.13}$$

若通过直接和间接的方法所获得的 $a_{i,ln}^{(k)}$ 相同，则称判断矩阵 $A_i^{(k)}$ 具有一致性，此时由 $A_i^{(k)}$ 所导出的相对权重向量才是合理的。然而，由于判断对象的复杂性和人为判断的主观性，决策者往往难以将同一准则下多个元素的相对重要程度判断得十分准确，从而导致判断矩阵不一致。当判断矩阵过于偏离一致性时，其计算所得到的相对权重向量可能会引起决策的失误，因此有必要对判断矩阵进行一致性检验以确保其合理性，其检验步骤如下。

①计算一致性指标（consistence index，CI），即

$$\mathrm{CI}=\frac{\lambda_{i,\max}^{(k)}-j}{j-1} \tag{7.14}$$

式中，j 为判断矩阵的阶数，即 $m_i^{(k)}$ 所支配的下一层元素的数量。

②查找相应 j 阶判断矩阵的平均随机一致性指标（random consistence index，RI），表 7.2 给出了 1～15 阶判断矩阵的平均随机一致性指标。

表 7.2　平均随机一致性指标 RI

j	1	2	3	4	5	6	7	8	9	10	11	12	13	14	15
RI	0	0	0.52	0.89	1.12	1.26	1.36	1.41	1.46	1.49	1.52	1.54	1.56	1.58	1.59

③计算一致性比例（consistence ratio，CR），即

$$\mathrm{CR}=\frac{\mathrm{CI}}{\mathrm{RI}} \tag{7.15}$$

当 CR＜0.1 时，一般认为判断矩阵的一致性是可以接受的，当 CR≥0.1 时应当对判断矩阵进行适当修正。

④计算各层元素的组合权重。

一般地，应用层次分析法进行分析最终所获取的计算结果为各层元素，特别是底层中各方案，对于总目标（即目标层元素）的组合权重，并据此进行方案选择。因此，需要自上而下把单一准则下的元素权重向量进行合成。

假定已经计算出第 k 准则层元素（设有 $s_(k)$个元素）相对于总目标元素 M 的组合权重向量 $W_M^{(k)}=(W_{M,1}^{(k)}，W_{M,2}^{(k)}，\cdots，W_{M,s\_(k)}^{(k)})^{\mathrm{T}}$，第 $k+1$ 准则层的元素（设有 $s_(k+1)$个元素）对于第 k 层元素 $m_i^{(k)}$ 的相对权重向量为 $\underline{w}_i^{(k)}=(\underline{w}_{i,1}^{(k)}，\underline{w}_{i,2}^{(k)}，\cdots，\underline{w}_{i,s\_(k+1)}^{(k)})^{\mathrm{T}}$，其中受 $m_i^{(k)}$ 支配的 j 个元素的相对权重由向量 $w_i^{(k)}=(w_{i,1}^{(k)}，w_{i,2}^{(k)}，\cdots，m_{i,j}^{(k)})^{\mathrm{T}}$ 确定，不受 $m_i^{(k)}$ 支配的其余元素的相对权重均取为零。具体而言，若 $s\_(k+1)=j$，表明第 $k+1$ 准则层的元素全都受 $m_i^{(k)}$ 支配，此时有 $\underline{w}_i^{(k)}=w_i^{(k)}$；若 $s\_(k+1)>j$，表明第 $k+1$ 准则层的元素并不全都受 $m_i^{(k)}$ 支配，此时受 $m_i^{(k)}$ 支配的 j 个元素的权重在 $\underline{w}_i^{(k)}$ 与 $w_i^{(k)}$ 中对应相等，其余元素的相对权重取为零。

令矩阵 $B^{(k)}=(\underline{w}_1^{(k)}，\underline{w}_2^{(k)}，\cdots，\underline{w}_{s\_(k)}^{(k)})$，显然，$B^{(k)}$表示第 $k+1$ 准则层各元素对第 k 准则层各元素的相对权重，那么第 $k+1$ 准则层各元素对总目标元素的组合权重向量可由式(7.16)计算

$$W_M^{(k+1)}=(W_{M,1}^{(k+1)},W_{M,2}^{(k+1)},\cdots,W_{M,s\_(k+1)}^{(k+1)})^{\mathrm{T}}=B^{(k)}W_M^{(k)} \tag{7.16}$$

逐步递推，不难给出组合权重公式如下：

$$W_M^{(k+1)}=B^{(k)}B^{(k-1)}\cdots B^{(3)}B^{(2)}W_M^{(1)} \tag{7.17}$$

式中，$W_M^{(1)}$为第一准则层的元素对总目标的相对权重向量。组合相对权重计算得到的最终结果是相对于总目标各决策方案的优先顺序权重。

最后，对整个递阶层次结构所有判断矩阵进行总体一致性检验，确保以此优先顺序权重做出的决策的合理性。

7.2.3 层次分析法在安全性评价中的应用

1. 安全性评价

系统安全评价[4-6]是以保障安全为目的，按照科学的程序和方法，从系统的角度出发对系统的安全性进行度量和预测，为制定基本防灾措施和管理决策提供依据。

安全评价是一个以安全系统工程的原理和方法为基础，识别系统工程中存在的影响或不稳定因素，评价其影响程度以及提出控制措施的过程。这一过程包括影响因素识别、影响程度评价、控制措施制定和检验。其中，影响因素识别的目的在于确定影响来源；影响程度评价的目的在于确定和衡量影响因素对系统安全性的影响程度；控制措施制定和检验的目的在于对影响因素采取针对性控制措施以限制其不利影响，并评价采取控制措施后的系统安全性程度是否满足要求。在实际的安全评价过程中，这三方面工作不是截然分开、孤立进行的，而是相互交叉、相互重叠于整个评价工作中。

安全评价的主要工作流程一般为：前期准备；影响因素识别与分析；划分评价单元；现场安全调查；定性、定量评价；提出安全对策措施及建议：做出安全评价结论；编制安全评价报告；安全评价报告评审；等等。

安全评价按评价方法的特征可分为如下几种：

（1）定性评价。定性评价依靠人的观察分析能力，是一种借助经验和判断能力进行评价的方法。

（2）定量评价。定量评价主要依靠历史统计数据，是一种应用数学方法构造模型进行评价的方法。

（3）综合评价。综合评价是指两种及两种以上方法的组合运用，常表现为定性方法和定量方法的综合，有时是两种以上定量评价方法的综合。由于各种评价方法都有它的适用范围和局限性，综合评价可以在兼有多种评价方法长处的同时在一定程度上克服各种方法单独使用时的局限性，因此可以得到较为可靠和精确的评价结果。

安全评价的意义在于可有效地预防和减少事故发生、财产损失和人员伤亡。安全评价与日常安全管理和安全监督监察工作不同，它是从技术方面分析、论证和评估产生损失和伤害的可能性、影响范围及严重程度，从而提出应采取的对策措施。

2. 基于层次分析法的安全性评价

层次分析法作为一种综合分析方法，能够将定量分析同定性分析结合，同时通过收敛性检验来衡量定量分析的正确性，产生反馈信息，决定是否需要重新评价。同时，层次分析法还能将复杂系统简单化，使问题更易解决，因而在安全性评价中得到广泛应用。与常规的决策过程不同的是，利用层次分析法进行安全性评价的最终目的不是对各评价指标和评价方案进行优化选择，而是确定各评价指标对于安全性评价的影响程度，即各评价指标的权重，并综合给出安全性评价结果。

尽管基于层次分析法的安全性评价与基于层次分析法的决策有所不同，但仍然包含了常规决策中层次分析法的基本概念和主要运算过程，如递阶层次结构的建立和权重的计算等。其中，建立科学合理的安全评价指标体系是利用层次分析法进行安全性评价的前提。一般地，安全评价指标体系的建立应遵守相关原则，以体现系统所具有的安全能力和条件为目标，能够显示系统各主要安全影响因素的特征状态。当安全评价指标体系建立之后，便可依据层次分析法的基本原理对各评价指标进行权重计算和一致性检验，最后综合各评价指标的权重得出能够全面反映系统安全性的评价结果。

基于层次分析法的安全性评价主要步骤如下。

1）建立评价指标体系

按照系统性、科学性、实用性、完备性等原则，并结合所评价系统对象的特点和相关研究人员的意见，合理选取能够全面反映系统安全性的评价指标，建立安全性评价指标体系的递阶层次模型。图 7.3 为一个典型的系统安全评价指标体系层次结构示意图，由目标层、准则层、评价指标层构成。其中，目标层一般为系统安全目标或安全能力评价的综合指标，如城市安全系数、水安全评价指标等。准则层由若干层次组成，其包含的指标一般为系统安全分项目指标或子目标指标，是将系统按照自身特征和安全因素进行划分后某一方面的综合安全状态的体现，例如，针对城市安全系数目标层的准则层可以包含自然灾害、社会治安、生活保障等指标；而针对水安全评级指标目标层的准则层可以包含水供需平衡安全、水生态环境安全、饮用水安全等指标。若有需要还可进一步往下划分准则层，例如，针对水生态环境安全指标可以向下划分为指标环境系统准则层和生态系统准则层。评价指标层的指标一般为具体描述某分项目或子目标的细分指标，并包含某分项目或子目标所覆盖的内容，例如，针对生态系统指标，评价指标层包含的细化指标有水体富营养化率、土壤盐渍化率、森林覆盖率和植被覆盖率等；而针对环境系统指标，评价指标层包含的细化指标为地表水水质级别、地下水水质级别、河流水水质级别和湖泊水水质级别等。

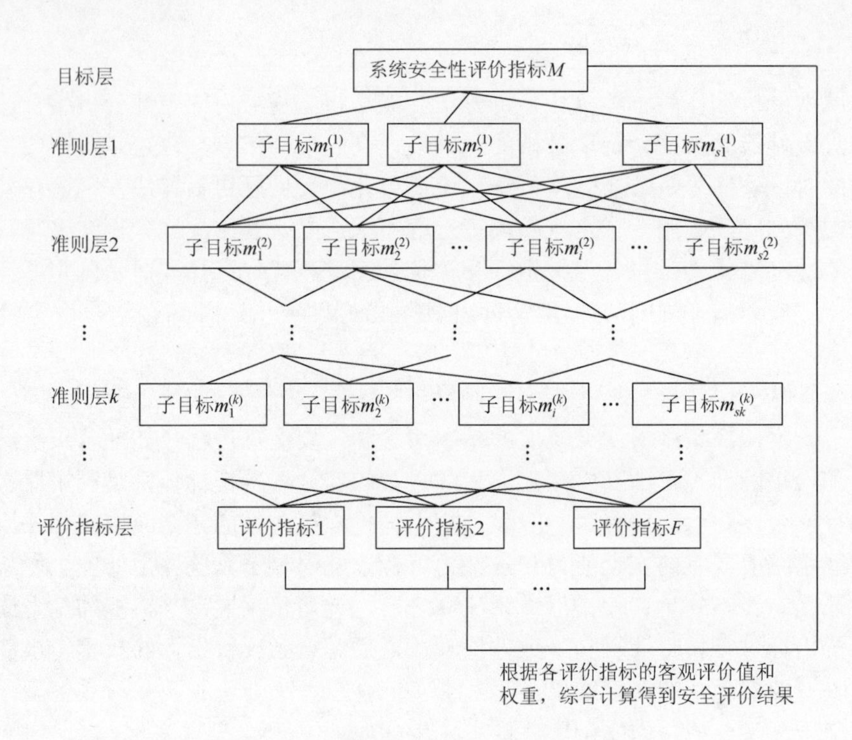

图 7.3　安全评价指标体系层次结构示意图

2）计算单一准则下的相对权重

建立递阶层次模型后，可通过两两比较法确定第 $k+1(k=0, 1, 2, \cdots)$准则层或评价指标层中相应因素对上一准则层中第 i 个因素的相对重要性并形成判断矩阵 $A_i^{(k)}$，求解得到其相对权重向量 $w_i^{(k)}$，同时检验其一致性比例 $\mathrm{CR}_{(i)}^{(k)}$。这一步骤也可称为层次单排序。

3）计算评价指标层的组合权重

计算出各准则层和评价指标层在单一准则下的相对权重后，自上而下逐层进行相对权重的组合和一致性检验，最终计算得到评价指标层的评价指标对目标层系统安全性评价指标 M 的组合权重向量 W_M 和整个递阶层次模型的一致性检验。这一步骤也可称为层次总排序。

4）确定评价结果（系统安全性程度评价）

上述三个步骤与基于层次分析法的决策过程基本类似，但安全性评价中，获得组合权重后，仍需给出最终的安全性程度评价。

首先，依据客观事实和专家组意见确定各评价指标的客观评价值，各评价指标的取值范围相同；然后，在考虑各评价指标权重的基础上确定系统安全性评价指标 M 的评价值，即结合各评价指标的客观评价值和组合权重向量 W_M 综合计算确定，其中最常用的方法是线性加权计算；最后，根据系统安全性评价指标 M 的评价值和相应的等级划分得到系统的安全性程度评价结果。

仔细分析不难发现，基于层次分析法的安全性评价与基于层次分析法的决策的不同主要是最终分析结果的确定。基于层次分析法的决策中，需对各备选方案相对总目标的组合权重进行排序，并据此选定最优方案；而在安全性评价中，各评价指标相对于系统安全性评价指标的组合权重作为中间结果，用于最终评价结果的确定。

运用层次分析法进行安全性综合评价，可使量大繁杂的安全性评估工作科学化、简洁化，且便于实现，具有良好的可操作性和实用性。

7.3　排水管网结构安全性综合评价体系

7.3.1　体系总体架构

山地城市排水管网结构安全性评估及预警流程如图7.4所示。

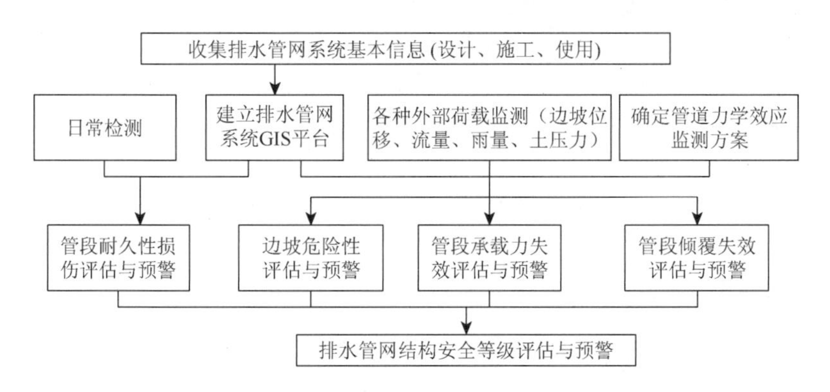

图7.4　山地城市排水管网结构安全性评估及预警流程图

7.3.2　山地城市排水管网结构安全性综合评价递阶层次分析模型

山地城市排水管网安全运行监测管理体系主要针对管道结构的安全性问题，包括架空管道和埋地管道的安全性监测与预警。如前面各章所述，排水管道的损伤和破坏主要包括耐久性损伤、承载力失效和整体倾覆。耐久性损伤主要表现为生活污水、污泥等的腐蚀作用造成管道材料性能退化，其作用时间与破坏效果随时间缓慢增长，初期不易检测。承载力失效则主要表现为由于管道内压超载、滑坡、管道基础不均匀沉降、洪水冲击、城市建设活动的影响等造成管段局部过大变形或开裂，导致污水渗漏，而管道腐蚀等耐久性损伤也会造成管道局部承载力下降。架空管道在洪水冲击、滑坡以及其他不当施工因素作用下还可能发生整体倾覆。此外，管道内部气体爆炸、船舶对临江架空管道的撞击以及其他人为破坏等也可能造成管道的灾害性破坏。这类破坏往往不可预测并难以监测，一旦发生，后果严重。

可见，山地城市管网系统结构安全性评价涉及的致灾因素复杂多样，导致的管道破坏形式及其后果各不相同，检测与监测的难易程度与方法差异较大，分析与评价的参数和指标也存在定性与定量的不同，难以建立单一的确定性指标及目标函数的评价体系与方法。而递阶层次分析模型将影响系统最终性能的各有关因素按照影响范围或影响程度等不同属性自上而下地分解成若干层次，同一层次的诸因素从属于上一层的因素或对上层因素有影响，同时又支配下一层的因素或受下一层因素的影响，从而可以分析不同因素对目标的影响及其相互关系，可将问题分解为不同层次、不同范围及不同影响因素，可综合应用定性与定量分析方法。因此，建立山地城市排水管网结构安全性综合评价递阶层次分析模型，如图 7.5 所示。

递阶层次结构通常分为目标层（顶层）、准则层（中间层，可包含多个）和指标层（底层）。山地城市排水管网结构安全性综合评价递阶层次分析模型中，底层对应导致管道失效的各种致灾因子。虽然管道承载力失效、整体倾覆等可能是由多种外因耦合作用所致，但各种灾害同时发生在同一管段的可能性较小，为简化计，可先进行各因素单独作用时管道的安全等级评估，再综合评估多种因素作用下管道的安全等级。各因素单独作用下管道安全等级的评定标准分别参见污水腐蚀下耐久性评价标准（表 6.5），洪水冲击、内压超载以及船舶撞击下架空管道安全等级评价标准（4.5 节）以及滑坡作用下埋地管道安全等级评价标准等（5.5 节），表 7.3 给出了管道整体倾覆的评定标准。各单因素作用下管道安全等级评价均采用 4 级评定标准，数值越大，管道越危险。

单个管段在多种灾害因素下发生同一失效模式的安全性等级评定方法如下：

$$\alpha_{i,j} = \max_k\{\alpha_{k,i,j}\} + \begin{cases} 1, & \alpha_{k,i,j} \geqslant \max\limits_k\{\alpha_{k,i,j}\} - 1 > 1 \\ 0, & 否则 \end{cases} \tag{7.18}$$

式中，$\alpha_{i,j}$ 为第 j 个管段第 i 种失效机制的安全等级；$\alpha_{k,i,j}$ 为第 j 个管段在第 k 种荷载单独作用下第 i 种失效机制的安全等级。其评价思想为：管段在各种荷载综合作用下的安全等级取其中安全等级的最大值再加上一个修正值。此修正值可按下述方法确定：如果最大的安全等级大于 2 且各荷载单独作用下的安全等级与该最大值相差不超过 1 个等级，那么修正值取 1，否则取 0。显然，上述确定管段安全等级的思想方法既考虑了各荷载单独作用的效果，也考虑了所有荷载综合作用的效果，较为全面合理。

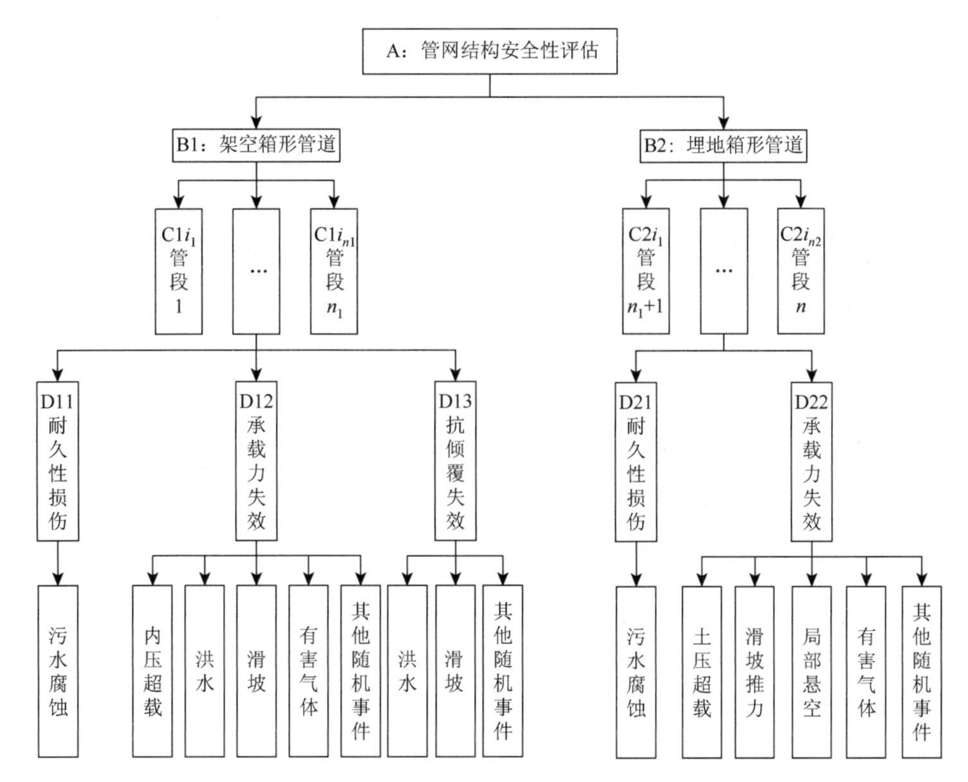

图 7.5　山地城市排水管网结构安全性递阶层次分析模型

表 7.3　整体倾覆评定标准

安全等级	1	2	3	4
分级标准	侧移小于极限侧移的 20%	侧移大于极限侧移的 20%小于极限侧移的 40%	侧移大于极限侧移的 40%小于极限侧移的 70%	侧移大于极限侧移的 70%

管道可能遭受多种损伤破坏，各种破坏形式（如管道的耐久性损伤、承载力失效和整体倾覆）造成的后果不尽相同。因此，在管段安全性等级的综合评定中需区分不同失效机制的危害差异。其中，耐久性损伤主要影响箱形管道的使用功能，会间接影响箱形管道的承载力，但作用效果缓慢，对管道安全性的直接影响较小。而管道倾覆产生的后果最为严重，会中断管网的正常运行，并造成污水泄

漏严重影响环境，其维护维修费用也较高。因此，可对架空箱形管道建立如下判断矩阵（表 7.4）。

表 7.4　架空箱形管道各失效模式判断矩阵

架空箱形管道	耐久性损伤	承载力失效	整体倾覆
耐久性损伤	1	1/2	1/3
承载力失效	2	1	1/2
整体倾覆	3	2	1

上述矩阵最大特征值对应的特征向量为（0.2565，0.466，0.7467），因此架空管道耐久性损伤、承载力失效和整体倾覆的权重系数为（0.2565，0.466，0.7467）/ 0.2565 =（1，1.8，2.9）。

与此类似，可建立埋地箱形管道的二维判断矩阵（表 7.5）。

表 7.5　埋箱形地管道各失效模式判断矩阵

埋地箱形管道	耐久性损伤	承载力失效
耐久性损伤	1	2
承载力失效	1/2	1

此矩阵最大特征值对应的特征向量为（0.4472，0.7944）。因此，埋地管道耐久性损伤和承载力失效的权重系数为（0.4472，0.7944）/0.4472 =（1，1.8）。

单个管道的安全等级是各失效模式的综合结果，而各失效模式对管道安全性的影响不同，因此，采用加权平均法由各失效模式的安全等级确定单个管段的综合安全等级。此外，与架空管道相比，埋地管道不易监测，一旦发生损伤或破坏，其维修更换难度也较大，因此引入管道类别重要性系数，则

$$\alpha_j = \left[\alpha_0 \frac{\sum_i w_i \alpha_{i,j}}{\sum_i w_i} \right] \tag{7.19}$$

式中，α_j 为第 j 个管段的安全等级；w_i 为第 i 个失效模式的权重系数，即由前述分析得到的耐久性损伤、承载力失效和整体倾覆的重要性系数；[·]为取整函数；α_0 为管道类别重要性系数，埋地管道 $\alpha_0 = 1.5$，架空管道 $\alpha_0 = 1.0$。

排水干管系统为各单个管道构成的串联系统，各管道的安全性等级对于管网系统具有相同时的重要性或贡献度，则管网系统的安全性由各管道综合评定确定。即

$$\alpha_{i,j}=\max_{k}\{\alpha_{k,i,j}\}+\begin{cases}1, & \dfrac{\mathrm{Num}\left[\alpha_{k,i,j}\geqslant\max\limits_{k}\{\alpha_{k,i,j}\}-1\right]}{n}>[p]\\ 0, & \text{否则}\end{cases}\tag{7.20}$$

式中，Num[·]为计数函数，即满足给定条件的物体或事件的数量；n 为管道数量的总和；$[p]$为预先给定的比例限值，可取为 50%。

式（7.20）表示：管网系统的整体安全性等级可取各管道安全性等级的最大值再加上一个修正值，此修正值可按下述方法确定：若最大的安全等级大于 2，且与该最大值相差不超过 1 个等级的管段的数量超过限值$[p]$，那么修正值取 1，否则取 0。

当管段各失效机制等级达到 3 级时，将对管段预警；而当管网系统整体安全性等级达到 4 级时，将对管道系统预警。

参 考 文 献

[1] 穆迪. 管理决策方法[M]. 安玉英，等译. 北京：中国统计出版社，1989.

[2] 许树柏. 层次分析法原理[M]. 天津：天津大学出版社，1988.

[3] 张炳江. 层次分析法及其应用案例[M]. 北京：电子工业出版社，2014.

[4] 刘双跃. 安全评价[M]. 北京：冶金工业出版社，2010.

[5] 张金钟. 系统安全工程[M]. 北京：航空工业出版社，1990.

[6] 邵辉. 系统安全工程[M]. 北京：石油工业出版社，2008.

第 8 章　山地城市排水管道安全性远程监测系统

8.1　概　述

目前，国内不少城市逐渐开展了城市排水管道的信息化管理工作。但由于大多只是实现了排水管道工程建设参数信息的存储、显示和查询功能，对于排水管道的实时运行状况，如水位、流速、流量等指标却难以及时掌握，更谈不上对直接影响排水管网安全运行的管道老化、超载、堵塞、有毒有害气体以及地质灾害等信息的实时监测，所以难以提高紧急事故的发现和处理处置速度，不能适应城市现代化管理的需要。

三峡库区是地质灾害的多发区和重灾区，由滑坡、崩塌等地质灾害导致的城市排水管道变形、损伤甚至断裂等管损事故时有发生，加上管道沿程开发建设等，都对山地城市排水管道的安全运行造成极大的威胁[1]。管道破损发生的偶然性，以及恶劣的地形环境等因素，使传统的人工监测方式和有线自动监测系统均难以实施[2]。基于无线传感器网络的城市排水管道实时监测系统，通过在监测区域内布置大量的监测单元，采用无线通信方式形成一个自组织的网络系统，协作地感知、采集和处理网络覆盖区域内排水管道沿线影响管道安全运行的各种因素信息，通过对监测数据的分析、判断，确认排水系统是否处于正常运行状态，对保证山地城市排水管道的安全运行，保障三峡水库水质安全具有重要的意义。

无线传感器网络（wireless sensor networks，WSN）是由大量静止的或移动的传感器以自组织和多跳的方式构成的无线网络，协作地感知、采集、处理和传输网络覆盖区域内被感知对象的信息。美国从 20 世纪 90 年代起就对无线传感器网络开始了研究，首先在国防领域进行应用和推广。美国自然科学基金委员会 2003 年投入 3400 万美元支持该方面的研究。同时，很多著名的大学和公司对无线传感器网络进行了开发和研究。ZigBee 技术是一种新的短距离无线通信技术，由英国 Invensys、日本三菱电气、美国摩托罗拉以及荷兰飞利浦等公司在 2002 年 10 月共同提出并研究开发的一种成本低、体积小、能量消耗小和传输速率低的无线传感器网络通信技术。我国无线传感器网络的最早报告出现于 1999 年中国科学院《知识创新工程试点领域方向研究》的“信息与自动化领域研究报告”中。2001 年中国科学院依托上海微系统所成立微系统研究与发展中心，在无线传感器网络方向上陆续部署了若干重大研究项目，初步建立了传感器网络系统的研究平台。2002

年，清华大学、北京大学、南京大学、哈尔滨工业大学等一些高校的研究机构也开始了无线传感器网络系统的研究。目前许多人致力于 ZigBee 与 GPRS 结合的应用，文献[3]将 ZigBee 技术与 GPRS 结合应用到森林火灾监控系统中。GPRS 通信方式依赖移动通讯公司庞大的 GPRS 网络，建设成本与运行维护成本都很低，远小于自行建设独立运行的专用通信网络。文献[4]将 ZigBee 无线网络技术运用于环境监测中，并对城市污水管网监测系统做了一定的研究。

8.2　山地城市排水管道安全性网络化监测系统

8.2.1　系统结构

如图 8.1 所示，山地城市排水管道安全运行无线远程监测系统采用二层网络架构。数据采集器实现对排水管道周边山体地表位移、排水管道混凝土应变、土压力、流量及实时雨量等信息的采集、16 位 A/D 转换、暂存和数据筛选后，通过

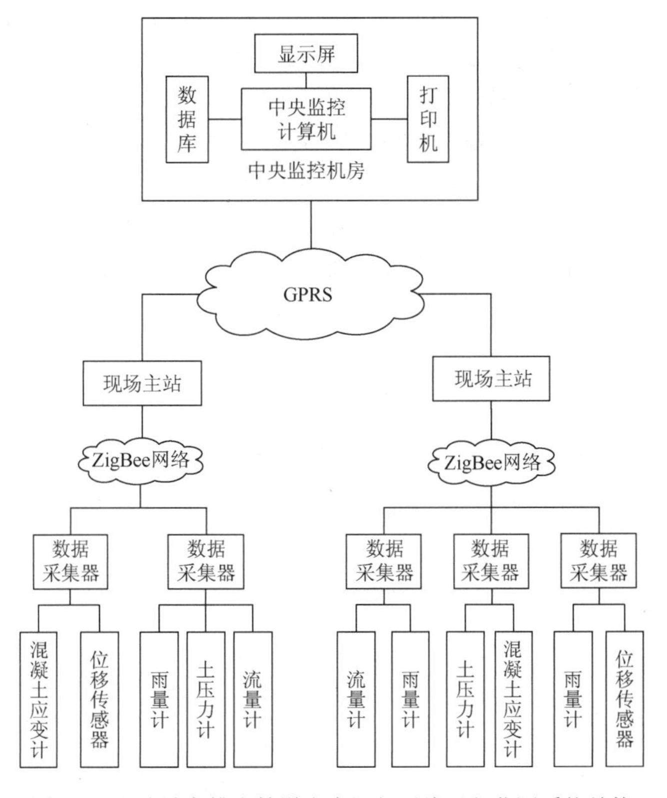

图 8.1　山地城市排水管道安全运行无线远程监测系统结构

ZigBee 网络发送给现场主站，再经 GPRS 无线公共通信网络上传至中央监控计算机。当中央监控计算机需临时提取现场数据时，能唤醒现场主站，现场主站再唤醒数据采集器，及时上传当前监测数据。数据采集器的采样频率和现场主站的上传频率由中央监控计算机动态自动设定。

8.2.2 系统硬件设备的研发

1. 数据采集器及现场主站的研发

1）硬件设计

排水管网安全运行现场数据采集器及现场主站的硬件设计原则是可靠、经济、适用。硬件结构采用模块化方式设计。在硬件电路设计时，应选择抗干扰性强、可靠性高的芯片和外围部件，且尽量朝“单片”方向设计硬件系统，将器件之间的互干扰降到最低。系统的硬件设计、系统集成应以经济适用为宗旨，在充分满足监测要求的基础上考虑其他性能。本系统包括数据采集与分析处理、数据与指令无线传输等核心功能，以及电源管理、串口通信等附加功能。因此，在系统硬件设计时必须将各种硬件设备有效地集成在一起，使系统的各个组成部件能充分发挥作用，协调一致地高效工作。

（1）数据采集器结构设计。如图 8.2 所示，数据采集器以 STC12C5616AD 芯片作为控制核心，工作频率为 0～35MHz，采用 512B 的 RAM 和 1KB 的片内 ROM；供电电池采用容量为 11000mAh 的锂电池。STC12C5616AD 内部控制程序负责整个数据采集器的正常运行，工作内容主要包括产生扫频激励信号，控制 ZigBee 通信模块完成数据的收发、处理及解析控制命令等。

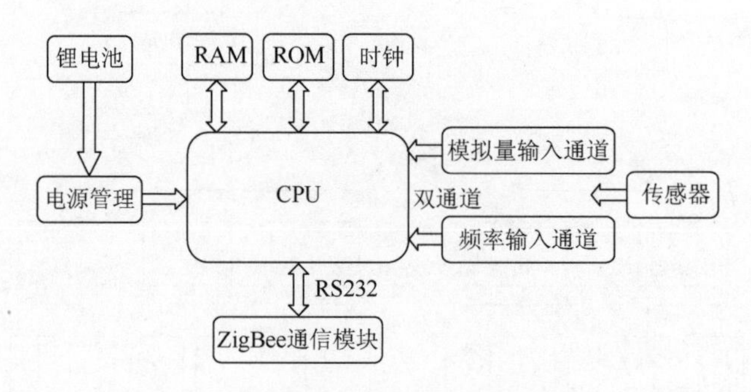

图 8.2 数据采集器结构设计框图

模拟量输入通道包括一个 16 位 A/D 转换模块，其主要功能是将传感器传输上来的模拟信号转换为数字信号，然后送给 CPU 处理。

频率输入通道包含一个测频模块，其主要功能是激励信号放大、滤波、隔直等，将振弦式传感器产生的微弱信号调理成同频、大幅度（5V）的方波信号送给CPU进行频率计算。

ZigBee通信模块能自动构建和接入无线传感器网络，主要任务是接收来自现场主站的控制命令，并将传感器测量得到的数据传输到现场主站。

电源管理模块实现锂电池为监测单元供电。

（2）现场主站结构设计。现场主站主要由ZigBee通信模块（协调器）和带独立微处理器的GPRS模块组成。与数据采集器相比，现场主站要求较强的处理能力和运行速度，因此设计中微处理器选用了片上资源丰富的ARM7，并根据功能需求，扩展硬件通信接口。现场主站的结构设计图如图8.3所示。

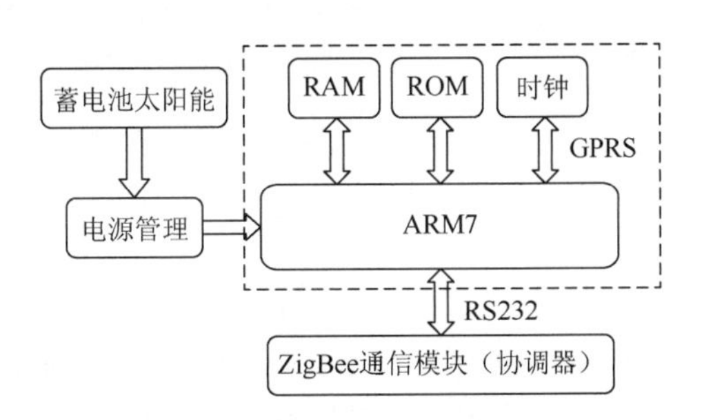

图8.3　现场主站结构设计图

ZigBee通信模块（协调器）通过异步串行端口RS232连接GPRS模块。网络协调器功能由MC13213的板载程序自行完成，串口数据通信功能则由ARM7芯片的内部控制程序完成。实现GPRS远程数据通信需要自下而上完成驱动层、协议层和应用层设计。在程序设计时，为实现GPRS远程通信，应考虑到该程序对PPP（point to point protocol）和TCP/IP（transmission control protocol/internet protocol）的支持。在网络连接建立后，可实现向远程数据中心转发数据的功能。供电部分采用蓄电池电源，由于网关节点能耗较大，所以选择100Ah/12V的蓄电池作为现场主站电源，同时还进行软件设计优化，以降低能耗。

2）软件设计

根据排水管网系统安全性运行数据采集的实际需求，本系统软件设计遵循以下原则：

模块化设计。软件设计遵循模块化的设计原则，使控制软件具有易读、易扩展和易维护的优点。

数据可靠性。数据采集器软件对传感器上传的数据分析处理时能够筛选删除错误数据，保留正确数据，真实反映监测对象实际情况。现场主站对各个数据采集器上传的数据分析汇总后通过GPRS模块上传至中央监控机。

实时性。本系统为一个实时监测系统，对数据的实时处理是本系统最大最迫切的要求。因此，在系统软件设计时，必须保证控制命令的实时下达以及监测数据的实时上传。

安全性。对于安全监测系统，其自身的安全性能不可忽视，系统软件设计时，必须采取多种手段防止本系统被各种形式与途径非法破坏。

（1）数据采集器软件设计。为支持软件的开发，Freescale 公司提供了专门的软件开发平台以及 IEEE 802.15.4 协议[5]和 ZigBee 网络堆栈。设计中现场 ZigBee 网络采用星形拓扑结构，数据采集器作为终端设备，采集传感器数据并发送给附近的现场主站。在程序设计中，用户只需根据设计目标，调用 ZigBee 协议栈的应用程序接口（application program interface，API）函数实现网络管理层的设备初始化、配置网络、启动加入网络等，其中消息传播和路由发现是自动完成的，用户无法干预[6]。另外，为满足应用需求，在设计过程中还涉及时间同步、节点休眠与唤醒等算法的实现。数据采集器程序流程图如图 8.4 所示。

（2）现场主站软件设计。现场主站软件由两部分组成：针对 ZigBee 协调器的 ZigBee 无线网络软件和针对现场主站系统控制与数据综合处理的内部控制软件。ZigBee 协调器主要负责与各个数据采集器通信，如下达监管中心发出的控制指令、接收数据采集器上传的数据，以及及时将数据传输给 GPRS 芯片。ZigBee 协调器与数据采集器的通信功能通过内嵌在 CPU 中的 ZigBee 协议栈的应用层编程实现，包括设备初始化、消息传播、时钟控制、存储、上传监控数据等。微处理器 ARM7 作为现场主站的控制核心，其内部控制程序对主站的正常运行至关重要，主要功能包括监测数据的接收与存储、GPRS 无线通信控制以及时间同步管理等。现场主站程序流程框图如图 8.5 所示。

（3）数据库设计。数据库的设计包括：用户信息表、主站信息表、从站信息表、降雨量信息表、水流量信息表、土压力信息表、混凝土应变信息表和地表位移信息表。

（4）监测系统的节能控制策略。监测系统采用了如下节能控制策略，以实现系统的节能运行：

①现场主站和数据采集器平时处在睡眠状态，在与上位机约定的通信时间醒来，以节约电能。

②地表位移传感器、土压力计、混凝土应变计等平时均不供电，当数据采集器发出采样指令时，才接通电源接口。

③对一个监测点的同类传感器的监测数据进行筛选，减少网络通信量，降低 ZigBee 网络的能耗。

④变周期采样策略。正常情况下，设定采样周期为 24h，采集一次，发送一次；当出现降雨时，将雨量按大小分为小雨、中雨、暴雨和大暴雨，根据不同雨

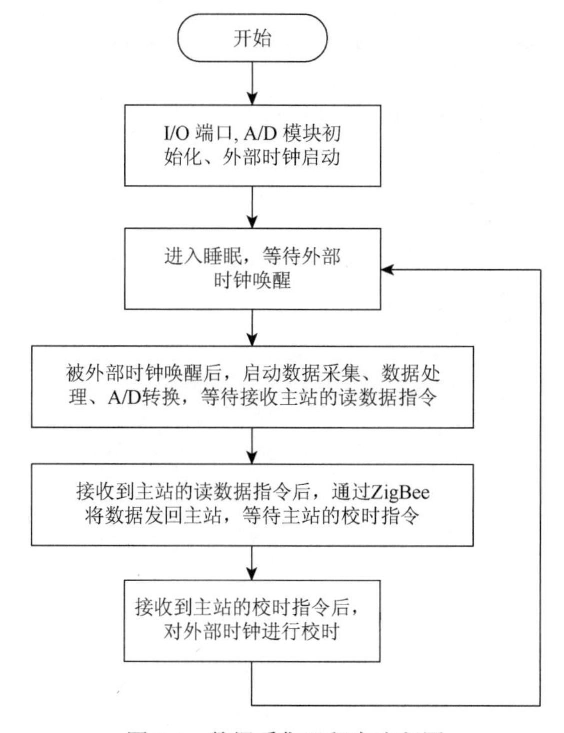

图 8.4　数据采集器程序流程图

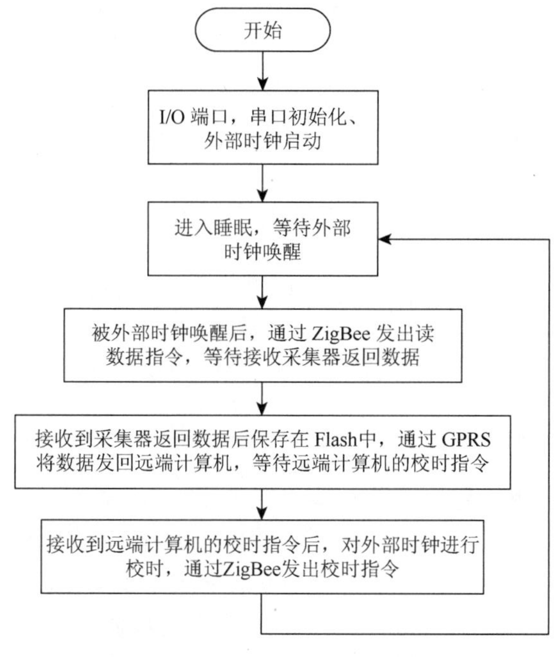

图 8.5　现场主站程序流程框图

量，采样周期从 10min～8h 动态调整；如果一天内采样数据多次相同，也只发送一次。

（5）上位机软件设计与实现。上位机程序流程图设计如图 8.6 所示。

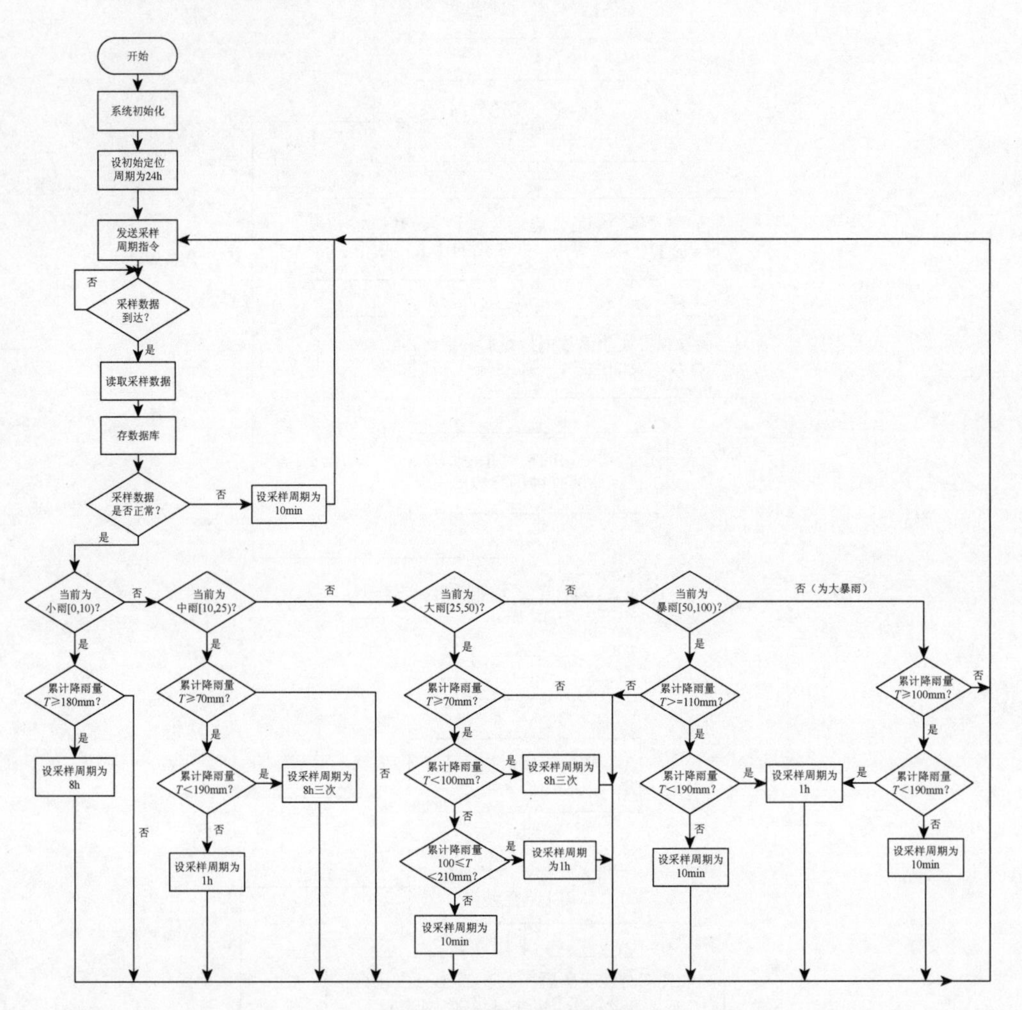

图 8.6　上位机程序流程图

2. 监测装置的研发

1）地表位移监测装置的研发

研究开发的地表位移监测装置，利用位移传感器获取山体滑坡发生信息。监测装置组成如图 8.7 所示，包括：直线位移传感器、动支柱、定支柱、不锈钢带、数据采集器等。不锈钢带的一端与动支柱固定在滑坡体上，另一端与定支柱固定在稳定的物体或基岩上；直线位移传感器安装在动支柱上，一端连接配重，另一端通过滑轮连接不锈钢带，直线位移传感器输出通过导线连接到变送器上；数据采集器安装在定支柱上，变送器安装在动支柱上，其间通过多芯屏蔽电缆连接。

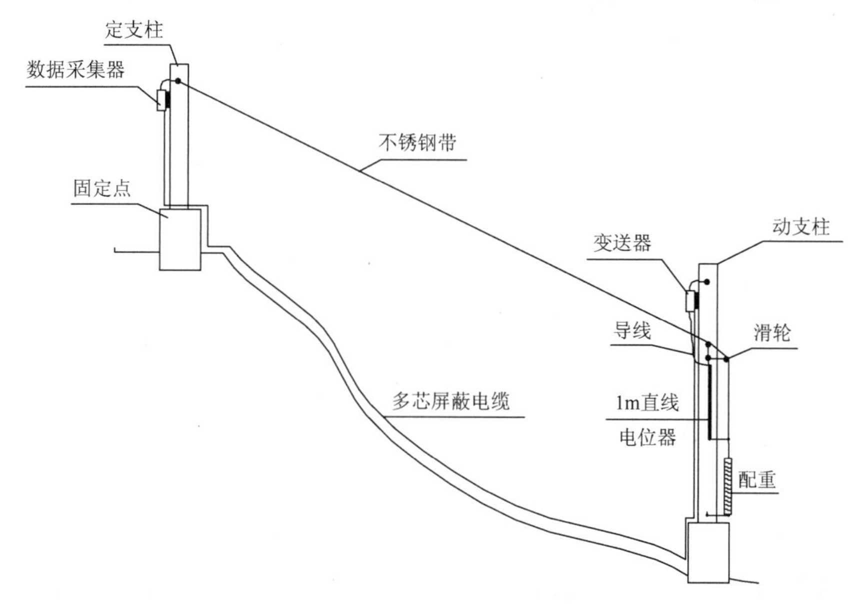

图 8.7　地表位移监测装置组成

监测原理如下：当山体滑坡导致地表产生位移时，不锈钢带的长度就会发生变化，变化量直接反映了滑坡体的滑动量，可通过直线位移传感器测量出来，再经变送器转换为 4～20mA 标准电信号，送到数据采集器中。

研发的地表位移监测装置数据转换环节少、灵敏度高、测量精度高；不锈钢带和配重组成的位移传递系统，结构简单、性能可靠；在雨、雾或其他恶劣天气条件下，仍能可靠地测量滑坡信息；监测系统各组成部分技术成熟、经济适用。

2）振弦式传感器接口设计

用于排水管道力学性能监测的土压力计、混凝土应变计采用振弦式传感器。振弦式传感器基于钢弦振动频率随钢丝张力变化的原理产生测量信息。在测量中采用扫频激振技术进行激励，再通过放大、滤波、调理电路得到钢弦振动的频率信号，最后根据转换公式计算出传感器的形变程度和受力大小，获得理想的测量效果。由于振弦式传感器具有结构简单、价格低廉、坚固耐用、抗干扰能力强等特点，在岩土工程测量中得到了广泛应用。

测频模块主要包括激振电路和检测电路。激振是指用一个频率可调的信号激励振弦式传感器的激振线圈，当信号的频率和振弦的固有频率接近时，振弦能迅速达到共振状态。激振电路原理如图 8.8 所示。图中选用两个三极管作为驱动管，二极管用于吸收三极管导通和截止瞬间产生的尖峰脉冲。激励信号通过 CPU 芯片的定时器功能实现，即根据振弦固有频率的大致范围，利用定时器中断程序，通过 I/O 端口输出频率可变的脉冲信号。

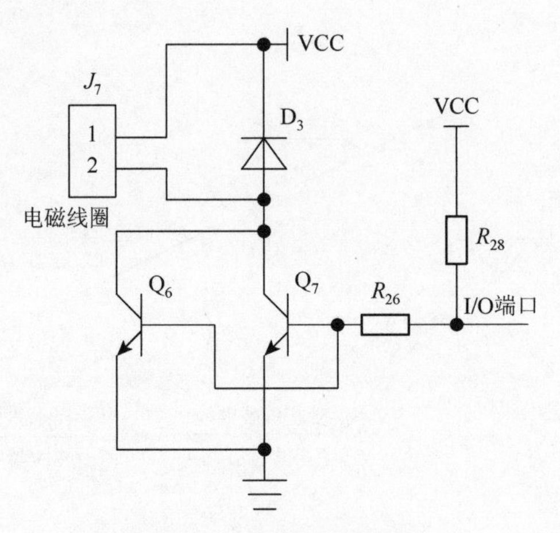

图 8.8 激振电路原理图

在激励信号作用下，振弦振动产生的感应电动势通过检测电路进行滤波、放大、整形后送入 CPU，即可测得振弦的振动频率。图 8.9 为检测电路原理图，由两部分组成：一是滤波电路，采用两级低通滤波方法；二是过零比较电路，采用过零比较法，从比较器的输出端得到频率信号。两个 LM324 组成两级有源低通滤波电路，C_1、R_3 以及 C_2、R_4 分别为第一、二级有源滤波阻-容电路；LM393 作为比较器，形成过零比较电路。LM393 的输出为周期性的方波，方波的频率即待测频率。

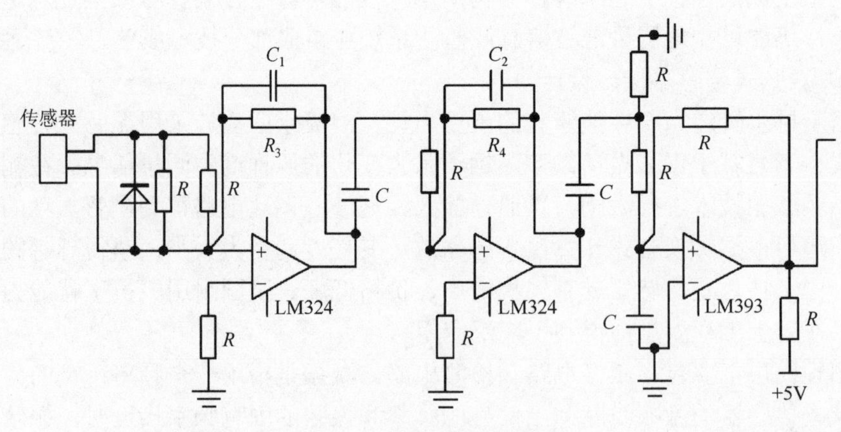

图 8.9 检测电路原理图

8.3　山地城市排水管道安全性网络化监测技术

8.3.1　ZigBee 网络的孤立点问题

ZigBee 是一种基于 IEEE 802.15.4 的近距离、低成本、低速率、低功耗的无线传感器网络技术，适用于智能家居、建筑智能化系统、工业控制、智能交通、环境监测和射频识别（radio frequency identification，RFID）等领域[7-9]。当请求节点请求加入网络时，由于网络条件限制，网络不允许其加入网络，这种节点称为孤立点。当被请求设备中的网络参数，如每个节点最大孩子个数（nwkMaxChilden，Cm）、每个节点最大网络深度（nwkMaxDepth，Dm）、每个节点最大路由器个数（nwkMaxRouter，Rm）等，达到网络规定阈值时请求设备将被拒绝加入网络，导致网络孤立点数量增加[10-12]，孤立点的增加可能导致一整段或一整片节点与 ZigBee 网络断开，造成硬件资源的严重浪费，甚至无法及时得到某些重要监控数据而造成严重后果[13]。在 ZigBee 分布式地址分配方案中，每个路由器得到的一段可分配网络地址只能被本路由器使用，路由器与路由器之间不能共享一个地址段，容易引起网络地址的浪费[14, 15]。

1. ZigBee 孤立点问题原因分析

在 ZigBee 网络中，导致设备成为孤立点的原因有两个：一是设备之间的通信距离超过 ZigBee 技术的通信范围，导致设备成为孤立点。二是 ZigBee 协议存在一些不足，致使设备成为孤立点。当请求加入网络的节点遍历完该节点的邻居表仍然不能成功地加入网络时，ZigBee 协议没有规定节点重新连接的具体方法，没有给出具体减免孤立点的措施。ZigBee 协议规定节点之间不能共享一个地址段，该规定可能导致以下问题：当一个网络地址已用完的节点收到某个节点的入网请求时，由于没有网络地址可分配，会拒绝该入网请求，而网络中的其他节点可能还有空闲地[16]。

图 8.10 为一个网络规定的网络参数指标已用完的情况下，导致孤立点问题的例子。其网络参数如下：Cm = 3、Rm = 2、Dm = 3。有三个设备向相应的父节点发送连接请求，路由器 p、终端节点 q 向路由器 k 发送连接请求，此刻路由器 k 的子节点数目已经是最大值，不允许节点 p、q 连接到网络，导致节点 p、q 成为孤立点；同理节点 e 向协调器 a 发送请求也将被拒绝，节点 e 也成为孤立点。

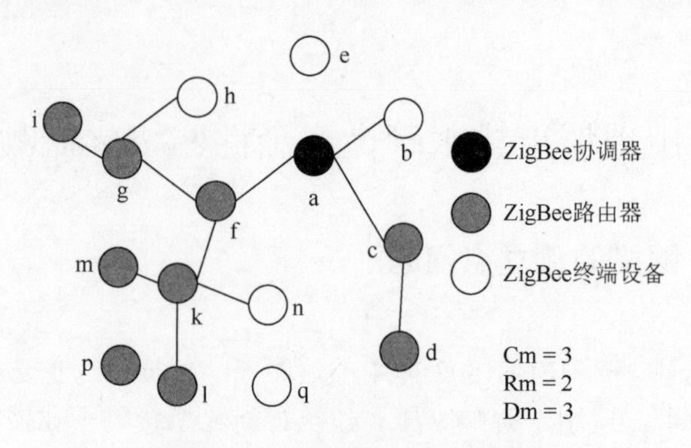

图 8.10　节点转移前网络连接图

2. ZigBee 网络的孤立点减免算法

1）ZigBee 孤立点问题的解决思路

减免算法对由于 ZigBee 协议自身不足引起的孤立点问题进行处理：节点的网络参数指标已用完的情况下，通过一种转移机制进行节点的转移，平衡网络中各个节点的孩子数，最大限度地使请求加入网络的节点设备成功地加入网络。

在图 8.10 中，如果将终端节点 n 和路由器节点 d 连接，就可将 q 节点连接到路由器节点 k；如果转移节点 m 到它的邻接路由器节点 g 中，请求节点 p 就可以连接到路由器节点 k；同理，将节点 b 转移到路由器节点 c 中，节点 e 也可以与协调器 a 相连，结果如图 8.11 所示。在不影响整个网络通信的情况下，通过这种转移机制，可尽量避免请求设备成为孤立点，提高整个网络的资源利用率。

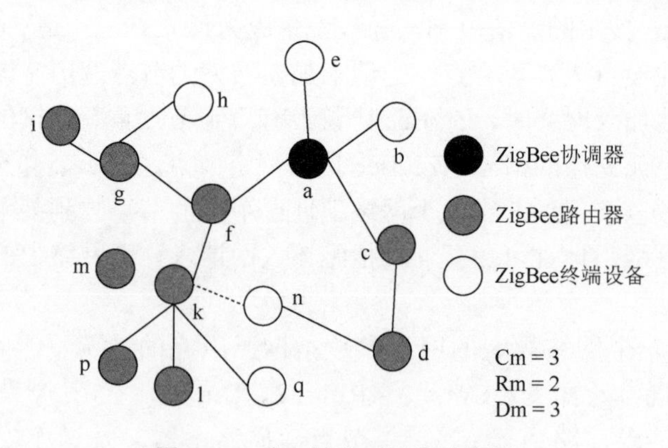

图 8.11　节点转移后网络连接图

2）减免算法的核心方法

为了成功实现孤立点的转移，父节点必须解决以下几个问题：①确定是否存在可以转移的子节点；②必须建立与子节点之间的通信机制；③控制连接状态的改变。

首先，每个网络节点设备维持自己的邻居表，在转移算法中，当判定每个节点设备是否可转移时，可以依次遍历邻居表中的节点设备，判定邻居表中的节点设备是否可以转移。其次，应该充分利用 ZigBee 协议网络层的帧格式。为了最大限度地减少修改 ZigBee 协议帧格式，本书设定帧控制部分的第 7 位表示节点转移询问标识，“1”表示节点询问命令，“0”表示保留；第 8 位表示节点是否转移成功，“1”表示转移成功，“0”表示转移失败。同时，在网络层命令标识符中，增加两种命令：Ox04（转移询问命令标识），Ox05（转移应答命令标识），利用这两条命令标识，就可以区分网络层命令荷载。将帧控制部分的第 7 和第 8 位与网络层标识符进行结合，就可以实现父节点和子节点之间的转移通信机制。

在图 8.12 中，假设节点 p 给节点 b 发送连接请求命令（步骤 1），而节点 b 可允许连接的子节点数目（Cm = 3）已达到最大值，因此不允许节点 p 加入网络。此时，节点 b 向节点 m 发送转移询问命令（步骤 2），节点 m 收到节点 b 的转移询问命令后，立即遍历本节点的邻居表，向邻居表中找到的每个相邻节点（如节点 k）发送连接请求命令（步骤 3），由于节点 k 的子节点没有达到最大值，节点 k 立刻给 m 节点发送连接成功响应（步骤 4），节点 m 接收到节点 k 的响应后，立即向节点 b 发送转移成功应答命令（步骤 5），当节点 b 收到节点 m 的转移成功应答命令后，就向节点 p 发送连接成功响应（步骤 6），节点 p 即可成功地加入网络。

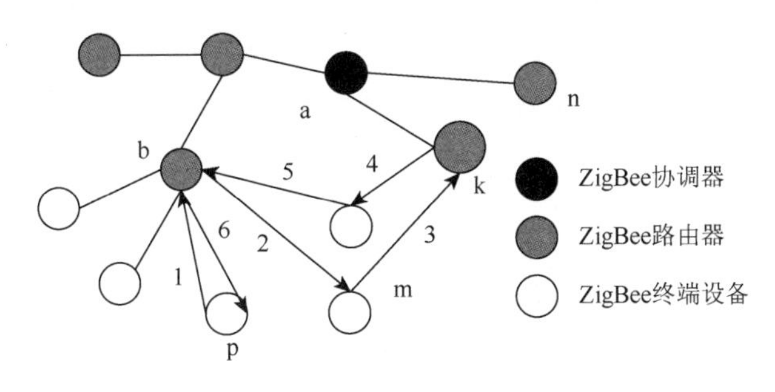

图 8.12 节点转移示意图

8.3.2 基于接收信号强度指示定位技术的山体滑坡监测技术

WSN 节点定位技术作为一种新兴的定位信息获取手段，具有成本低廉、可靠性高等技术优势。若定位精度能够满足山体滑坡监测的要求，则可取代现有山体滑坡监测传感器，即滑坡现场不需使用任何一种检测仪表即可获取表面位移信息，为山体滑坡监测提供一种全新有效、经济可行的技术途径。

根据定位手段的不同，WSN 节点定位技术可分为基于测距和无须测距两类[17]，前者是根据节点间的距离或角度等信息实现定位，后者仅仅根据节点间的网络连通性实现定位。基于测距的定位算法有较高的定位准确性，因此在实际中有较大的应用空间。常用的测量节点间距离或角度的技术有接收信号强度指示（received signal strength indicator，RSSI）[18]、到达时间（time of arrival，TOA）、到达时间差（time difference of arrival，TDOA）、到达角度（angle of arrival，AOA）等，在得到节点间的距离（或角度）后可使用三边测量法、三角测量法或多边测量法、双曲线法等来计算未知节点的位置[19]。基于网络连通性的定位方法有质心定位算法、近似三角形内点测试（approximate point-in-triangulation teat，APIT）定位算法、自组织网定位系统（ad-hoc positioning system，APS）算法、非测距定位算法等。

基于 RSSI 的定位算法，其定位思想简单、易于实现，在定位系统中不需要增加额外的硬件设备，成本低廉，只需较少的通信开销。然而，由于 RSSI 在传播过程中受环境影响很大，多径反射传播、衍射、绕射、非视距及天线方向等都会对它产生影响，所以基于 RSSI 的定位算法误差较大（米级误差），如何提高 RSSI 的定位精度是研究的重点与难点问题。

1. 基于 RSSI 定位技术的山体滑坡监测原理

图 8.13 为基于 WSN 的山体滑坡监测系统架构图，其中 WSN 采用 ZigBee 网络。ZigBee 网络节点分为锚节点和定位节点两种。锚节点是位置不变且位置坐标数据已知的点，起辅助定位的作用；定位节点是需要确定其位置的节点。锚节点布置在滑坡体周围稳定基岩或物体上，定位节点布置在滑坡体上。主节点也属锚

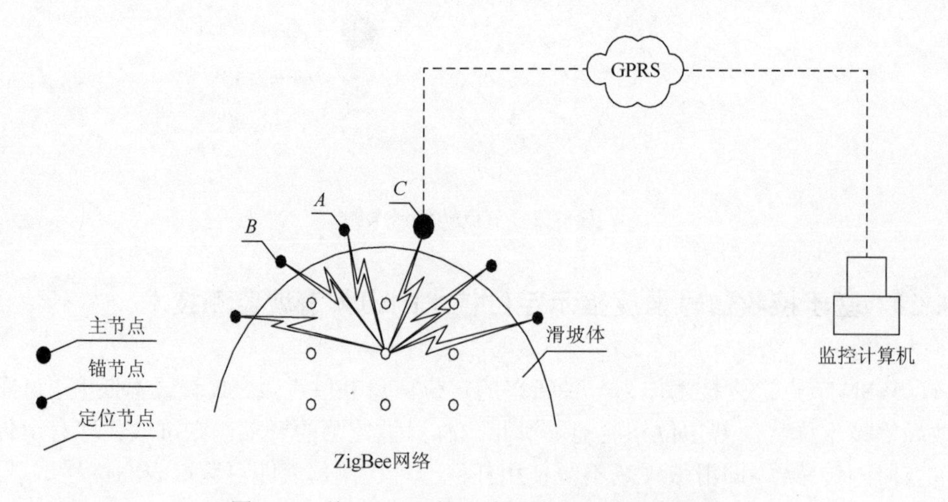

图 8.13　基于 WSN 的山体滑坡监测系统架构图

节点，但同时集成有 GPRS 芯片，可通过 GPRS 网络将定位节点的坐标数据传输至远方监控中心的监控计算机。

研究表明，无线电波在传播过程中的能量损耗与传播距离存在特定关系。利用该特性，当有滑坡发生时，图 8.13 所示的 ZigBee 网络中定位节点与锚节点间的通信能量损耗就会发生变化，根据变化的能量损耗值，可判定有无滑坡发生。基于 RSSI 的路径损耗理论的对数距离路径损耗模型可表示为

$$\mathrm{PL}(d)=\mathrm{PL}(d_0)+10N\lg(d/d_0) \tag{8.1}$$

考虑随机误差，得到对数阴影模型，即

$$\mathrm{PL}(d)=\mathrm{PL}(d_0)+10N\lg(d/d_0)+X \tag{8.2}$$

式(8.1)和式(8.2)中，PL(d)为路径损耗值，单位为 dBm；d_0 为近地参考距离，由测试决定，通常定为 1m；N 为路径损耗指数，表明路径损耗随距离增长的速率，与特定的环境有关；d 为信号发送节点与接收节点间的距离；X 为随机误差，服从均值为 0、标准差为[4, 10]范围的高斯分布。

由于

$$\mathrm{RSSI}=\text{发射功率}(\mathrm{Pt})+\text{天线增益}(\mathrm{Gr})-\text{路径损耗}(\mathrm{PL}(d)) \tag{8.3}$$

式中，RSSI 可通过测试获得。因此，利用式(8.2)和式(8.3)，即可计算出通信距离 d 为

$$d=10\times\frac{\mathrm{Pt}+\mathrm{Gr}-\mathrm{RSSI}-\mathrm{PL}(d_0)-X}{10N}\times d_0 \tag{8.4}$$

根据式(8.4)计算出图 8.13 中定位节点到各锚节点间的距离，再计算出定位节点的位置坐标，经与定位节点原始坐标数据比较，即可判断是否有滑坡发生，并计算滑坡距离。

2. 基于模型参数动态获取的改进算法

改进算法在定位过程中，首先利用加权调整因子的模型参数动态获取算法来更新对数距离路径损耗模型中的参数，并计算 RSSI 值，然后根据 RSSI 值计算定位节点到锚节点之间的距离，最后通过极大似然估计计法计算出定位节点坐标，并与原始坐标比较，最终确定该定位节点产生的位移量，并判断山体滑坡是否发生。

如图 8.13 所示，如将 6 个锚节点分为两组，每组含 3 个锚节点。对任一组，当其中任两个锚节点向另一锚节点发送信息时，都可利用方程组(8.5)和(8.6)计算出该点处的模型参数。

以图 8.13 中锚节点 A 为例，模型参数计算如下：

$$\begin{cases}\mathrm{PL}(d_{AB})=\mathrm{PL}(d_0)+10N_A\lg(d_{AB}/d_0)+X_A\\ \mathrm{PL}(d_{AC})=\mathrm{PL}(d_0)+10N_A\lg(d_{AC}/d_0)+X_A\end{cases} \tag{8.5}$$

令 $\theta_A = \mathrm{PL}(d_0) + X_A$，则上述公式变为

$$\begin{cases} \mathrm{PL}(d_{AB}) = \Theta_A + 10N_A \lg(d_{AB}/d_0) \\ \mathrm{PL}(d_{AC}) = \Theta_A + 10N_A \lg(d_{AC}/d_0) \end{cases} \tag{8.6}$$

根据方程组(8.6)可计算出点 A 的模型参数 Θ_A 和 N_A。同理，可得其余各锚节点的模型参数 Θ_i、N_i。

一般情况下，在众多与定位节点建立通信关系的锚节点中，必定有一个与该定位节点在物理位置上最近，称该锚节点为最优锚节点。最优锚节点的路径损耗模型参数与定位节点的最为接近。由于最优锚节点与定位节点在物理位置上最为接近，所以相互通信时受到环境干扰程度最小，进而测得的 RSSI 值最为稳定、准确。

为求取定位节点到各锚节点的距离，摒弃传统的取各锚节点模型参数平均值的做法，引入加权调整因子 e_i

$$e_i = \frac{\mathrm{PL}(d_i) - \mathrm{PL}(d_1)}{\sum_{i=1}^{n}[\mathrm{PL}(d_i) - \mathrm{PL}(d_1)]} \tag{8.7}$$

式中，n 为锚节点数（$n>1$），$0< e_i <1$（$i = 2, 3, 4, \cdots, n$）；$\mathrm{PL}(d_1)$ 为最优锚节点与定位节点通信的路径损耗；$\mathrm{PL}(d_i)(i = 2,3,\cdots,n)$ 为除最优锚节点外的其余锚节点与定位节点通信的路径损耗。e_i 为规范化后当前锚节点 i 与最优锚节点的路径损耗差异，反映当前锚节点与最优锚节点的距离差异程度。

在一个山体滑坡监测的区域内，由于气温、气象等环境因素相同，可以用同一个路径损耗模型，计算该监测区域内不同节点对之间的路径损耗。因此，引入加权调整因子的路径损耗模型如下：

$$\begin{aligned} \Theta &= \sum_{i=1}^{n}(1-e_i)\Theta_i / n \\ N &= \sum_{i=1}^{n}(1-e_i)N_i / n \end{aligned} \tag{8.8}$$

式中，Θ_i、N_i 为由式(8.6)求得的各锚节点模型参数。由式(8.8)求得的模型参数实际上是各锚节点模型参数的加权平均值，离定位节点越近的锚节点，其权重越大，反之亦然。

考虑环境的时变性，在每次定位前，先由式(8.7)和式(8.8)求出不同外部环境条件下的 e_i、θ 和 N，即可动态获取不同环境条件下的模型参数，使定位计算更加准确。

基于调整因子动态变化的路径损耗模型为

$$\mathrm{PL}(d) = \Theta + 10N\lg(d / d_0) \tag{8.9}$$

由式(8.9)算出各锚节点到定位节点的距离 d_i 后，可根据极大似然估计算法确定定位节点坐标。

3. 极大似然估计算法确定定位节点位置坐标

极大似然估计算法是一种计算节点位置坐标的基本方法[20]，该方法可以解决三边定位法因定位误差得不到确定解的问题。

极大似然估计定位原理如下：已知各个锚节点坐标 (x_1,y_1)，…，(x_n,y_n)，设各个锚节点到定位节点的距离为 d_0，d_1，d_2，…，d_n。假设定位节点坐标为 (x,y)，似然估计方程组

$$\begin{cases}(x_1-x)^2+(y_1-y)^2=d_1^2\\(x_2-x)^2+(y_2-y)^2=d_2^2\\\qquad\vdots\\(x_n-x)^2+(y_n-y)^2=d_n^2\end{cases}\tag{8.10}$$

用方程组中的第 $n-1$ 个方程减去第 n 个方程（$n\geqslant 1$），得到线性化方程

$$\boldsymbol{AX}=\boldsymbol{B}\tag{8.11}$$

式中

$$\boldsymbol{A}=\begin{bmatrix}2(x_1-x_n) & 2(y_1-y_n)\\\vdots & \vdots\\2(x_{n-1}-x_n) & 2(y_{n-1}-y_n)\end{bmatrix}\tag{8.12}$$

$$\boldsymbol{B}=\begin{bmatrix}x_1^2-x_n^2+y_1^2-y_n^2+d_n^2-d_1^2\\\vdots\\x_{n-1}^2-x_n^2+y_{n-1}^2-y_n^2+d_n^2-d_{n-1}^2\end{bmatrix}\tag{8.13}$$

$$\boldsymbol{X}=[x\ y]^{\mathrm{T}}\tag{8.14}$$

得到定位节点的坐标

$$\boldsymbol{X}=(\boldsymbol{A}^{\mathrm{T}}\boldsymbol{A})^{-1}\boldsymbol{A}^{\mathrm{T}}\boldsymbol{B}\tag{8.15}$$

事实上，算法在实际应用中应按照滑坡体的不同运动情况做相应处理：

（1）山体瞬时崩塌。此时滑坡体上的定位网络严重损坏，远端监控计算机失去对现场网络的控制。此种情况下，监控计算机应立即发出滑坡警报。

（2）滑坡持续变化。此时定位节点也处于运动过程中，定位结果会持续变化，应首先发出滑坡预警信息，随后缩短定位周期，连续多次对滑坡体定位。

（3）滑坡体稳定。即未出现滑坡，或虽然滑坡出现但定位节点定位时滑坡体未运动。此时，按正常周期执行定位算法。

8.3.3 山地城市排水系统安全运行监测与安全故障诊断技术

1. 排水管道多种运行模式的特征表示方法与辨识模型

根据模式识别理论，建立模型的第一步就是对影响决策属性的主要因素进行特征表示。本书的示范工程共有 7 个监测点，分别位于盘溪河口、北滨路、溉澜溪、茅溪、寸滩、大佛寺大桥附近和黑石子。各测点实际情况不同，导致安装的监测设备不同。其中，盘溪河口位于管网起点，不存在内压超压和溢流的情况，加上上部覆土较浅，因此该测点只监测地表位移、抗滑桩土压力、抗滑桩混凝土应变、雨量等参数。下面以盘溪河口为例介绍特征表示方法与辨识模型。

基于排水管道运行安全模式的机理分析，辨识盘溪河口排水管道运行安全性的主要特征包括两部分：一是雨量、地表位移、土压力、混凝土应变的定量数据；二是排水管道故障与否的定性（类别）特征。各特征表示及获取方式分别如下。

（1）雨量：用雨量计获取。

（2）地表位移：由地表位移传感器获取。发生在排水管道附近，滑坡土体可能作用于管道上。

（3）土压力：由土压力计获取。

（4）混凝土应变：由混凝土应变计获取。

（5）故障：表示排水管道是否故障状态（1 表示故障，0 表示非故障）。

基于上述特征表示，本节研究提出排水管道故障辨识的向量空间模型如下：

$$F = (R, D, P, S, B) \tag{8.16}$$

式中，R 为雨量；D 为地表位移；P 为土压力；S 为混凝土应变；B 为排水管道故障与否。

2. 基于动态数据的排水管道安全运行故障诊断模型

基于上述排水管道运行辨识模型，建立两级故障诊断模型，第一级诊断模型刻画雨量、地表位移等具体因素对环境滑坡情况 C 的影响；第二级诊断模型刻画土压力、混凝土应变、滑坡情况对排水管道运行故障与否 B 的影响。具体如下：

$$F_1 = (R, D, C) \tag{8.17}$$

$$F_2 = (P, S, C, B) \tag{8.18}$$

采用 $F_1 = (R, D, C)$首先表示雨量 R、地表位移 D 对滑坡与否 C 的影响，进而采用 $F_2 = (P, S, C, B)$反映土压力 P、混凝土应变 S、滑坡与否 C 对排水管道故障与

否 B 的影响。排水管道运行故障模型由两个子模型 $F_1 = (R, D, C)$和 $F_2 = (P, S, C, B)$构成。

3. 基于优化数据挖掘技术的排水系统安全故障诊断技术研究

基于上述故障诊断模型，故障诊断技术分为三个阶段：①确定诊断模型的具体结构；②训练学习诊断模型的主要参数；③实现诊断系统。

首先通过数据的分析与模拟，确定诊断模型的非线性结构；然后采用统计学习的方法结合训练样本数据，训练学习诊断模型的主要参数；最后基于软件开发平台实现相应的故障诊断系统。具体情况如下：

（1）原始数据预处理技术。分别利用传统的信号处理 Fourier 分析技术、小波分析技术在空域和频域上具有的良好局部性，对获取的数据进行信号的噪声消除和信号增强。

（2）数据聚类技术与训练数据的获取。通过分析监测数据序列（时间序列数据）趋势，采用聚类技术（这里采用 C 均值聚类算法）挖掘雨量、位移与滑坡之间的相关关系，以及管道受力、管道内部流量、滑坡与排水管道故障之间的相关关系。结合专家知识确定故障诊断模型的训练数据。

（3）数据分类技术与机器学习方法。研究并比较多种机器学习方法，包括决策树、神经网络、回归分析、支持向量机（support vector machine，SVM）等方法。鉴于训练数据的小样本、非线性等特性，最终确定采用非线性分类器，并采用支持向量机学习算法，进行以上两个模型的训练和参数学习，从而得到具体的排水管道运行故障识别的分类模型。

SVM 学习算法：SVM 是建立在统计学习理论的 VC 维理论和结构风险最小原理基础上的，根据有限的样本信息在模型的复杂性和学习能力之间寻求最佳折中，以获得最好的推广能力。Vapnik 将 SVM 问题归结为一个二次型方程求解问题，通过对线性不可分的两类问题的最优分类形式提出的。对于大小为 l 的训练样本集 $\{(x_i, y_i), i = 1, 2, \cdots, l\}$ 由两类别组成，如果 $x_i \in R^N$ 属于第一类，则标记为正 $y_i = 1$，如果属于第二类，则标记为负 $y_i = -1$。学习的目标是构造一个判别函数，将测试数据尽可能正确地分类。其判别函数为

$$f(x) = \operatorname{sign}\left[\left(\sum_{i=1}^{l} a_i y_i K(x, x_i) + b\right)\right] \tag{8.19}$$

由于 SVM 代表目前机器学习领域的技术发展水平，而且目前有很多对该算法进行扩充的 SVM 工具，所以本书选择 SVM 作为分类器。由于研究的现阶段任务是一个二类分类任务，为了试验需要，选择 LIBSVM 作为分类工具，因为 LIBSVM 不但支持多类分类任务，而且可以给出分类结果的概率估计。具体参数设置如表 8.1 所示。

表 8.1　LIBSVM 参数设置

参数名	参数值
SVM 学习机类型	*C*-SVC
核函数	高斯径向基函数核
核函数中的 Gamma 函数	1/*k*（*k* 为特征的个数）
损失函数 *C*	1
Cache 内存	100MB
终止判据	0.001
启发式	1（使用）
第几类的参数 *C* 为权重	1

基于 SVM 的排水管道故障诊断模型的学习过程具体流程如图 8.14 所示。

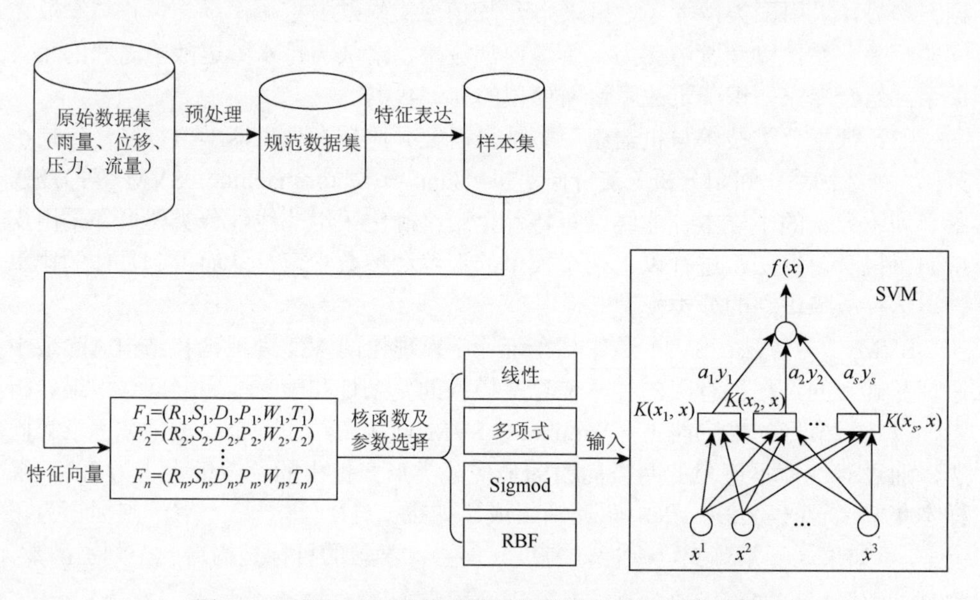

图 8.14　基于 SVM 的排水管道故障诊断模型的学习过程

为检验上述研究成果的性能和效果，开发了相应的故障诊断系统（包括两个系统：山体滑坡的计算机辅助诊断系统、排水管道运行故障诊断系统），并进行了试验检测。

山体滑坡计算机辅助诊断系统的功能(对应子模型 1：$F_1 = (R, D, P, C)$)：对雨量 R、地表位移 D、管道受力 P、是否造成山体滑坡 C 进行计算机辅助诊断。

输入：监测点监测到的雨量、地表位移、管道受力。

输出：造成山体滑坡与否。

系统的总体数据流程如图 8.15 所示。

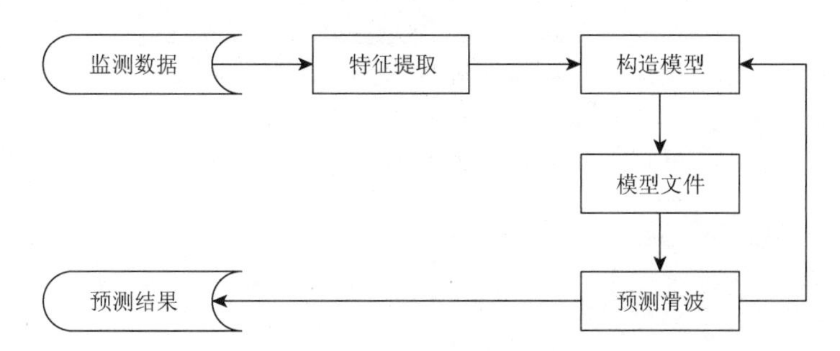

图 8.15　山体滑坡的计算机辅助诊断系统数据流程图

参考文献

[1] 陈朝晖，何强，王桂林，等. 三峡库区典型山地城市排水管道结构性安全分析[J]. 中国给水排水，2011，27（8）：22-26.

[2] 仝达伟，张之平，吴重庆，等. 滑坡监测研究及其最新进展[J]. 传感器世界，2005，11（6）：10-14.

[3] Wang G Z，Zhang J G，Li W B. A forest fire monitoring system based on GPRS and Zigbee wireless sensor network[C]. IEEE Conference on Industrial Electronics and Applications（ICIEA），2010：1859-1862.

[4] 任志远，杨克磊，李晓恭. 杭州市污水系统监测网构建研究[D]. 天津：天津大学，2008.

[5] 高守玮，吴灿阳. ZigBee 技术实践教程[M]. 北京：北京航空航天大学出版社，2009.

[6] Gutierrez J A. Wireless medium access control（MAC）and physical layer（PHY）specification for low rate wireless personal area networks（LR-WPANs）[S]. Washington D. C.：IEEE，2003.

[7] Sun J S，Wang N，Liu L P. Using Zigbee wireless network to transfer Water-Sludge interface data[C]. International Conference on Information Acquisition，Weihai，2006：473-476.

[8] Navarro-Alvarez E，Siller M. A node localization scheme for Zigbee-Based sensor networks[C]. Proceedings of the 2009 IEEE International Conference on Systems，Man，and Cybernetics，San Antonio，2009：728-732.

[9] 邵光，侯加林，吴文峰. 基于 ZigBee 自动抄表的无磁热量表的设计与实现[J]. 电子测量与仪器学报，2009，23（8）：95-99.

[10] Wu Y T. ZigBee source route technology in home application[C]. 2008 IEEE International Conference on Sensor Networks，Ubiquitous，and Trustworthy Computing，Taichung，2008：302-304.

[11] Kim T，Kim D，Park N. Shortcut tree routing in ZigBee networks[C]. International Symposium on Wireless Pervasive Computing，2007：4247.

[12] Yen L H，Tsai W T. Flexible address configurations for Tree-Based ZigBee/IEEE 802.15.4 wireless networks[C]. The 22nd International Conference on Advanced Information Networking and Applications，Okinawa，2008：395-402.

[13] 李战明，刘宝. Zigbee 传感器网络在路灯远程监控系统中的应用[J]. 微计算机信息，2009，30（2）：17-20.

[14] 蒋庭，赵成林. ZigBee 紫蜂技术及其应用[M]. 北京：北京邮电大学出版社，2006：203-217.

[15] Song T W，Yang C S. A connectivity improving mechanism for zigbee wireless sensor networks [C]. 2008

IEEE/IFIP International Conference on Embedded and Ubiquitous Computing，Shanghai，2008：495-500.

[16] Ding G，Sahinoglu Z，Orlik P，et al. Tree-based data broadcast in IEEE 802.15.4 and zigbee networks [J]. IEEE Transactions on Mobile Computing，2006，5（11）：1561-1574.

[17] He T，Huang C D，Blum B M，et al. Range-Free localization schemes in large scale sensor networks. Proceedings of the 9th Annual International Conference on Mobile Computing and Networking，San Diego，2003：81-95.

[18] AliPPi C，Vanini G. Wireless sensor networks and radio localization a metorlogical analysis of the MICA2 received signals strength indicator[C]. The 29th Annual IEEE International Conference on Local Computer Networks，2009：742-1303.

[19] Harter A，Hopper A，Steggles P，et al. The anatomy of a context-aware application. Proceedings of the 5th Annual ACM/IEEE International Conference on Mobile Computing and Networking，Seattle，1999：59-68.

[20] 汪灿. 无线传感器网络・定位技术研究[D]. 北京：中国科学技术大学，2007.

第9章　山地城市排水管网结构安全性监测与分析

山地城市排水管网结构运行参数的监测与检测及对在线监测数据的合理分析与应用是山地城市排水管网结构安全性分析与预警的重要依据。通过制订并实施合理可行的实时在线监测与检测方案，可获得更为准确的模型输入数据，如区域降雨量、管道流量、管道土压力等，是进行排水管网结构安全性动态分析与预警的必要条件；而利用长时间序列的在线监测数据，如主干管道的流量、重要区域的边坡位移与土压力变化等，可以标定、验证模型参数，完善模型，以保障分析结果的可靠性，提高模拟预测的可信度；利用关键节点的监测流量、变形、位移数据的统计分析，可直观发现监测点上下游排水管道的过载、溢流、淤积和泄漏等问题，并可进行定量化评估；此外，利用在线监测技术还有助于管道维护、维修、加固、改造方案的制订，对管网结构整体运行情况有总体实时把握。可见，对排水管网进行合理的监测既是构建排水管网模型的重要步骤，又是进行排水管网数字化管理的重要手段。

9.1　监测与检测内容

山地城市排水管网结构安全性监测与检测的主要内容包括：对导致管道结构损伤或破坏的致灾因素的监测和检测，如边坡位移、降雨量、管道流量、土压力，以及对管道材料具有腐蚀作用的水质、土质，可能引发管道爆炸的气体浓度与压力等；对管道结构性能的直接监测和检测，如管道变形、位移、开裂、渗漏、耐久性损伤等。其中，降雨量、管道流量、土压力、边坡位移、管道变形、管道内部气体浓度与压力等可通过相应的在线监测设备实时获取。而腐蚀性水质、土质，管道耐久性损伤、开裂、渗漏等由于在线实时监测设备安装与维护的难度，可采用人工定期检测的方式。

此外，按监测与检测的对象，监测与检测可分为排水管道的监测与检测以及管道沿线边坡的监测与检测；按监测和检测的时间，监测与检测可分为旱季监测和雨季监测；按监测和监测的手段，监测与检测可分为实时在线监测和人工定期检测。

9.2　监测方案总体制订原则

山地城市排水管网的管道类型包括架空管道与埋地管道，管道数量多，分布范围广，管道所处环境地形地质条件复杂，降雨多，雨量大，多种荷载工况并存耦合，且管道内部水利和水质条件复杂，环境恶劣，监测内容综合性强，成本高，监测设备的能源供应与施工难度和风险大。因此，山地城市排水管道结构安全性监测与检测方案的总体制订原则，应充分考虑针对性与可测性、典型性与集中性、设备安装的可行性与易维护性、低能耗与环境鲁棒性，具体如下。

1）针对性与可测性原则

山地城市排水管网结构安全性监测与检测为分析、评估管道结构性能提供依据，并针对灾害情况及时预警。因此，应充分调研排水管网现状（包括管网布局、周边地形地质条件、管道施工使用改造等历史状况、管道使用现状等），在初步评估的基础上，针对管道损伤失效机制及其致灾因素，确定具体监测对象（边坡、管道）、位置及监测内容和监测检测参数。例如，用于考查城市雨季道路积水的监测点应选择容易发生积水现象的区域下游，用于排水管网模型验证的监测点应选择主干管或典型小区的出水口等。

2）典型性与集中性原则

城市排水管网分布范围广，尤其是山地城市，地形地质条件复杂，处于不同区域的管道类型不同，具有不同的排水特征、结构受力工况和破坏特征。因此，制订排水管网监测与检测方案时，应尽量覆盖各种典型管道类型、运行工况、致灾因素与损伤破坏机制等。例如，可在城市不同土地利用区域（工业区、居住区、文教区、工商业居住混合区等）的管网下游干管布置监测点。同时，为便于对设备进行维护，在同一类型区域中不同类型的监测设备（如流量监测和水质监测、检测）的安装点应尽量靠近。

而监测点覆盖区域内，土地利用类型应相对单一，排水规律的影响因素（包括人口密度、交通流量、空气污染和居民生活习惯等）应尽量相近或一致，以便监测点能更典型地代表监测区域的排水管道结构安全性特点，从而合理分析、标定模型参数与典型排水管道结构力学性能以及安全性等级。

3）设备安装的可行性与易维护性原则

所选择的监测位置要能够方便、安全地安装和检修监测设备，并考虑设备的防盗。监测与检测内容及相应参数还应便于测量，测量仪器便于安装，测量数据易于观察等，即应具备参数可测性、监测可达性，如采用应变计、裂缝计代替对内力和裂缝的直接监测。

4）低能耗与环境鲁棒性原则

山地城市地形复杂、管道类型多样、管网分布范围广，宜选择能耗低、电源的持续性佳、稳定性好的监测设备，可采用直流电源、蓄电池或机械类的监测仪器，避免或减少为监测设备供电或铺设交流电源线。例如，可采用振弦式应变计、位移计代替电阻式应变计、位移计，进行管道应变、边坡位移的监测。

考虑到野外环境气象条件多变，如雨雾、高温、冰冻等季节性交替变换，所选监测设备应能适应不同气象条件且监测数据可靠、性能稳定，即应具备监测气象环境的鲁棒性。

需要指出的是，监测时间和频率还应具有可调性，即可以根据监测方案的实际实施效果予以调整。例如，对于雨季可能产生溢流的管道，雨季的监测频率应高于旱季监测频率。

综合上述原则，排水管网监测方案的制订与实施过程一般可分为选择监测区/段、选择监测点和设备安装三个阶段，即：首先确定监测的目标，根据排水管网现状分布和土地利用情况，分析排水管网的结构，并合理地选择监测区/段，初步制订监测方案；然后结合现场勘察，进一步确定满足监测设备安装要求的监测点；最后在选定的监测点安装变形、流量等监测设备，并对监测设备取得的数据进行分析判别，从而进一步确认监测点选取的合理性，并进行监测指标、监测频率、监测时间，甚至监测点位的调整，最终形成科学合理的监测方案，以便进行长时间的数据监测，为管网模型的构建与模拟提供重要的数据支持。目前，在我国很多城市，监测数据主要是通过人工进行采样分析或数据收集记录，不仅增大了监测方案实施与数据管理的工作量，而且容易造成数据丢失、录入错误等问题。随着排水管网数字化管理进程的推进，在北京、上海等城市逐步开始建立排水管网在线监测系统[1]。在线监测系统的建立和长期有效运行有助于提高监测系统的便利性，增强历史数据的管理能力，更好地为排水管网模型构建及模拟提供宝贵的基础监测资料。

以下以重庆市排水干管A线工程为例，说明山地城市排水管网结构安全性监测方法。

重庆市排水干管A线全长21.8km，根据地貌与管底的相对标高、基础条件以及市政环境要求等的差异，主城排水干管系统主要包括架空箱形管道、直接置于岩土基础上的埋地箱形管道、采用端承桩支撑的埋地架空箱形管道，以及初期为架空箱形管道后期由于市政需要改造而成的架空埋地箱形管道（图4.5）。

以易于安装、低能耗、测试准确、环境适用性好、经济为原则，监测传感器包括边坡位移计、振弦式土压力计、振弦式混凝土应变计、雨量计、流量计、管道变形监测的全站仪等（图9.1～图9.4）。

根据上述思想，在对重庆市排水干管A线工程的边坡危险性、管道排放能力以及结构安全性初步评估的基础上（第3～5章相关结论），确定了7处在线监测点，包括：边坡位移监测点4处，分别为盘溪河入口管段、茅溪管段、大佛寺大桥管段和黑石子管段；管道力学性能监测点3处，分别为北滨路管段、溉澜溪管段和寸滩管段。此外，大佛寺大桥管段设管道流量监测，盘溪河入口管段与寸滩管段分别设雨量监测。各监测点均采用第8章介绍的低成本排水系统现场数据采

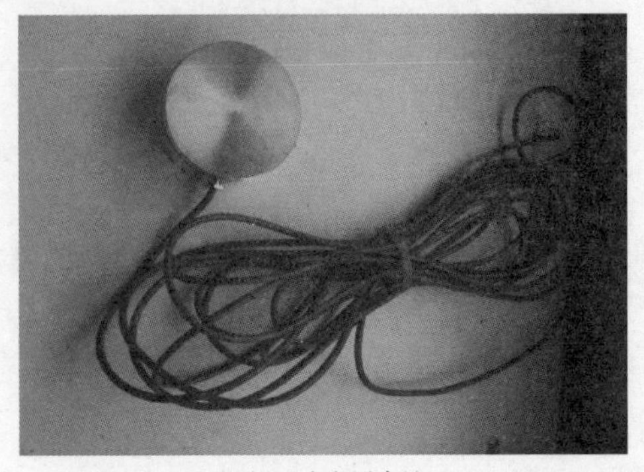

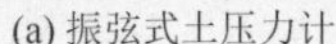

(a) 振弦式土压力计　　(b) 振弦式混凝土应变计

图 9.1　振弦式土压力计和混凝土应变计

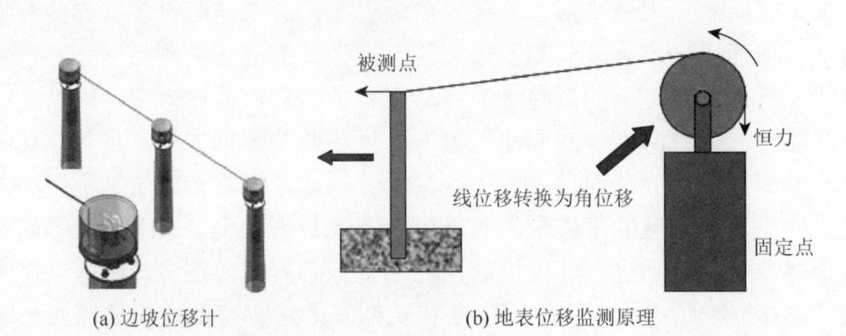

(a) 边坡位移计　　(b) 地表位移监测原理

图 9.2　边坡位移计及地表位移监测原理

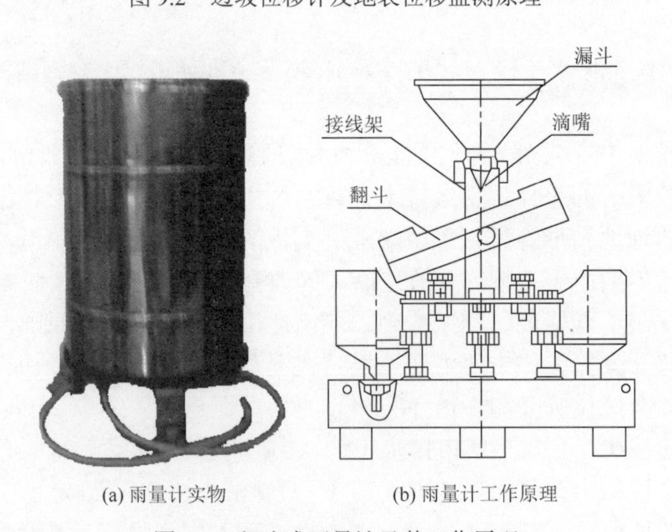

(a) 雨量计实物　　(b) 雨量计工作原理

图 9.3　翻斗式雨量计及其工作原理

集及远传装置，将现场监测数据传输至服务器以实现地灾及排水管道结构性安全监控与管理。具体监测点分布如图 9.5 所示。

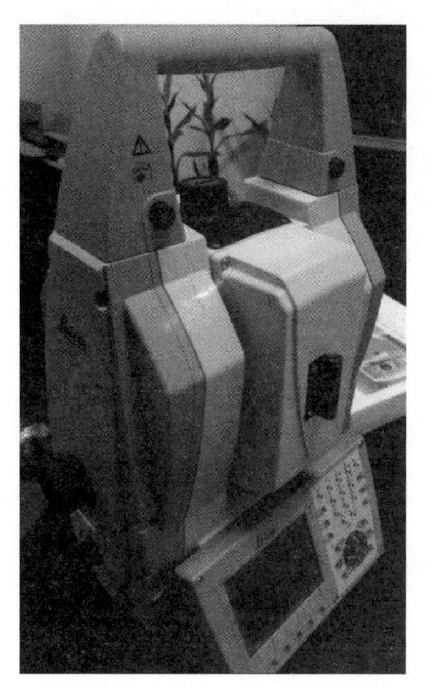

图 9.4　徕卡全站仪

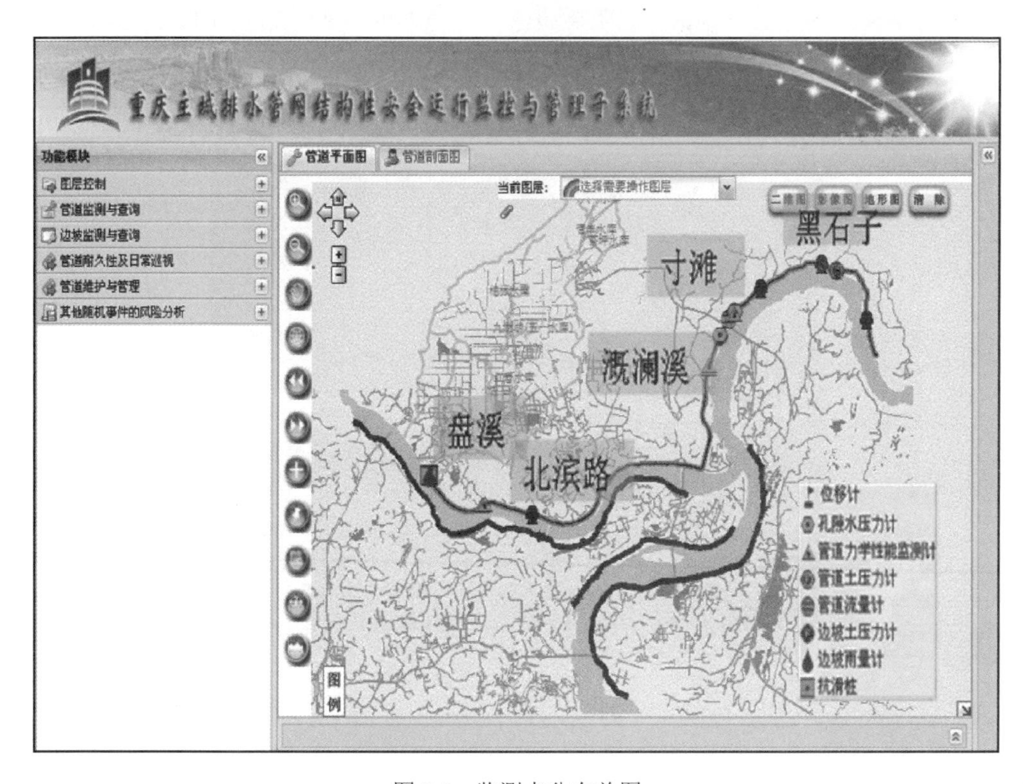

图 9.5　监测点分布总图

9.3 边坡位移监测与分析

管线边坡位移监测地段的选取原则为：初步评定的高危边坡；曾发生滑坡并经加固的边坡；现发现坡体变形迹象的边坡等。

测点布置原则为：沿主滑方向或最危险边坡剖面方向及左右侧间隔布置测线，测点不必按平均间距布置，每条测线可在坡顶、坡腰、邻近管道坡脚或已有变形裂缝、危岩等危险点处以及加固措施类型变化处等布置监测点并组成监测网。

根据上述原则，选取了四处边坡位移监测点，包括盘溪河入口管段、大佛寺大桥管段、茅溪管段和黑石子管段。仪器采用低能耗的边坡位移计。

9.3.1 盘溪河入口管段边坡位移监测与分析

盘溪河入口管道施工完成后，由于暴雨作用，滑坡体地表出现变形特征，虽未发生大规模滑动，但已在地表出现明显开裂现象。坡体中、后部，有近似平行的张性裂缝，最宽达 3.0cm，无明显错落。滑坡两侧各见一条在平面上呈八字形的剪切裂缝，滑坡体左侧延伸约 25m，呈不规则弧形，裂缝宽 1.0～3.0cm；滑坡体右侧延伸约 30m，裂开宽度 1.0～2.5cm，并见羽状裂缝（图 9.6）。

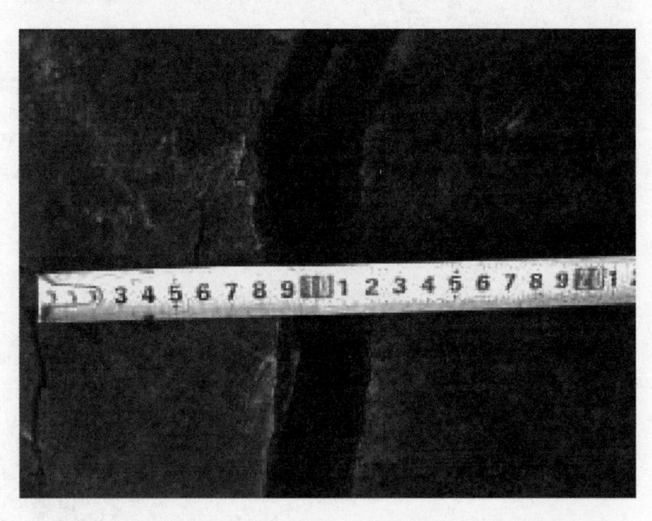

图 9.6　盘溪河入口管段边坡治理前坡体地表开裂情况

因此，在坡脚设置了 10 根抗滑桩，如图 9.7 所示。采用有限元软件 ANSYS 建模分析抗滑桩的设置对管道应力和变形的影响，如图 9.8 和图 9.9 所示。结果表

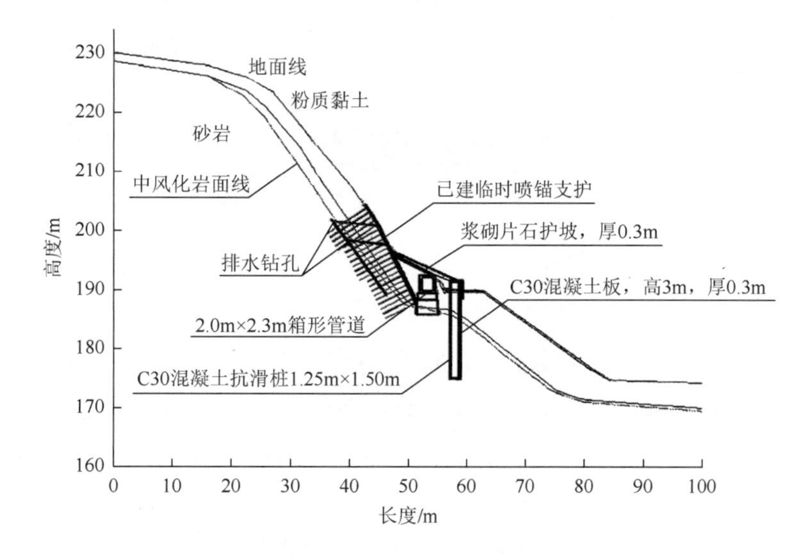

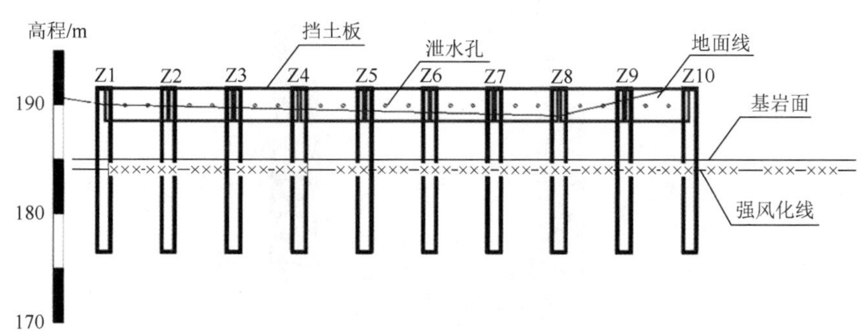

图 9.7　抗滑桩布置图

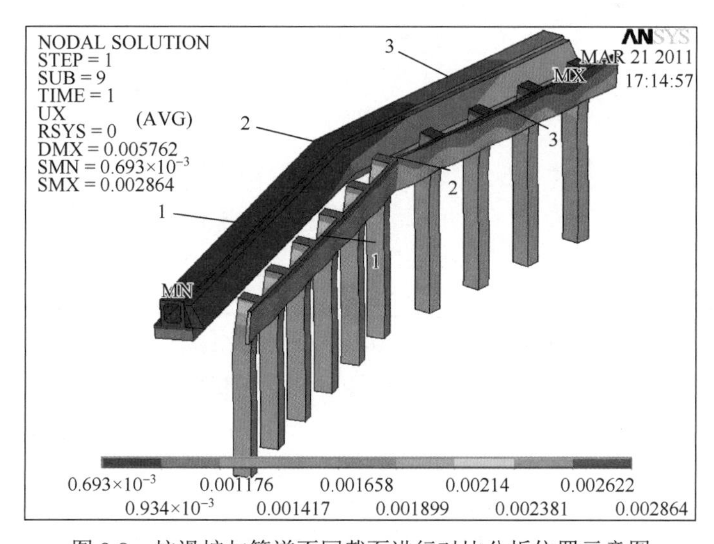

图 9.8　抗滑桩与管道不同截面进行对比分析位置示意图

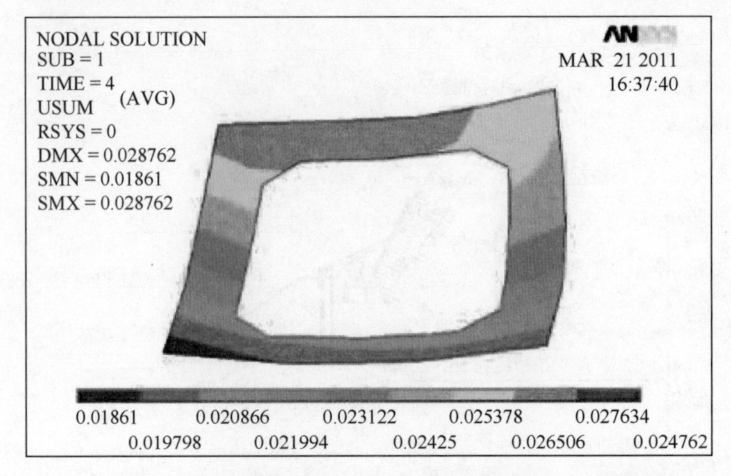

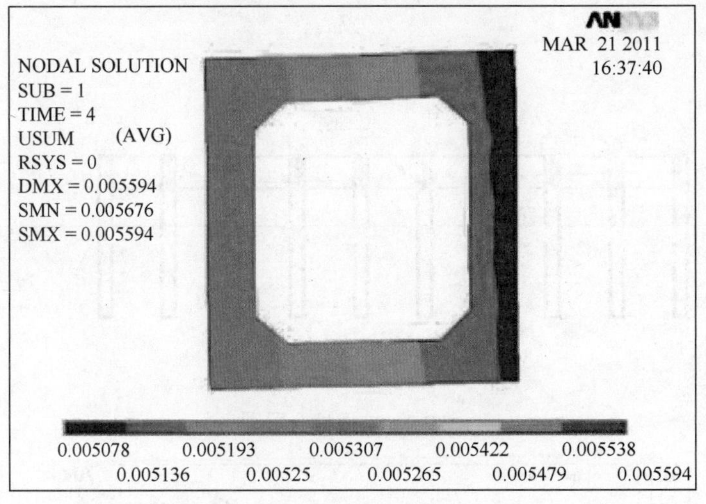

图 9.9　抗滑桩和挡板设置前后管道截面 1 对比变形云图

明：设置抗滑桩后，管道的变形值小于设置抗滑桩前，约为设置前的 10%，抗滑桩对滑坡变形有明显的抑制作用，由于抗滑桩的作用，管道应力较无抗滑桩支挡时大，但仍在管道承载力容许范围之内。

此外，在 4#抗滑桩与 8#抗滑桩中安装了若干土压力盒和混凝土应变计，如图 9.10 和图 9.11 所示。从桩身土压力和应变监测结果（图 9.12 和图 9.13）可以看出，抗滑桩应变及桩侧土压力监测结果随时间的推移而增大，表明抗滑桩起到了抗滑的作用。随着时间推移，监测结果有所回落而趋于稳定，表明边坡滑动趋势得到控制。与管道变形的数值模拟结果得到相互印证。

进一步，为了解盘溪河口边坡经治理后的位移发展情况，在边坡表面布置了 7 个表面位移计，其中桩顶 3 个，坡面 4 个。表面位移计的具体布置如图 9.14 所示。

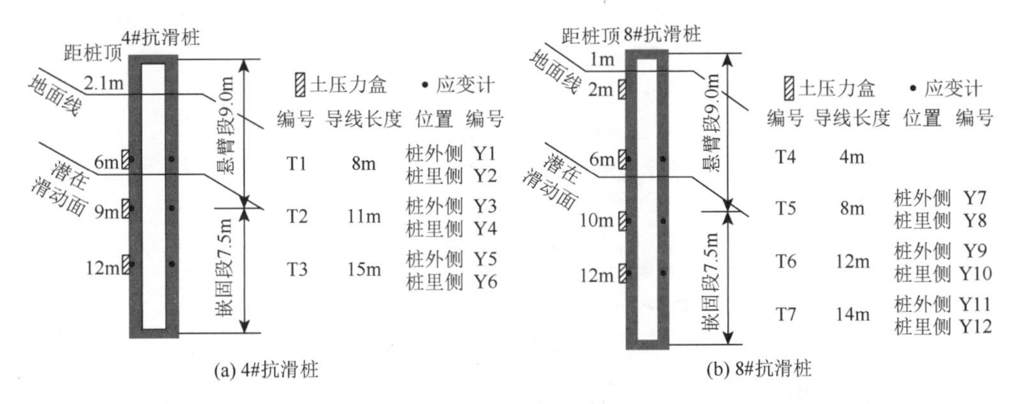

图 9.10　盘溪河口边坡工程 4#、8#抗滑桩土压力盒与应变计布置示意图

图 9.11　土压力盒与应变计现场施工图

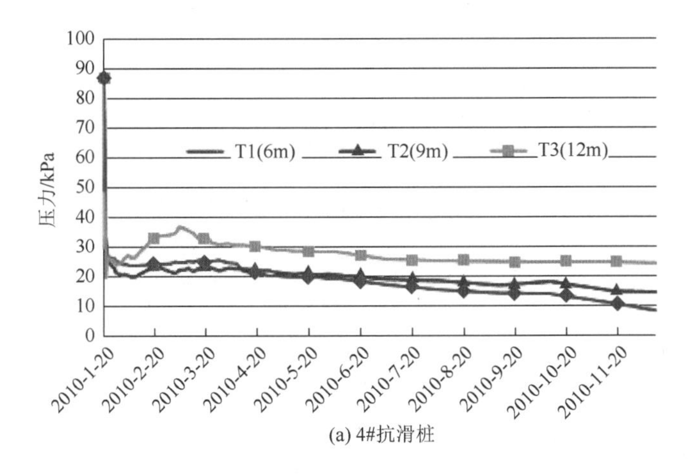

(a) 4#抗滑桩

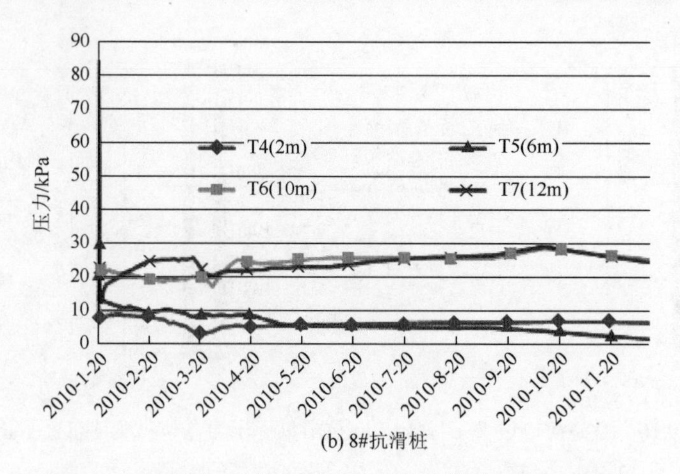

(b) 8#抗滑桩

图 9.12　盘溪河口边坡工程 4#、8#抗滑桩土压力监测结果

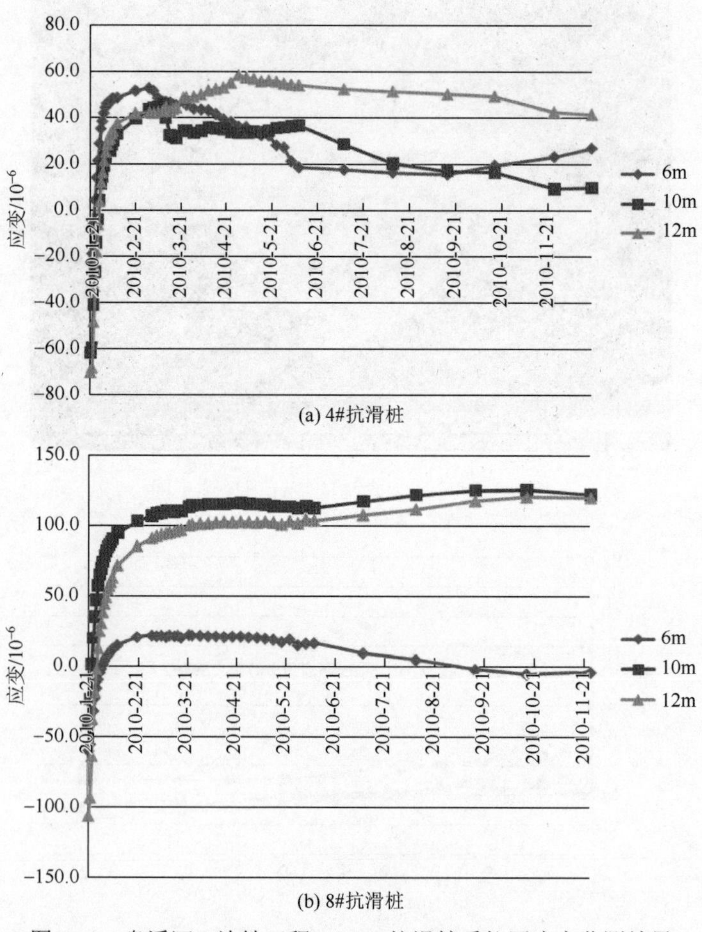

(a) 4#抗滑桩

(b) 8#抗滑桩

图 9.13　盘溪河口边坡工程 4#、8#抗滑桩受拉区应变监测结果

图 9.14　表面位移计的具体布置图

监测结果显示，盘溪河滑坡 8 个监测点自抗滑桩施工后 398 天内最大累计滑移量仅为 4.20mm，滑移速率为 0.01mm/d。结合抗滑桩应变监测及分析结果，可以判定，经治理，盘溪河边坡处于安全状态。

9.3.2　大佛寺大桥管段边坡位移监测与分析

大佛寺大桥管段边坡在管道建成后，建造了几栋高层建筑，高层建筑的荷载可能对边坡产生不利影响，在对边坡进行加固处理后，在该边坡上安装了 9 个边坡表面位移计和 3 个桩顶位移计进行监测，测点布置如图 9.15 所示。

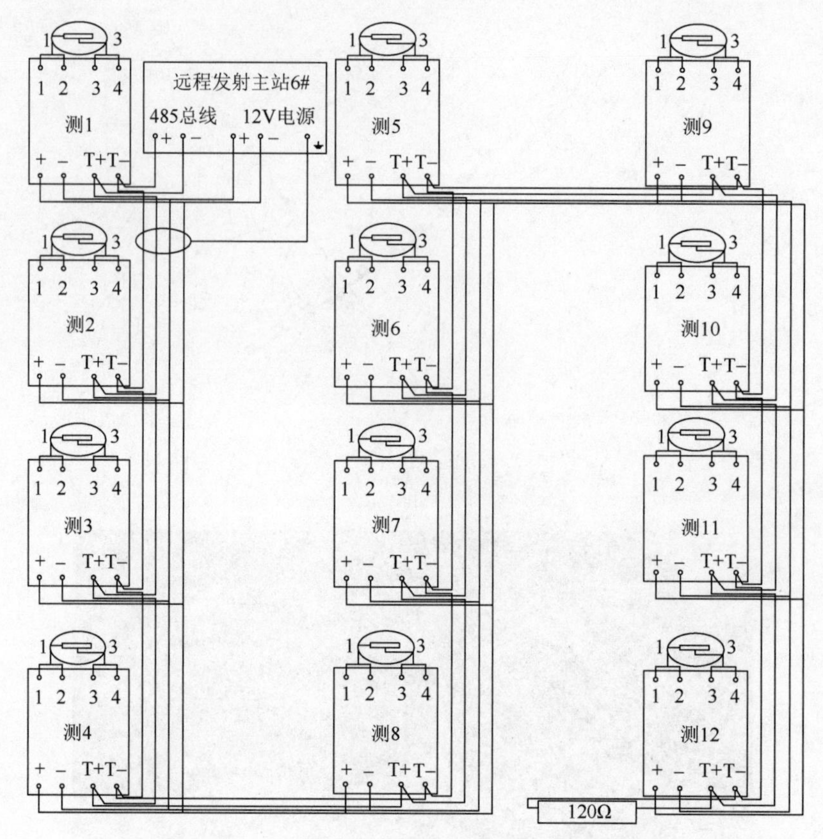

图9.15　大佛寺大桥管段边坡表面位移计布置图

从图9.16大佛寺大桥管段边坡位移现场监测数据可以看出，大佛寺大桥管段3个断面各监测点的边坡位移均较小，最大位移仅为8mm，边坡位移变化缓慢。以上数据经分析后可以判定：经治理，该边坡上的高层建筑未对边坡产生不利影响，边坡处于安全状态。

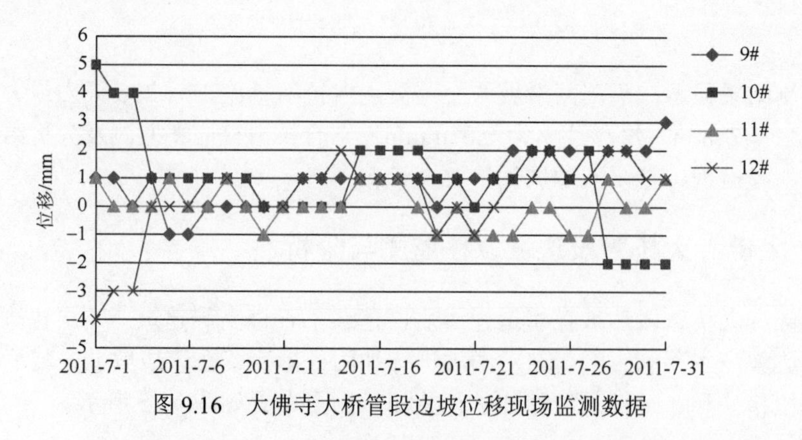

图9.16　大佛寺大桥管段边坡位移现场监测数据

9.3.3　茅溪管段边坡位移监测与分析

茅溪管段边坡坡度较陡，坡顶处有危岩，因此在该边坡上安装了 3 个边坡表面位移计。具体布置图和现场监测数据如图 9.17 和图 9.18 所示。茅溪管段边坡 3

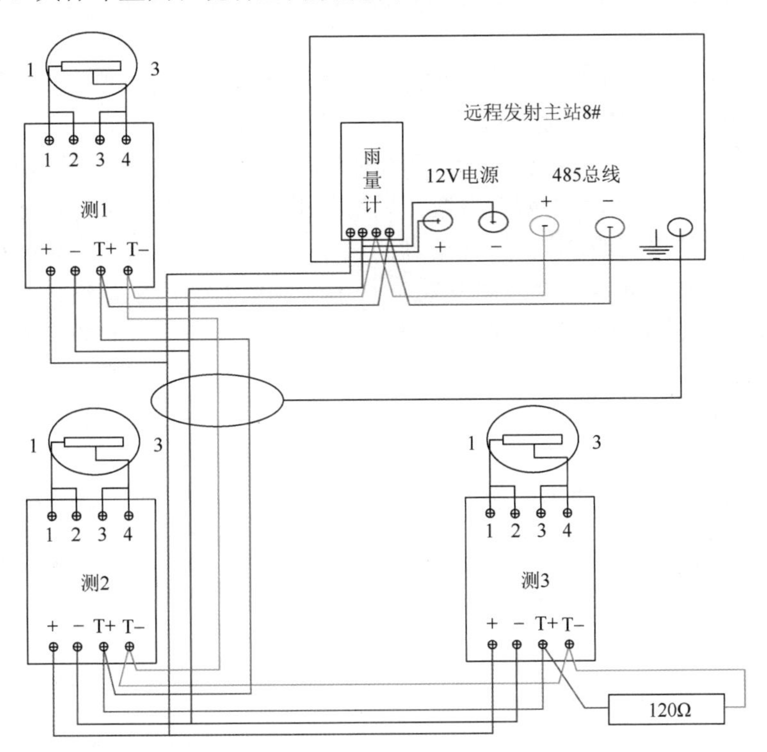

图 9.17　138#～142#边坡位移计布置图

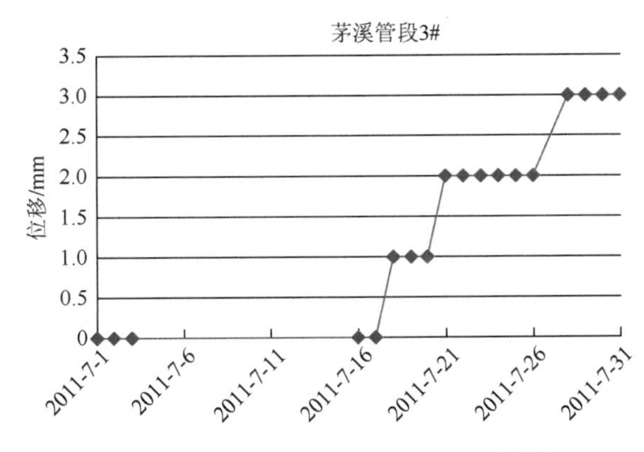

图 9.18　茅溪管段边坡位移现场监测数据

个监测点的边坡位移均较小，边坡位移仅为 2～3mm，滑移速率为 0.1mm/d。分析以上数据后可以判定，虽然该边坡坡度较陡，坡顶处有危岩，但边坡位移很小，边坡处于安全状态。

9.3.4 黑石子管段边坡位移监测与分析

重庆市排水干管黑石子管段边坡近年发生过滑坡，已对边坡进行加固处理。在此，首先进行边坡稳定性分析。

对黑石子管段（图 9.19）边坡现场取土，实验室测试得到该区域边坡土体的参数见表 9.1。应用表中所列参数，采用 Fellenius[2]模型，进行边坡安全性分析（图 9.20）。结果表明，位于管道上部的边坡，其最危险的圆弧滑裂面如图 9.21 所示，安全系数为 4.44；滑裂面有效应力分布如图 9.22 所示，最大有效应力为 47.865kN/m^2，最小有效应力为 2.440kN/m^2；滑裂面剪应力分布如图 9.23 所示，最大剪应力为 44.052kN/m^2，最小剪应力为 31.916kN/m^2。同样，位于管道下部的边坡，其最危险的圆弧滑裂面如图 9.24 所示，安全系数为 2.35；滑裂面有效应力分布如图 9.25 所示，最大有效应力为 79.315kN/m^2，最小有效应力为 0.926kN/m^2；滑裂面剪应力分布如图 9.26 所示，最大剪应力为 47.166kN/m^2，最小剪应力为 28.203kN/m^2。可见，黑石子管段边坡，在正常情况下位于管道上方及下方的边坡稳定性均较好。

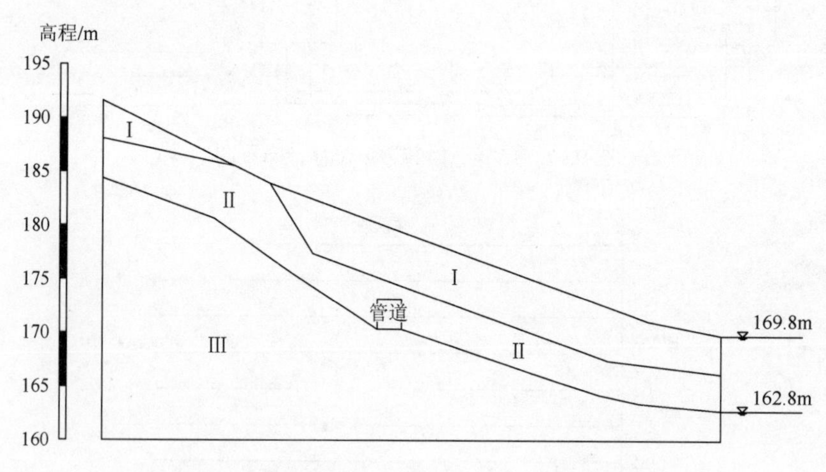

图 9.19 重庆市黑石子管段岸坡几何模型示意图

进一步，在黑石子管段边坡安装了 4 个边坡表面位移计以监测边坡位移，如图 9.27 所示。

表 9.1　重庆市 A 管线黑石子管段边坡土体参数

黏聚力/kPa	摩擦角/(°)	含水量/%	天然密度/(g/cm^3)	土粒密度/(g/cm^3)	初始孔隙比	天然饱和度/%
38.59	11.0	16.88	2.10	2.82	0.298	61～100

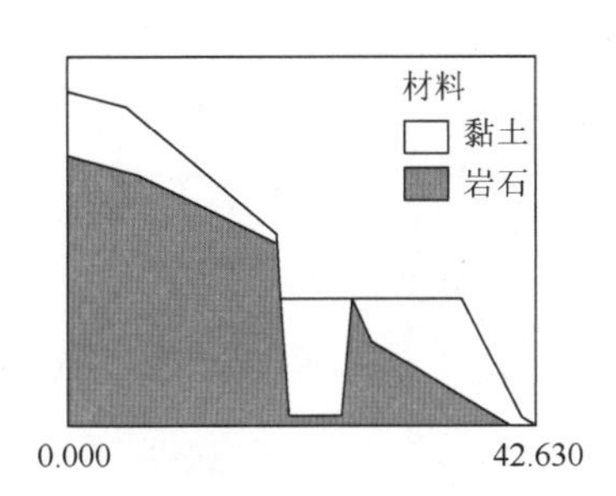

图 9.20　MStab 建模

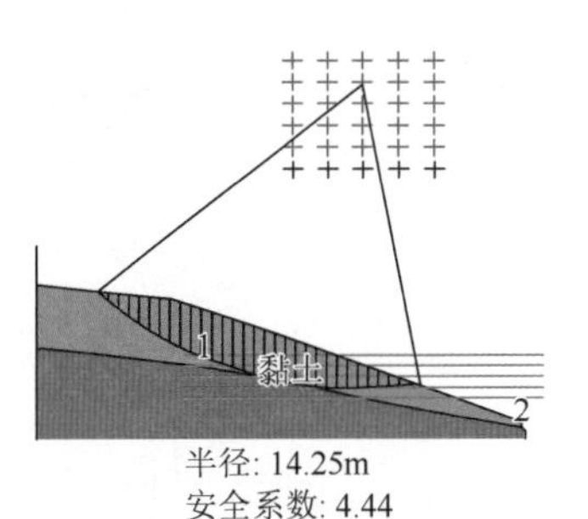

图 9.21　上部边坡最危险圆弧滑裂面位置

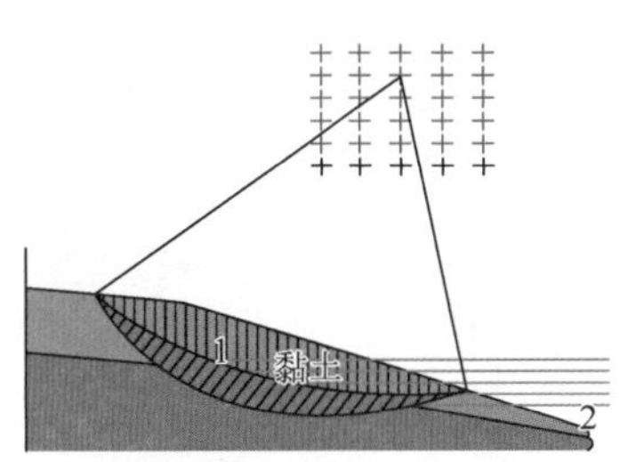

图 9.22　上部边坡最危险滑裂面有效应力分布

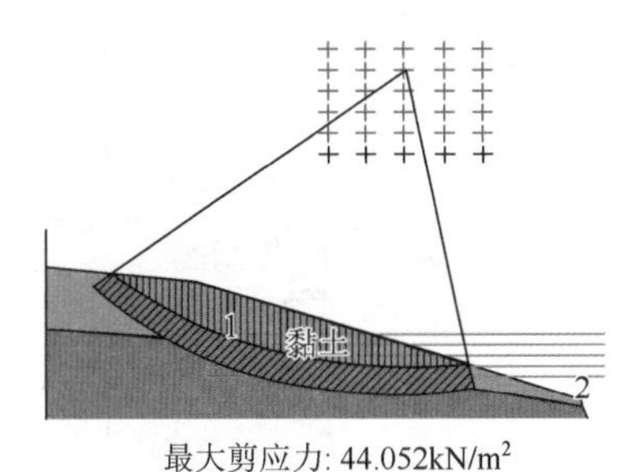

图 9.23　上部边坡最危险滑裂面剪应力分布

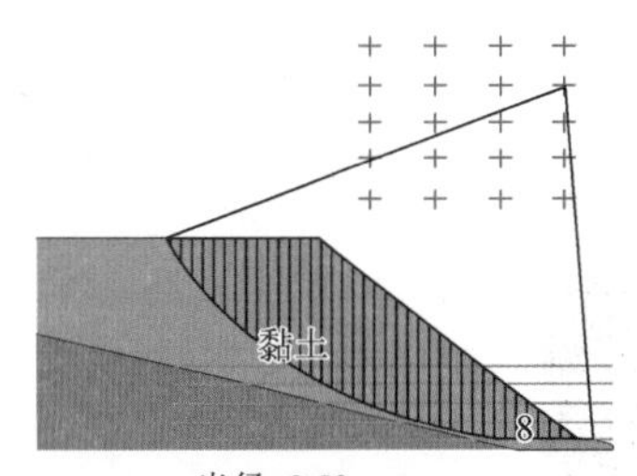

图 9.24　下部边坡最危险圆弧滑裂面位置

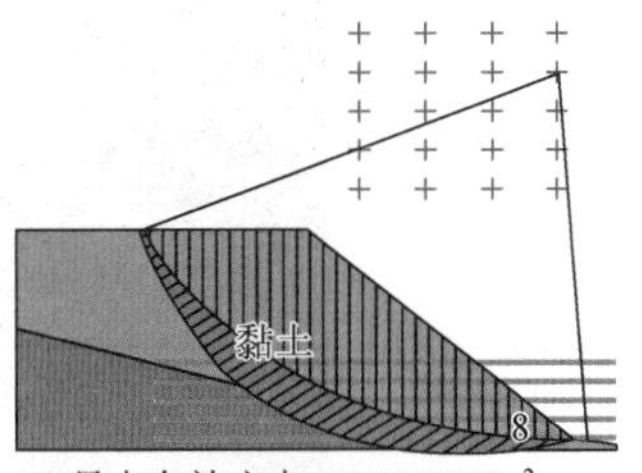

图 9.25　下部边坡最危险滑裂面有效应力分布

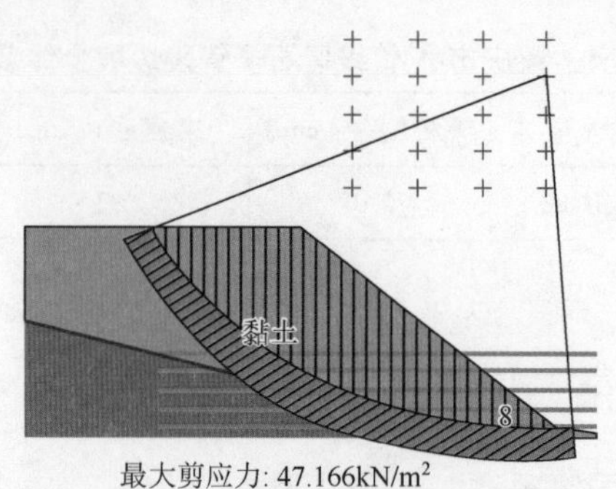

图 9.26 下部边坡最危险滑裂面剪应力分布

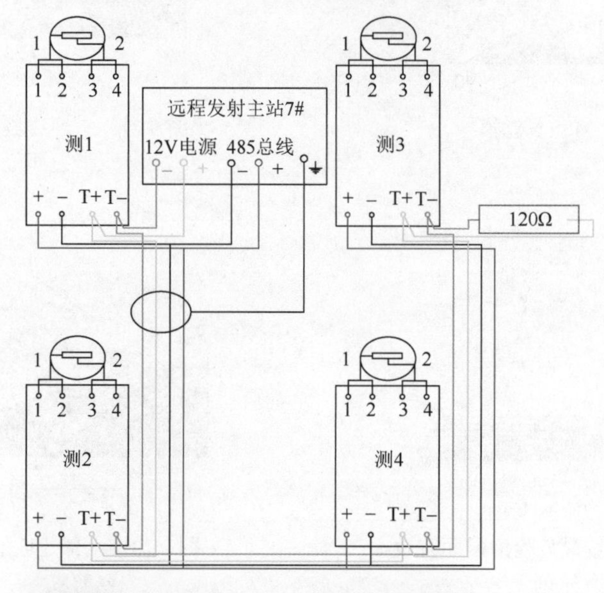

图 9.27 黑石子边坡位移监测布置示意图与现场安装图

从图 9.28 黑石子管段边坡位移现场监测数据可以看出，边坡坡脚的位移较小，最大值仅为 4mm，滑移速率为 0.13mm/d，两项数据均比较小，可以判定，黑石子管段边坡经处理，已趋于稳定，处于安全状态。而坡顶的两个监测点监测数据显示，最大位移达到 20mm，但是这两个监测点的数据波动较大，主要原因可能是该处边坡周边较空旷，风力较大，对边坡位移计造成影响。结合边坡稳定性分析结果，可以判定黑石子管段边坡处于安全状态。

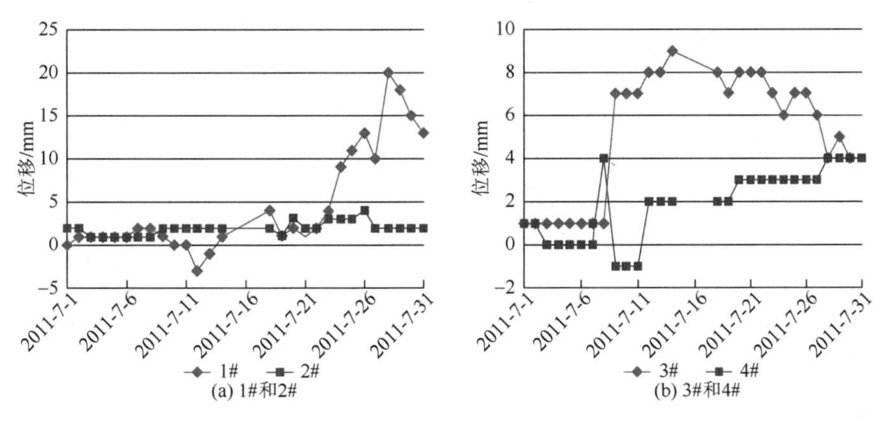

图 9.28　黑石子管段边坡位移现场监测数据

9.4　排水管道结构安全性监测与分析

针对山地城市排水管道的两大类型，即埋地管道与架空管道，根据其破坏模式、破坏机制与相应致灾因子的差异，分别制定相应的监测参数及对应方法。以下分别选取排水干管 A 线工程的典型架空管道与埋地管道说明山地城市排水管道结构性能的监测方法。

以易于安装、低能耗、测试准确、环境适用性好、经济为原则，选取在管道外侧壁安装振弦式土压力计，管道腹板和顶板表面安装振弦式混凝土应变计，土压力计监测边坡对管道的压力，混凝土应变计监测管道在各种荷载工况下的力学响应。

9.4.1　埋地管道结构安全性监测与分析

已建成使用的埋地管道，不便安装监测传感器，若处于高危险边坡区域，或周围有滑坡历史或滑坡迹象，通常结合边坡位移监测评估管道结构安全性。而重庆市排水干管 A 线溉澜溪管段原为架空箱形管道，由于市政道路改造、冲沟回填筑路，原架空箱形管道被掩埋成为埋地箱形管道。管段将受周围覆土产生的土压力，可能由于土压超载而被破坏，或由于回填过程中，土压分布不均匀造成管道过大位移或变形。因此，在溉澜溪段箱形管道侧壁与顶板安装振弦式土压力计，监测回填过程中管道所受土压力；同时，在管道侧壁与顶板安装振弦式混凝土应变计，监测管道的力学响应。此外，回填过程中采用全站仪监测管道竖向与水平位移和变形。土压力计及应变计布置与现场安装如图 9.29 所示。

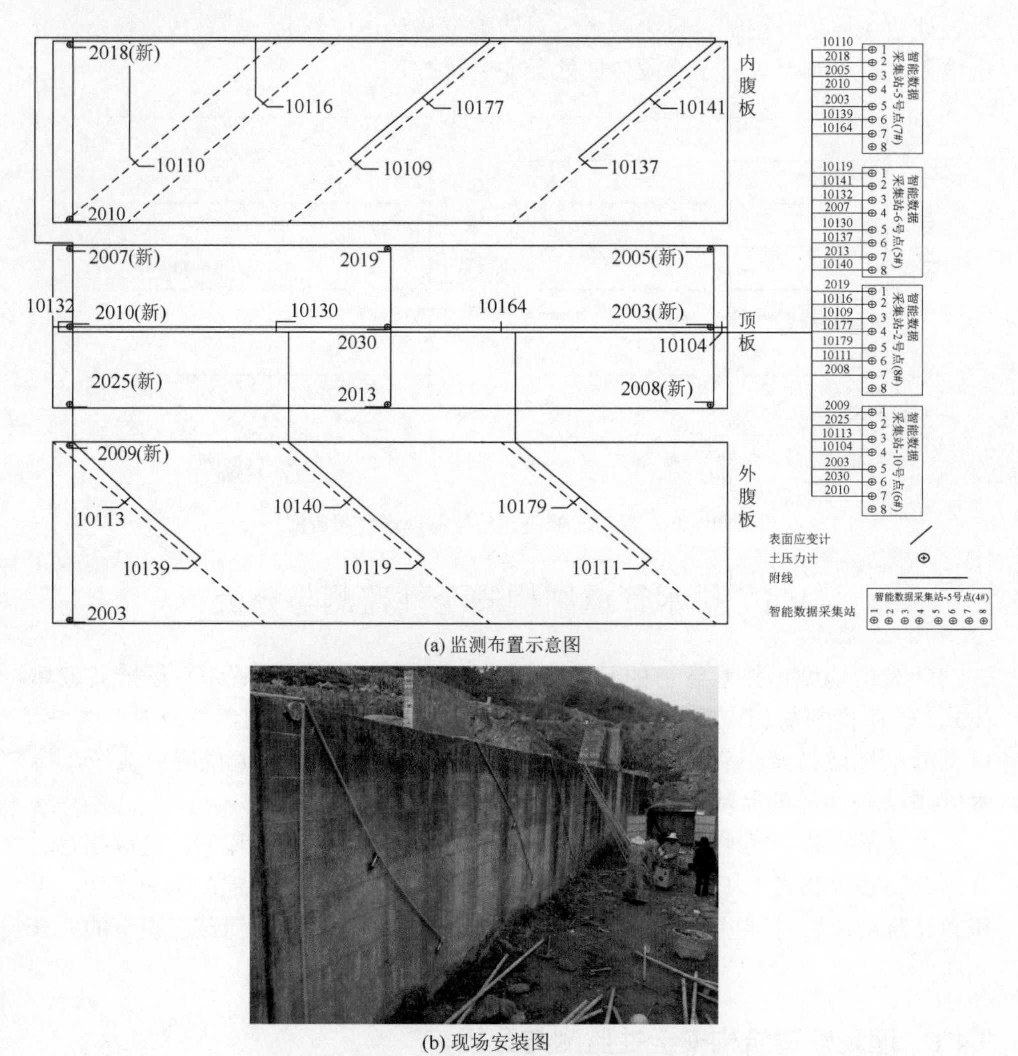

(a) 监测布置示意图

(b) 现场安装图

图 9.29　溉澜溪管道监测布置示意图与现场安装图

图中数字为传感器编号

图 9.30 和图 9.31 为溉澜溪管段回填后的部分土压力与管道应变现场监测数据。可见，随着管道上路基填土工程的进行，管道上翼板土压力与混凝土应变不断增加；当填土高度施工至规划路面标高后，管道上翼板土压力已变化不大，约为 420kPa，管道混凝土的应变也已趋于稳定，最大值约为 430με。管道腹板的土压力由于施工回填料粒径较大，回填不密实，固结尚未完成等，土压

力监测值较小。腹板混凝土既有压应变又有拉应变，但均小于 500με。个别点波动较大，主要由施工车辆的振动对振弦式混凝土应变计的影响所致。

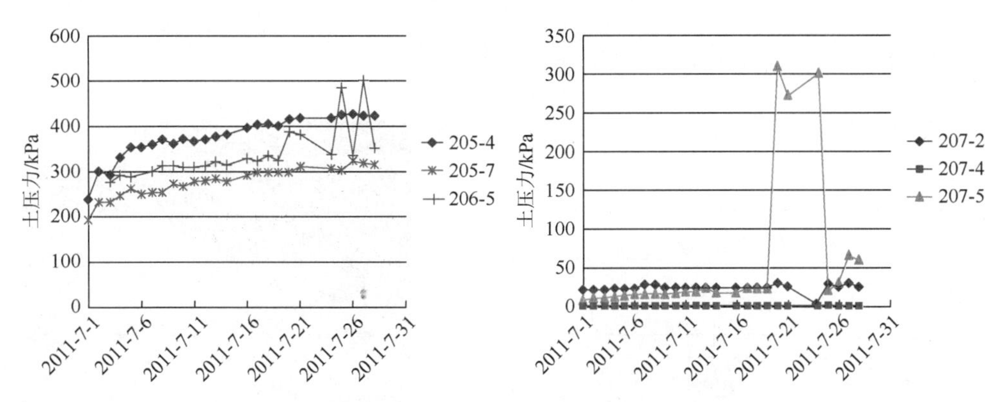

图 9.30　溉澜溪管道顶板和腹板土压力现场监测数据

2. 监测场地（溉澜溪）；4. 通道；5. 采集站编号

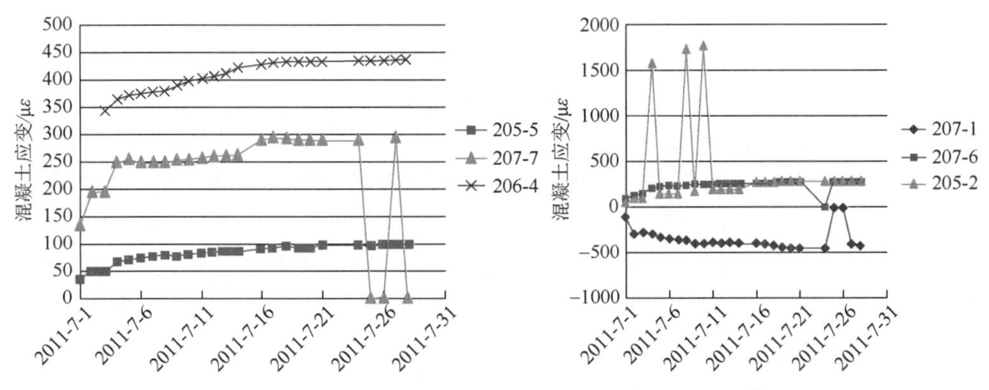

图 9.31　溉澜溪管道顶板与腹板混凝土应变现场监测数据

回填过程中的竖向位移与水平向位移测量数据显示，管道在整个施工过程中变形很小，在允许范围内。

对管道性能进行综合分析可以判定，由于市政道路改造、冲沟回填筑路，原架空箱形管道被掩埋成为埋地箱形管道，经加固，虽然管道表面可能产生极小微裂缝，但对管道的正常运行影响不大。

9.4.2　架空管道结构安全性监测与分析

架空管道可能的破坏机制包括强降雨下管道内压超载、基础不均匀沉降和冲沟洪水冲击等。A 线中，茅溪管段位于排水干管下游，随着管道收集的污水和雨水的增多，可能发生内压超载，对架空管段尤为不利。因此，在架空箱形管道表面安装混凝土应变计，在管道内安装流量监测计。混凝土应变计布置如图 9.32 所示。同时，结合日常巡视，定期进行管道变形与位移检测。

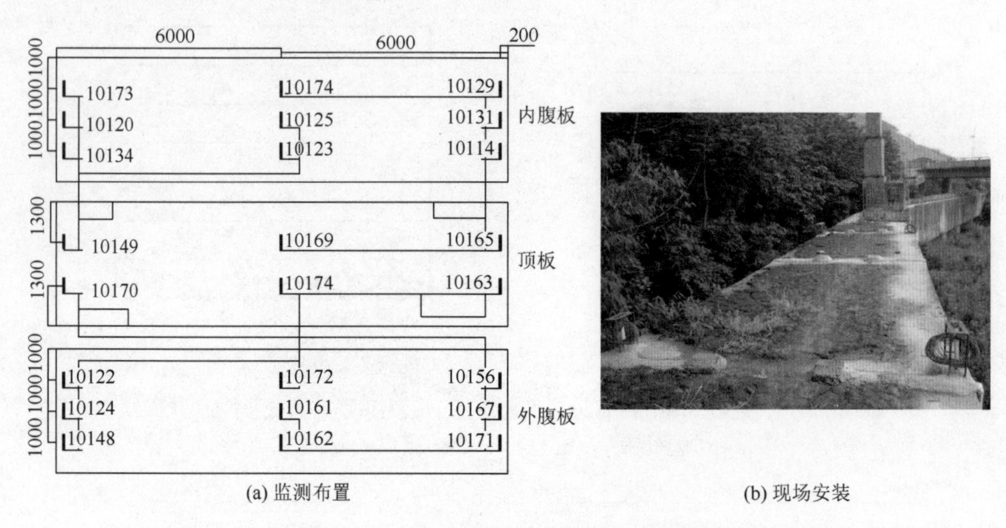

图 9.32　茅溪架空管道混凝土应变监测布置示意图与现场安装图

图中数字为传感器编号

从图 9.33 茅溪架空管道上翼板、外腹板和内腹板混凝土应变现场监测数据可以看出，在正常情况下，管道表面的混凝土应变均比较小，数值在−200～+100με，管道没有表面可见裂缝，全站仪测量表明，管道无整体变形或位移，管道结构处于安全状态。

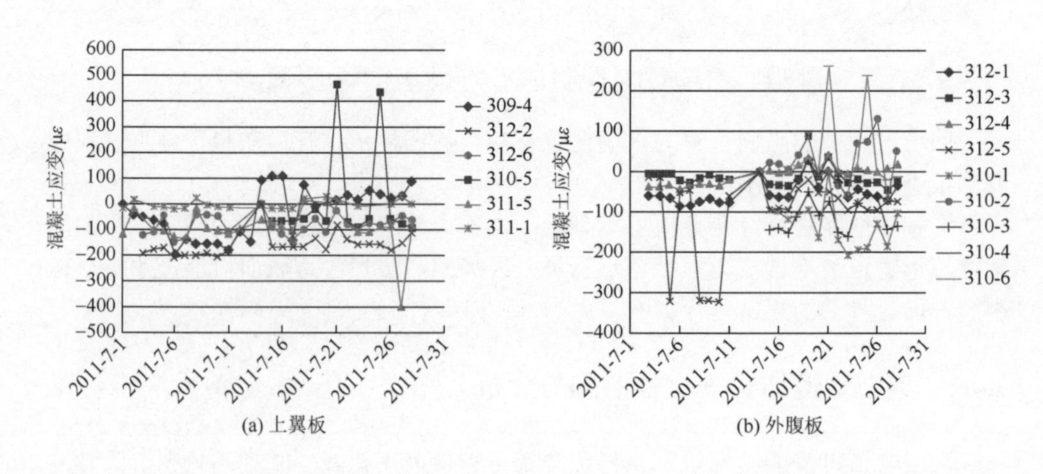

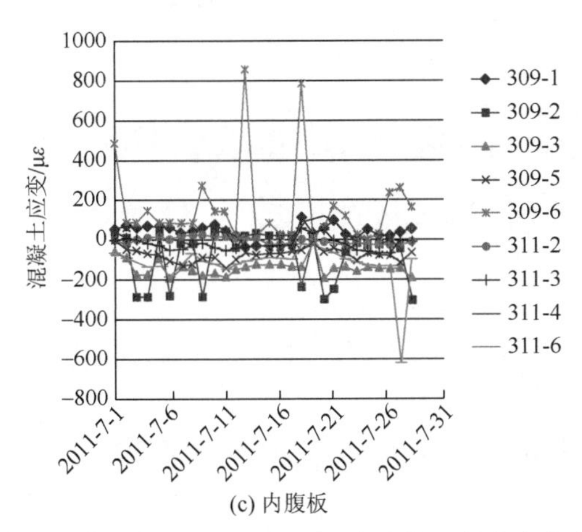

(c) 内腹板

图 9.33　茅溪架空管道上翼板、外腹板和内腹板混凝土应变现场监测数据

9.5　其他信息的监测

除前述对边坡位移、管道结构的变形与整体位移、土压力进行监测外，还需对管网所在区域其他影响管网安全的参数进行监测，如雨量、管网流量以及管道内可燃易爆气体浓度等。

持续降雨和短时强降雨可能引起管道沿线边坡滑坡或引发冲沟洪水，对管道安全构成威胁。可根据管网分布区域的范围大小和灾害性质确定数量与位置设置雨量计，以实时监测雨量。以重庆市排水干管为例，分别针对降雨条件下滑坡与冲沟洪水风险，在管线的上游易发生滑坡的管段（盘溪河入口管段）与下游存在跨越冲沟，有降雨洪水威胁的管段（寸滩管段），各安装一台数字式雨量计，进行雨量实时监测。同时，强降雨还将导致城市排水管网超载，因此可根据管道排水承载力与强降雨下的运行荷载分析，在较危险管段设置流量计，监测管道流量。

城市排水管网，由于污水、淤泥等的淤积极易产生可燃易爆气体[3]，其中最严重的是 CH_4 气体，当其浓度达到 5.5%左右时，如遇火源、高温等外部因素可能发生猛烈爆炸。加之地理条件局限和地下管网布局不合理，许多城市下水道已成为市民身边的“隐形炸弹”。因此，需开发并设置相应监测设备，达到提前预警有效防止管道爆炸的目的。

参 考 文 献

[1] 陈吉宁，赵冬泉. 城市排水管网数字化管理理论与应用[M]. 北京：中国建筑工业出版社，2010.

[2] Fellenius W. Calculation of the stability of earth dams[J]. Transactions of the 2nd Congress on Large Dams, International Commission on Large Dams of the World Power Conference，1936，4：445-462.

[3] 杨凯，吕淑然，杨进. 城市排水涵道油气混合气体爆炸研究现状及展望[J]. 安全与环境工程，2015，22（2）：108-111.

第10章　山地城市排水管网结构安全性监测与管理数字化系统

10.1　排水管网数字化管理系统基本理论与框架

10.1.1　我国城市排水管网数字化管理系统概况

目前，我国大部分城市的排水管网运行管理水平较低，很多城市仍然沿用传统的、依靠图纸甚至人工记忆和经验的管理模式。随着计算机技术的普及和发展，城市数字化排水管网系统成为研究与应用热点。但大多数数字化管理系统尚停留在采用 AutoCAD、Excel 等格式的单个文件分块存储排水管网数据的初级水平，无法体现排水管网的复杂网络特征。部分城市虽然采用了基于地理信息系统（geographical information system，GIS）的管理模式，但专业分析功能普遍较弱，功能单一，侧重管网的地理特征，仅仅实现了基本的排水管网地图显示和日常数据查询功能，缺乏管网运行状况分析、动态模拟、实时监测分析和评估预警等专业功能，不能为保障排水管网安全运行与科学维护管理提供有效量化的决策支持。

随着计算机技术进步，GIS、在线监测和管网模型分析与集成技术不断发展，为解决上述问题提供了必要的技术基础。排水管网的分析需要在具有地理特征的城市下垫面和排水管网系统上进行，分析过程涉及诸多空间数据，如土地利用现状、地面高程图、城市排水管道布置图、管网沿线地形地质条件、管网使用历史与维修维护状况等。GIS 具有较强的空间数据管理、整合、分析和可视化能力，能为城市排水管网模型建立、分析、评估与预警提供所需的参数，并可直观、动态地显示监测、模拟与分析结果，为排水管网系统正常运行、风险分析与管理决策等提供强大的空间分析与多数据源集成功能。

构建排水管网的数字化管理模式也是目前国内外排水管网管理系统的研究和应用热点。排水管网的数字化管理模式综合了 GIS 和专业模型的优势[1, 2]，利用 GIS 提供数据管理和空间分析能力，利用排水管网模型提供专业的计算和分析功能；该模式可以集成管网的在线监测数据，进行动态分析和模拟，从而为排水管网规范管理、运行养护提供科学依据与动态可靠的专业分析平台。

城市排水管网是一个复杂的，包含不确定性、不确知性的大型网络系统，潜在多种事故或致灾因素，管道损伤破坏机制、地质地基条件、荷载工况与水利特征分布复杂且具有时间和空间变异性。仅仅依靠 GIS 的数据库信息系统或简单的数学分析模型无法实现对复杂工况下排水管网的水力特征、荷载工况与管道结构性能等运行状况进行动态模拟、管理与可视化显示，难以有效进行相关排水业务的快速处理、分析评估。因此，迫切需要建立管网信息完整、数据动态更新、在线监测数据与固有空间数据有效融合、业务功能操作简便、软硬件有效配合的数字化管理模式，为有效预警科学应对风险及事故，制订科学完善的养护维修与检测计划，切实为提高排水管网的运营管理和科学决策水平提供切实可行的手段与平台。

10.1.2　地理信息系统基本功能与结构

GIS 是在计算机软硬件支持下，对整个或者部分地球表层空间中有关地理的分布数据进行采集、存储、管理、运算、分析、显示和描述的技术系统。GIS 处理和管理的对象是多种地理空间实体数据及其关系，包括空间定位数据、图形数据、遥感图像数据、属性数据等，主要用于分析和处理一定地理区域内分布的各种现象和过程，解决复杂的规划、决策和管理问题[3, 4]。

GIS 通常具有以下三方面特征：

（1）能够采集、存储、管理、分析和输出多学科、多专业所需的地理空间信息；

（2）能够以地理模型作为研究手段，进行地理信息的空间分析、多要素综合分析和相关参数的动态预测，从而产生更高层次的地理空间信息，为地理研究和决策提供科学支持；

（3）能够利用计算机软件和硬件系统的支持，进行地理空间数据的管理，并利用计算机程序建立常规或专门的地理分析与模拟方法，从而对复杂的地理空间系统进行空间定位和综合分析。

一个完整的 GIS 主要由四部分构成，即计算机硬件系统、软件系统、地理空间数据和系统管理与使用平台。其中，计算机硬件系统、软件系统是 GIS 远行平台，地理空间数据反映 GIS 的地理及相关信息内容，而系统管理与使用平台则直接面向管理人员和用户，决定系统的工作方式和信息表达方式。

1. 计算机硬件系统

计算机硬件系统是 GIS 中实际物理配置的总称，是 GIS 的物理外壳。GIS 的规模、精度、速度、功能、形式、使用方法甚至软件都与硬件有极大的关系，受硬件指标的支持或制约。构成计算机硬件系统的基本组件包括输入/输出设备、中央处理单元、存储器等。这些硬件组件协同工作，向计算机系统提供必要的信息，使其完成任务，也可以保存数据以备现在或将来使用，或将处理得到的结果或信息提供给用户。

计算机硬件支撑平台是整个排水管网数字化综合平台运行的基础，由于当前我国城市加速发展，城市排水管网处于大规模快速延伸和改造状态，所以，城市排水管网数字化建设中的硬件支撑平台应具备可持续升级与扩展性，需满足排水管理部门现在和将来的业务需要。通常，排水管网数字化平台建设中的硬件支撑平台在功能上可分为管网在线监测平台、信息网络平台、数据存储平台和监控中心的大屏幕展示平台，涉及监测、通信、网络、安全和服务器等多方面内容。

2. 软件系统

GIS 运行所需的软件系统包括：计算机系统软件、地理信息系统软件及相关支撑软件和专业应用分析程序。其中，计算机系统软件是由计算机厂家提供的、为用户使用计算机提供方便的程序系统，通常包括操作系统、汇编程序、编译程序、诊断程序、库程序，以及各种维护使用手册、程序说明等，是 GIS 日常工作所必需的软件。地理信息系统软件及相关支撑软件既包括通用的 GIS 软件包，也包括数据库管理系统、计算机图形软件包、计算机图像处理系统、CAD 等，用于支持对空间数据的输入、存储、转换、输出和与用户接口等操作。专业应用分析程序是为系统开发人员或用户根据地理专题或区域分析模型编制的用于某种特定任务的程序，是系统功能的扩展与延伸。应用分析程序作用于地理专题或区域数据，构成 GIS 的具体内容，这是用户最为关心的真正用于地理分析的部分，也是从空间数据中提取地理信息的关键。用户进行系统开发的大部分工作是开发应用分析程序，而应用分析程序的水平在很大程度上决定系统应用的优劣和成败。在 GIS 工具支持下，应用分析程序的开发应是透明的和动态的，并随着系统应用水平的提高不断优化和扩充。

对山地城市排水管网结构安全性监测与预警，专业应用分析程序需实现如下功能：管网沿线自然灾害风险分析与预警（如洪水、滑坡等）、降雨条件下管网排放能力分析、管道结构在各种自然灾害或人为因素下的承载力安全性分析与预警、管道结构在腐蚀条件下的耐久性分析与评估、管道周边边坡危险性区划以及管网在线监测数据的显示、查询等。

3. 地理空间数据

地理空间数据通常是以地球表面空间位置为参照的自然、社会和人文经济景观数据，可以是图形、图像、文字、表格和数字等。地理空间数据是由系统的建立者通过数字化仪、扫描仪、键盘、磁带机或其他系统通信设备输入 GIS，是系统程序作用的对象，是 GIS 所表达的现实世界经过模型抽象的实质性内容。不同用途的 GIS，其地理空间数据的种类、精度均不相同。

山地城市排水管网系统结构安全性分析与预警需包括以下三类信息。

1）排水管网及相关设置在已知坐标系中的空间位置

排水管网及相关设置（包括周边可能对管网结构性能与安全运行产生影响的其他城市管道、基础设施、建筑物与构筑物等）在已知坐标系中的位置即几何坐标，可采用经纬度、平面直角坐标、极坐标等标识。

2）管道、附属设置、监测设备等实体间的空间关系

实体间的空间关系通常包括：度量关系，如两个管段或监测点之间的距离；延伸关系（或方位关系），定义两个地物之间的方位；拓扑关系，如管段之间的连通、邻接关系等，是 GIS 分析中最基本的关系。

3）与几何位置无关的其他管道属性

与几何位置无关的属性即通常所说的非几何属性或简称属性，是与地理实体相联系的地理变量或地理意义。属性分为定性和定量两种。定性属性如管道材质、管网沿线边坡地形地质条件、监测传感器类型及其特性等；定量属性包括数量、安全性、耐久性等级，如管径、管段长度、边坡面积或体量、雨量、流量、位移、管道安全性、耐久性等级、边坡危险性区划等级等。任何地理实体至少有一个属性，而 GIS 的分析、检索和表示主要是通过对属性的操作运算实现的。因此，属性的分类系统、量算指标对系统的功能有较大影响。

4. 系统管理与使用平台

GIS 从设计、建立、运行到维护的整个生命周期，处处都离不开人的作用，GIS 的具体功能和表达方式在很大程度上取决于用户的需求。仅有系统软硬件和数据还不能构成完整的 GIS，还需要建立面向用户需求的管理与使用平台，以便管理者与用户进行系统组织、管理、维护和数据更新，以及系统扩充完善、应用程序开发，并灵活采用地理分析模型提取多种信息，为研究和决策服务。

10.2　系统建设内容与总体架构

10.2.1　系统建设内容

不同城市的排水管网现状和管理部门的体制与职责不同，对于排水管网的数字化建设需求也不同。山地城市排水管网结构安全性评估与预警数字化管理系统应具有排水管网运行监控、维护管理、评估预警、辅助决策、信息发布等功能，为城市排水管网系统的结构安全性监测、评估、维护、管理、维修决策及应急预警等提供科学的手段与依据，从而有力保障城市排水管网系统的安全运行。

城市排水管网数字化管理系统应综合运用当前先进的信息化管理手段，包括 GIS、在线监测、网络通信及排水管网模拟与性能分析等，建立长期、有效、动态

管理排水管网大量空间数据和属性数据的基础平台，并综合开发各种业务处理和专业分析模块，最终形成一个具有连接排水管理部门各业务单元信息、数据存储管理和预警与决策分析等多种功能于一体的“排水管网结构安全性综合管理平台”。因此，排水管网结构安全性数字化管理系统是一个集大型数据库、复杂专业模型、分析软件、硬件系统和用户平台于一体的综合性系统，其主要建设内容包括：综合数据库的建设、排水管网模型的构建、应用软件的开发和用户平台的搭建。

（1）综合数据库的建设主要包括基础地理信息库的建立，在线监测数据的采集，日常监测数据的输入以及数据的存储、更新与管理。对基础数据进行有序便捷的管理是以 GIS 为平台的排水管网结构安全性监测与预警系统的基础，具体包括：数据采集与输入、数据编辑与更新、数据存储与管理、空间数据分析与处理、数据与图形的交互显示[5]。

（2）排水管网模型的构建主要为排水管网数字化管理系统的专业应用模块提供所需的排水管网数学物理拓扑模型，具体包括：排水管网物理模型的初步数字化与图形化、模型参数的标定与识别、模型的验证与完善，以及参数及模型的动态更新等。

（3）应用软件的开发是在综合数据库与管网模型的基础上，向城市排水规划管理部门、水务集团等提供排水管网的水力特征、边坡危险性、洪水冲击、其他人为因素危害、管道腐蚀损伤与承载力性能等运行状况的分析评估、动态模拟、监测预警等功能的核心软件，是真正应用管网地理数据、实现综合地理分析的关键。需要实现的具体功能包括动态监测数据的筛选、历史数据的统计分析、水力特性与排放能力分析、边坡危险性区划、单个边坡稳定性分析、洪水荷载模拟、管道结构安全性与耐久性分析、管网监测预警等。

（4）用户平台的搭建包括相关支撑软硬件平台的搭建以及用户界面设计等。其中，计算机硬件支撑平台是整个排水管网数字化综合平台运行的基础，主要包括管网在线监测网络平台、信息网络平台、数据存储平台和监控中心的大屏幕展示平台，涉及监测、通信、网络、安全和服务器等多方面内容，并需集成相应的计算机系统软件、地理信息系统及相关支撑软件和专业应用分析程序等。而用户界面设计决定了排水管网数字化管理系统的可操作性和适用性，需针对不同层次用户需求进行设计调试和完善。

10.2.2 系统总体架构

基于 GIS 的山地城市排水管网安全运行监测与预警数字化管理系统的总体架构分为三个层次，即数据中心层、数据访问层和服务平台层，每一层次又包含多个软件模块，如图 10.1 所示。各层次功能如下。

（1）数据中心层。数据中心层为整个系统的基础数据层，包括基础地理数据、业务数据和属性数据等，可采用 SQL Server 等作为数据库软件。

（2）数据访问层。数据访问层位于数据层和应用服务层之间，是整个系统的枢纽，实现对基础数据、在线监测数据、巡视管理数据等的统计分析，用于组织、访问、管理和封装管道空间数据与属性数据，并发布地图服务，为面向用户的服务平台提供数据支撑。

（3）服务平台层。服务平台层是整个系统的顶层，面向用户，可利用 ArcGIS Server 发布管道空间信息，在保证数据安全的同时，完成管道系统信息查询、分析、演示、预警等功能。

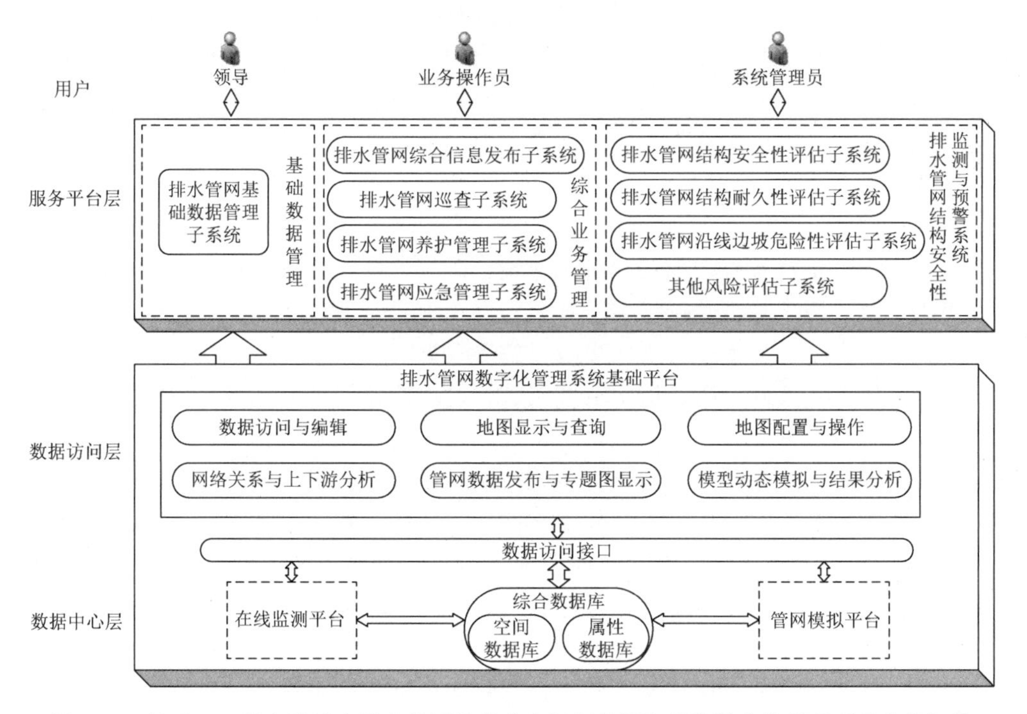

图 10.1　基于 GIS 的山地城市排水管网结构安全运行监测与预警数字化管理系统总体架构

10.3　软件系统总体架构

山地城市排水管网结构安全性数字化监测与预警软件系统涉及数据库技术、GIS 技术、中间件技术、Web 技术、视频技术、排水管网模型分析技术以及系统集成技术等，是一个分布式的复杂软件系统。软件具体功能主要包括：动态监测数据的筛选、历史数据的统计分析、边坡危险性区划、单个边坡稳定性分析、洪水荷载模拟、管道结构安全性与耐久性分析等。还需实现管网数据的查询与管理、管网在线运行的监控与预警、排水管网巡查养护数据的采集分析与查询，以及其他相关综合信息的管理查询与发布等排水管网相关业务功能。

10.4 系统数据库设计与架构

排水管网的数据形式复杂、格式多样，包括：

(1) 排水管网空间地理信息数据，简称管网空间数据，主要包括管网中各种设施（检查井、管道、出水口、泵站等）的地理位置信息，以及管网中各个排水流域的空间分布信息。排水设施基础属性信息，如管道起点与终点的地理坐标、材质、埋深、管径、长度、建设年代、建设单位、养护单位等。

（2）排水管网各类原始资料，包括现状图、设计图、施工图、竣工图等。

（3）日常运营维护与在线监测数据，包括雨量、流量、水位、淤积深度、磨损腐蚀情况、水质监测数据、管道清疏资料、管道变形位移、开裂破坏、边坡位移、管道压力、施工维护记录等。

（4）规划、设计、建设的相关资料，如新扩建规划资料、户线接入业务信息等。

（5）历史资料数据，如排水管网建设、破损、断裂、维修更换历史情况、历史集水情况、历史降雨数据等。

（6）洪水分析、退水分析、事故应急等数据资料。

（7）边坡危险性分析、历史滑坡记录、边坡位移记录、边坡治理资料等。

面对大量、复杂、多形式、动态更新的排水管网数据，需设计并建立统一的综合数据库。在此基础上，建立完备的排水管网数字化编辑操作工具，以维护排水管网各类数据的网络拓扑关系的完整性和数据的一致性。同时，需将业务数据、排水管网资产信息以及排水管网模型模拟数据等属性数据与排水管网空间数据有机地融为一体，建立管网属性数据与管网空间数据的动态关联，进行一体化的管理。

排水管网综合数据库是整个数字化管理系统的重要支撑，是各种类型数据存储、管理和共享的基础。目前，可供 GIS 使用的数据源包括野外测量数据、现有地图资料、摄像和遥感图像数据、运用全球定位系统（GPS）和惯性测量系统（ISS）等现代定位技术获得的数字信息，以及经统计调查获得的文字和数字表格等。这些数据主要分为排水管网及其附属设施的基础空间数据、属性数据与运行管理数据三类。

排水管网系统是一个数据量大、拓扑关系复杂的网络系统，处于不断地更新、改造和扩展中，且排水管道多埋藏于地下，数据普查和动态管理难度大。因此，排水管网综合数据库的设计应遵循以下原则：结构可扩充性、拓扑可维护性、数据完整性、空间与属性可关联性、空间数据多源性、数据编辑并发性和数据安全性。

排水管网基础数据库除应具备基本的数据编辑操作功能外，还需提供管网数据处理保障机制，包括编辑操作的回退重做、日志记录和用户权限管理，使不同部门以及不同级别的用户，对应不同级别的操作权限，从而保证数据操作的便捷以及安全可靠。

运行管理数据本质上也属于管网属性数据，因此管网属性数据根据管理业务性质可分为基础属性数据、资产属性数据、规划设计数据、现状模拟数据、分析评估数据、在线监测数据、巡查养护数据和维修历史数据等。基础属性数据用以描述检查井、管道高程、埋深、管道结构类型、材料性质以及管道长度、高度、宽度、半径等管网设施最基本的属性数据，还包括管道周围边坡地形地质情况、构筑物、建筑物等信息。资产属性数据管理检查井、管道等设施的各种资产信息，包括建设单位、施工时间、管理部门等信息。规划设计数据存储管网在规划设计时的信息数据，包括管道设计管径、设计承载力、设计流量、设计坡度、设计充满度等信息。现状模拟数据针对现状管网及边坡建立力学与数学分析模型，经模拟分析得到的管网运行状况数据结果，包括管道的应力、变形、管道流量、土压力等管道结构性能与荷载工况数据以及边坡危险性等级、管网排水能力安全性等级与管道结构安全性、耐久性等级等分析评估结果。在线监测数据是通过在线监测设备采集到的数据，包括土压力计、边坡位移计、应变仪、全站仪、雨量计、流量计等设备实时现场监测数据。巡查养护数据是管网在正常运行过程中产生的大量现场巡查与养护信息，包括巡查工单、养护工单、巡查线路、养护记录、巡查过程中文字与图片信息等。维修历史数据是管网运行历史中破损、维修、更新等历史记录，包括破损状况的数据、文字、图片记录，维修、更新的时间、数据、文字和图片记录等。

此外，排水管网 GIS 的空间数据和属性数据还应具备编辑与动态更新功能。对于图形数据，GIS 一般具备图幅定向、文件管理、图形编辑、拓扑关系生成、图形修饰与几何计算、图幅拼接、数据更新等编辑功能；对于属性数据，GIS 一般采用关系数据库管理系统管理，以实现对属性数据的修改、添加、删除和查询等操作以及对属性数据表结构的修改。

10.5　管网模型构建

通常，排水管网数字化管理系统的多个专业应用模块需要结合排水管网数学拓扑模型，才能实现相应的模拟分析与评估功能。例如，排水管网规划工作中的规划方案审核评价、排水系统布局优化设计等，需在排水管网模型基础上针对相应目标函数的动态分析才能得到科学合理的结论；在排水管网防汛抢险工作中，利用排水管网模型的多情景分析计算和对比功能可以辅助防汛抢险预案的制定，通过对应急预案的模拟分析与优化调整，可以提高预案的科学性与合理性。排水管网安全运行监控与管理，需基于排水管网的力学与数学模型，进行管道结构力学性能、边坡危险性、管网排放能力等进行相关分析与评估，并根据安全性阈值进行有效预警，科学指导管道结构的管理、维护、应急与更新。

排水管网模型构建主要包括模型初步构建、模型参数的识别与动态更新、模型的验证与动态更新等三部分工作，三部分相互衔接，互为支撑。

10.5.1 模型初步构建

模型初步构建主要是根据排水管网的相关空间数据和属性数据，针对具体分析功能和要求建立相应的拓扑分析模型。具体包括：针对管网排放能力分析的管网建模，需进行管网节点的汇水区划分，构建“节点-管线-汇水区”之间的网络对应关系与适于排放能力分析的数学模型；针对管网结构安全性分析与评估的管网建模，需根据管道架设方式（架空管道、埋地管道、埋地架空管道）、管道材料（钢筋混凝土管道、钢管道和 PVC 管道等）、管道级别（干管、支管等）以及荷载工况（冲沟洪水区域、沿江区域、危险边坡区域、基础沉降区域、管道外部土压力超载区域等）等的不同，建立管道“节点-管道类型-荷载工况”的对应关系与适于承载力、变形等的力学分析模型；针对管网沿线边坡危险性分析，则需依据边坡地形地质、岩层节理等条件，进行边坡区段划分，建立“管网节点-边坡区段-危险性等级”的对应关系及边坡危险性评估模型。此外，管网分析模型还包括针对管网结构耐久性与其他随机事件的分析建模。

总体而言，在基于 GIS 技术的山地城市排水管网模型构建过程中，需首先利用 GIS 的空间查询和选择工具从排水管网数据库中提取待建模区域内的管网数据，进而将排水管网空间数据和属性数据导入模型系统，建立排水管网的骨架结构模型。

通常需针对分析内容与目标对管网分析域进行分类与离散，即将整体研究区域依据关键特征参数和作用因素划分为若干子域，利用 GIS 的空间统计功能和图层叠加功能可以辅助各分析子域的自动划分，进行子域分析。其中，关键参数与主要作用因素的选取、区域划分方式及其离散程度对模型分析结果的合理性与准确性具有重要影响，可结合参数识别、模型验证不断加以调整和完善。此外，在子域初步分析基础上，还可根据结果的精度和需求进一步增加分类指标，细化分析区域，提高模型分析预测的准确性与合理性。对于高危边坡，可进一步结合现场监测和检测数据，进行单个边坡危险性的精细化分析。

10.5.2 模型参数的识别与动态更新

参数的识别与标定是模型确立与应用的前提和基础。山地城市排水管网结构安全性分析、评估与预警具有不确定与不确知性，其不确定与不确知性体现在输入参数、分析模型与输出结果三个阶段。其中，输入参数的不确定性主要源于模型分析参数、在线监测数据、现场检测数据以及预警阈值等。而不确知性源于人们对物理世界认识的不足，对参数变化的物理规律、机制等的了解尚不充分。由于管网分布的空间性、使用环境与工况的时间变异性与复杂性、管道类型与材料的多样性、管网设计使用的基础资料不完备性等，模型所需分析参数常常不能全部获取，所以需根据人为经验、历史状况、定性理论、类似使用条件下其他管道使用状况、实验室简化模型试验等予以简化取值。

在线监测、现场检测乃至实验室模型试验，往往受监测、检测和试验设备精度、成本、规模以及人员操作等的影响，导致所获取参数与实际情况有差异，且往往采用有限样本的数据统计结果代替具有复杂空间和时间变异性的实际参数，从而造成监测、检测与试验数据的不确定性。

参数不确定性将影响模型结果的合理性以及模型本身的完备性与合理性，而监测与检测数据的不确定性将导致分析、评估、预警等输出结果的不确定与不准确。因此，可针对参数不确定性的程度采用相应的处理方法，常用的方法如下。

1. 参数的确定性标定方法

对于时间或空间变异性较小、容易测量、样本容量较大、变化规律明确或使用过程中波动性较小的参数，如管长、管道截面尺寸、埋深、材料性质、边坡坡度等，可以忽略其不确定性而视为确定性参数。这类参数可通过 GIS 中的综合数据库直接提取。对于空间分布规律或时间变化特征较明确的参数，还可根据测量或监测情况，结合理论与工程经验，建立简化的确定性空间分布或时间过程模型，如根据管材和年代的不同，可以分类设定管道内壁的曼宁系数，根据汇水区域的地形地貌地质特征，分类选取径流系数等。

2. 考虑不确定性的概率统计方法

排水管网所涉及的参数大多具有时间或空间变异性，对于变异性大而监测或检测样本充足的数据，概率统计方法是量化参数及其变异性的有效方法。例如，对管网排放能力与降雨滑坡风险分析，可通过对当地降雨历史记录的统计分析获得降雨极值分布、各类累计概率分布及其相关参数、建立暴雨强度公式及其相关参数等；对管道流量流速分析，则可通过对运营过程中管道流量的持续监测，统计分析流量的波动规律，并与雨量分析模型和雨量监测数据对比，修正完善雨量、流量分析模型。

基于概率统计方法的参数的识别与标定，既可以采用概率分布模型或更为复杂且完备考虑空间或时间变异性的随机场（随机过程）模型，从而全面体现参数的变异性，也可以采用统计特征值（均值、方差或其组合）的方式，给出参数的波动范围。其中，随机场模型能较为全面地描述管网结构性能空间变化的不确定性以及山地城市管网沿线地质条件、荷载工况、水力特性等内部外部条件的空间变异性，但由于对数据量的要求，通常难以确立相关参数建立相应模型；采用概率密度函数或累计分布函数的全概率方法相对简单，但涉及管网性能可靠性的全概率分析，计算过程复杂，不宜工程使用。因此，通常可采用统计特征值（通常可以均值或均值加方差的组合）描述参数不确定性。

3. 定性与定量结合的半经验半统计法

由于管网结构在空间与时间分布上的复杂性，许多参数无法定量测量，理论与测量技术有限，对其变化机制也往往不够清楚，即参数存在不确知性。对这类不确定和不确知参数，则可结合工程经验、有局限的理论知识、有限或间接的测量数据，采用定性判断与定量分析相结合的半经验半统计法，如边坡危险性区划方法、降雨滑坡危险性阈值的确定、管道耐久性评估方法等。通常，这类阈值或分类参数都以一定范围的方式给出，以最大限度地覆盖参数的可能变化范围。

4. 基于贝叶斯定理的动态更新方法

贝叶斯定理是对不确定事物发生概率的统计推断方法，即当不能准确知悉一个事物的本质时，可以依靠与事物特定本质相关的事件出现的频率推断其本质属性的概率。也可描述为：支持某项属性的事件发生得越多，则该属性成立的可能性就越大。

若随机事件$A_i(i=1,\cdots,M)$互斥且完备，则A_i称为简单事件。贝叶斯定理描述了事件B发生条件下，事件A_i发生的概率，即

$$P(A_i \mid B)=\frac{P(B \mid A_i)P(A_i)}{\sum_{j=1}^{M}P(B \mid A_j)P(A_j)} \tag{10.1}$$

式（10.1）提供了根据事件B发生的信息更新A_i的先验概率$P(A_i)$的机制。式中，$P(A_i|B)$为事件B发生后事件A_i的后验概率（或更新概率）；$P(B|A_i)$为假设事件A_i发生后事件B发生的概率，又称似然函数。

贝叶斯定理是对概率的主观性揭示，认为概率赋值是“对人们认知状态的量化表示”[6]。贝叶斯定理中，先验分布可不必有客观依据，可以部分或完全地基于主观观念。而后验分布是根据样本分布和未知参数的先验分布，采用概率论中求条件概率的方法，求出在样本已知条件下未知参数的条件分布。贝叶斯定理统计推断的关键是任何推断都必须且只需根据后验分布，而不再涉及样本分布。因此，贝叶斯定

理作为分析工具，可将关于相对频率与主观判断等的不同知识予以结合，并可根据与概率估计相关的新近获取的信息更新人们的认知状态。

实际应用中，可根据已有经验、历史数据、类似现象等预先给出参数的分布形式（即先验分布），而后采用贝叶斯定理，根据监测、检测或数值分析结果对有关概率分布（或参数估计）的主观判断（先验分布）进行如下修正：

$$F(\theta|D)=\frac{F(D|\theta)F(\theta)}{\int f(D|\theta)f(\theta)\mathrm{d}\theta} \tag{10.2}$$

式中，$F(\theta)$为服从参数为 θ 的先验分布；$F(\theta|D)$为根据监测、检测或数值分析结果得到的参数 θ 的后验分布；$f(D|\theta)$为似然概率密度函数，表示参数对随机现象的影响程度。

10.5.3　模型的验证与动态更新

排水管网工作状况、运行性能分析模型是人们根据管网结构、使用历史条件及现状、已有理论和经验，针对分析需求，加以抽象化、概念化、简单化、数字化后的物理数学模型，即使对于同一分析对象，分析目的、考虑因素、作用机制不同，模型的简化程度和研究范围也有所不同。例如，进行管网沿线边坡危险性区划时，需将整个管网沿线边坡视为研究对象，因此分析模型侧重于坡度、地层岩性、岩土体结构、地质构造、河流冲刷和人类活动等影响，而忽略具体位置处的岩土参数性质，可采用定性和以经验为主的层次分析模型；进行单个边坡危险性分析时，则需考虑该边坡的岩土参数等具体性质，建立精细化的边坡危险性量化分析模型；进行管道侧向土压超载与内压超载两种不同工况下的安全性分析时，由于失效机制和致灾因子不同，管道分析模型也不尽相同。

管网分析模型同样存在不确定性。受理论水平、数据信息与分析测量手段的限制，模型描述的对象与真实的排水管网物理、力学变化过程势必存在差异。事实上，不可能也没必要完全还原实际管网的全部运行和使用细节。此外，输入参数的不确定性也将影响模型结果的完备性与精确性，管网使用条件，运行状况的空间、时间复杂性与变异性所造成的定量计算的综合性与难度，也使模型计算或预测结果与真实情况有所差异，产生输出结果的不确定性。可见，山地城市排水管网数字化管理系统的输出结果的不确定性是输入参数、分析模型以及分析与评估方法的耦合结果。

因此，需结合动态监测数据、日常巡视、现场检测结果等，对模型分析预测结果进行验证，依据误差分析，修正模型参数与分析模型，而前述贝叶斯定理同样可用于模型的验证与动态更新。

排水管网模型构建过程中，应将 GIS 与排水管网模型集成，充分利用 GIS

的数据库为模型提供基础资料，并尽可能实现模型计算与 GIS 的地图显示、网络分析和统计分析等功能的结合。在模型构建基础上，通过进一步集成开发，可以将模型与相关业务子系统紧密集成，从而实现在各种不同模拟工况下，对管网系统的水力与结构性能变化规律进行动态仿真模拟，为管网现状评估、管网规划布局方案评估及其他排水管网运行问题的分析与辅助决策提供科学的数据支持。

山地城市排水管网结构安全性监测与预警系统模型构建与应用流程如图 10.2 所示。

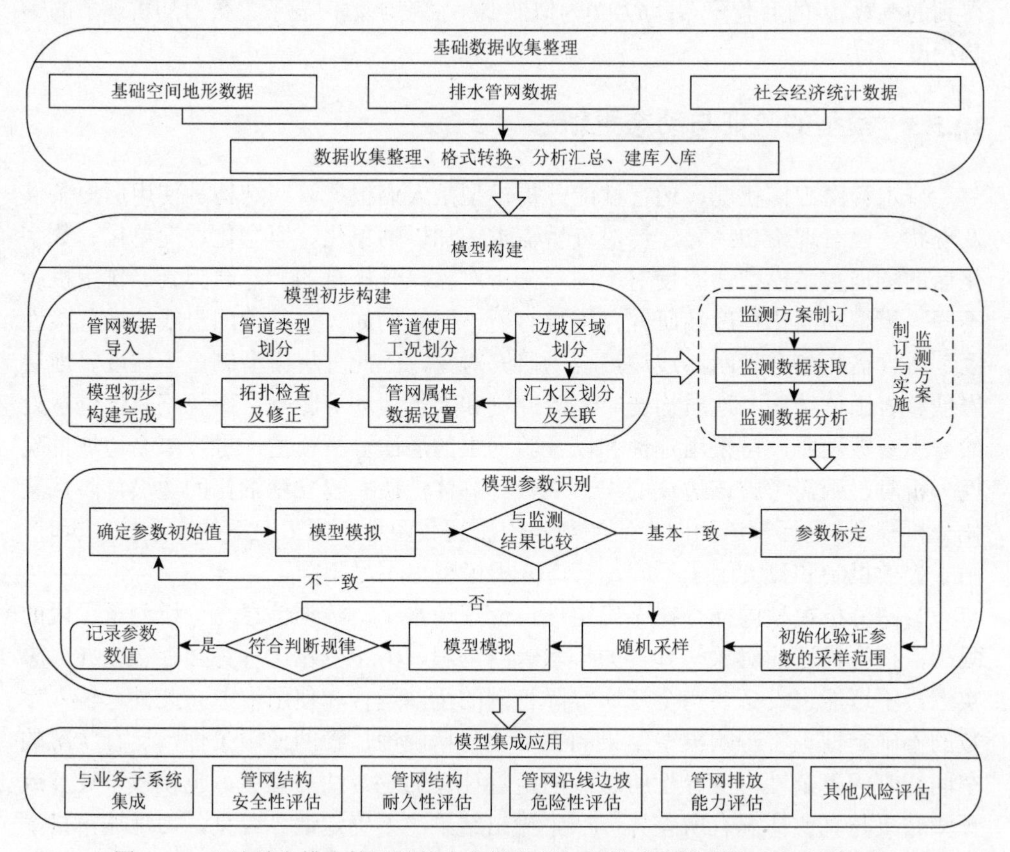

图 10.2　山地城市排水管网结构安全性监测与预警系统模型构建与应用流程

10.6　系统平台设计与应用

山地城市排水管网结构安全性监测与预警数字化管理系统所面向的具体用户包括业务操作员、系统管理员和排水公司、水务部门相关管理人员，需为用户提供便捷的数据录入、查询、图层操作以及多样化的数据显示功能，能够实时显示在线监测数据、分析评估结果并有效预警。在此，以重庆主城排水管网为例，构建重庆主城排水管网结构性安全运行监测与管理系统[7]，其平台功能主要包括七大模块：地图基本操作模块、图层控制模块、管道监测与查询模块、边坡监测与查询模块、管道维护与管理模块、管道耐久性与日常巡查模块以及其他随机事件的风险分析模块等。该用户平台应用图像、数据结合的方式展示管道信息、分析评估结果，综合应用趋势图、柱状图等动态显示管网监测数据的变化趋势。用户可通过互联网进行远程数据实时访问，这一 Internet/Intranet 所特有的优势大大方便了系统数据管理，实现了分布式的多数据源的数据管理和合成。

山地城市排水管网结构安全性监测与预警系统拓扑关系如图 10.3 所示。应用案例重庆主城排水管网结构安全性监控与管理系统总界面如图 10.4 所示。

10.6.1　地图基本操作模块

地图基本操作模块主要针对电子地图进行基本操作，可查询基础地图数据的属性信息，例如：管网沿线道路或建筑物的查询；提供矢量、影像、地形三种地图模式，并可灵活切换底图；提供灵活方便的图形显示操作，包括窗口放缩、漫游、中心放大、中心缩小、按比例尺缩放、概略图显示等；地图工具栏、图层选择、底图切换、地图鹰眼功能。

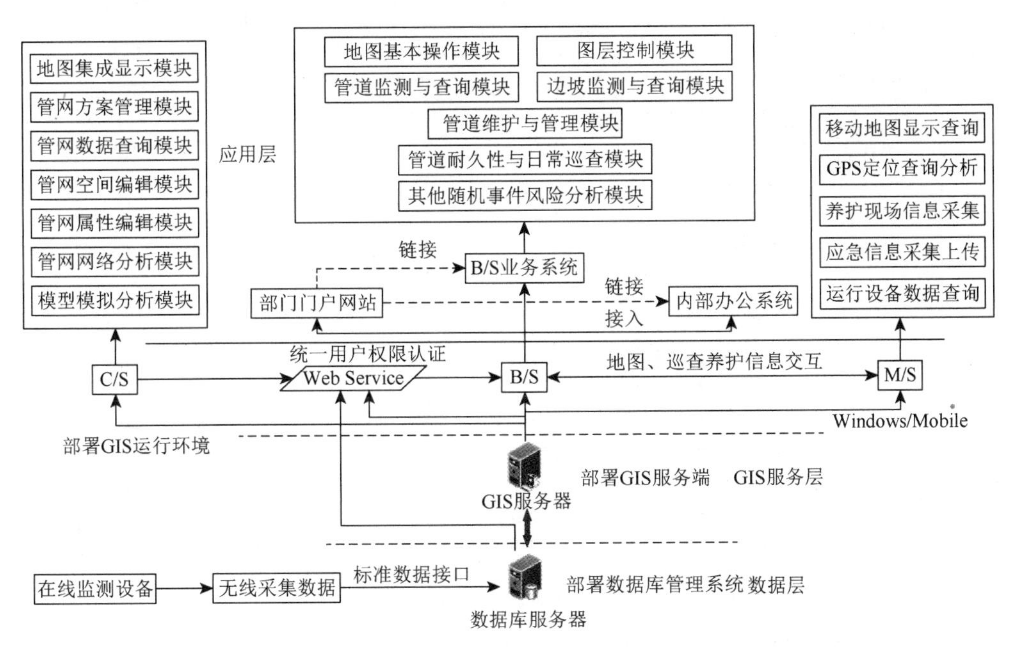

图 10.3　山地城市排水管网结构安全性监测与预警系统拓扑关系

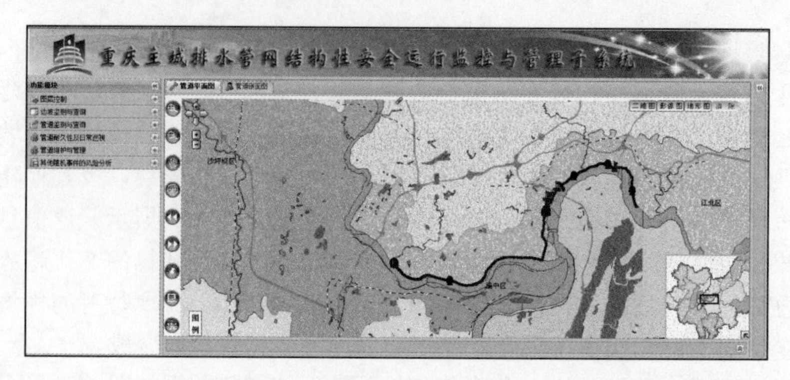

图 10.4　重庆主城排水管网结构安全性监控与管理系统总界面

10.6.2　图层控制模块

图层控制模块主要用于地图内容及图例的显示，并可控制图层的显示与否，包括整个区域的基础地理数据（居民地、工矿用地、交通线、行政区划、水系、注记点、等高线、雨量监测传感器等）、排水管道专题数据（排水管道分布、管道类型、溢流阀分布、检查井分布、管道结构性能监测点及传感器分布，包括流量计、土压力计、应变传感器等）、滑坡专题数据（岩性分布、地质构造、基岩分区、高边坡分布、抗滑桩布置、边坡位移监测点及传感器分布包括地表位移计、深度位移监测传感器、雨量计、土压力计等）等空间数据的显示浏览，图 10.5 和图 10.6 给出了数据浏览菜单。

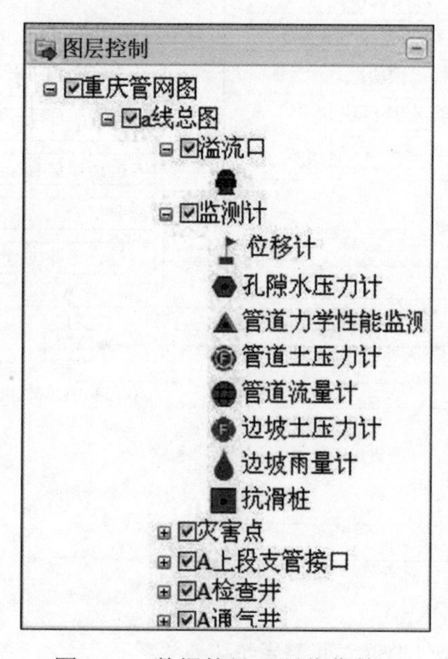

图 10.5　数据的显示浏览菜单 1

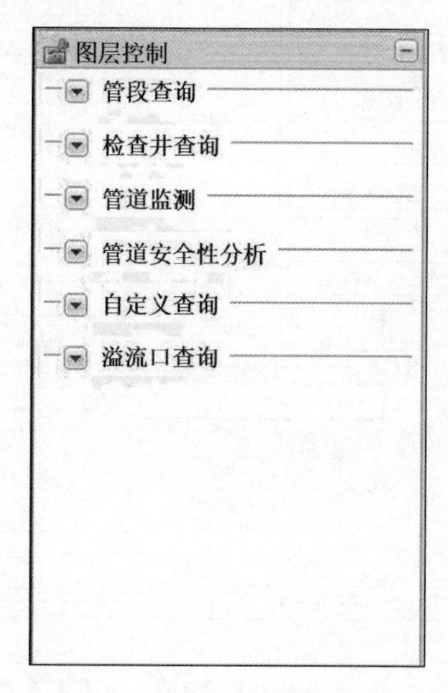

图 10.6　数据的显示浏览菜单 2

10.6.3　管道监测与查询模块

管道监测与查询模块主要通过所提供的多种方式查询管道相关属性及其空间位置，结合管道监测设备实时传输的监测数据（包括雨量、流量、土压力、管道变形等），基于前述各章所建立的管道结构力学性能及风险分析模型，分析预测管道安全性等级，显示管道安全性等级划分图，并进行管道破坏预警。具体包括以下功能：管道基本信息查询、检查井查询、溢流口查询、管道监测数据实时显示与历史数据查询、管道结构安全性分析与预警，并支持管道信息的自定义查询。

可根据管道编号或管道危险等级查询管段信息，包括可查询并图形显示管段地理位置、相关属性、工作情况、实时动态监测信息及危险等级等；可根据管道结构性能监测点位置、监测传感器编号或监测信息属性等不同方式查询管道流量监测、土压力监测与管道力学性能监测的实时数据和历史数据，图 10.7～图 10.9 给出了管道监测实时数据示例；利用管道实时监测与历史数据，采用前述管道结构性能分析模型，结合专家经验，进行管道结构安全性等级评估。可进行单管段安全性分析与管网整体安全性分析。其中，单管段安全性分析是针对指定管段，根据相应管道信息、结合管道力学性能分析模型，分析其安全等级；管网整体分析则由管网全线所有管道的安全等级，根据第 7 章的管网系统安全性等级分析方法，得到管网全线结构安全性等级分布图。

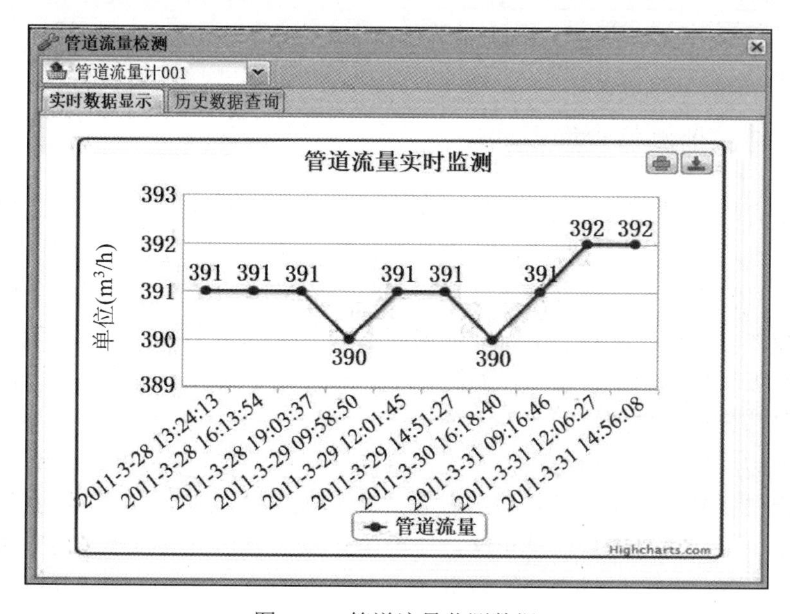

图 10.7　管道流量监测数据

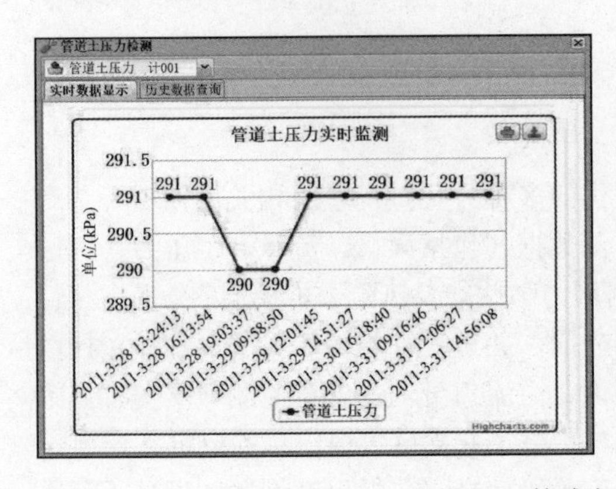

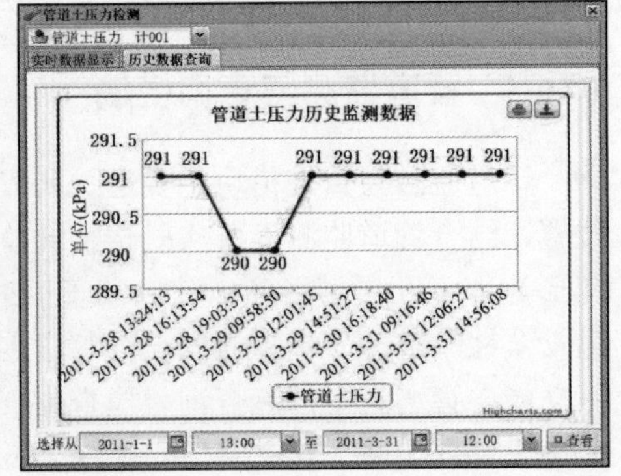

图 10.8　管壁土压力监测数据

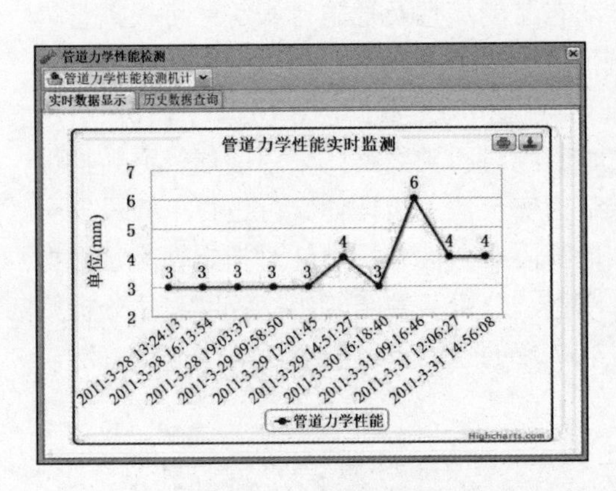

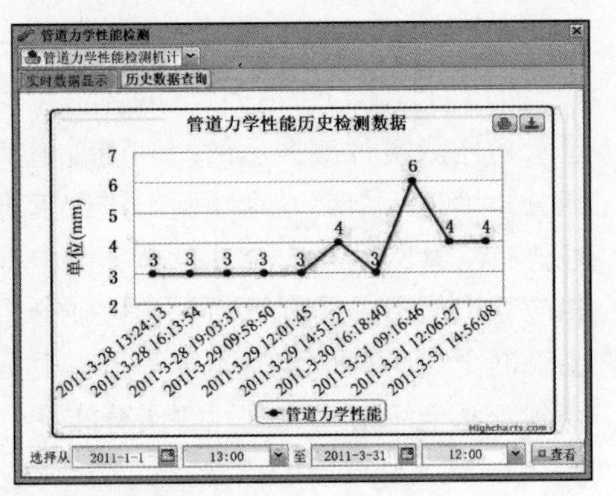

图 10.9　管道力学性能监测实时数据监测

10.6.4　边坡监测与查询模块

排水管网沿线边坡监测与查询模块主要提供：边坡及其相应监测数据的查询与显示、管道沿线区域边坡危险性区划与显示查询、特定边坡单体的稳定性分析与预警。可根据边坡地形地质条件进行排水管网沿线边坡危险性整体分析，确定危险等级区划；根据降雨历史统计数据和实时雨量监测数据，应用第 3 章构建的降雨型滑坡气象预报预警模型，评估不同季节的雨量-边坡灾变概率，进行降雨致边坡危险性分析与预警。

区域边坡危险性分析与预警主要针对排水干管全线，管道周边 50m 范围内的边坡隐患进行整体分析，综合地层岩性、岩土体结构、地质构造、坡度和人类活动等因素，采用改进的层次分析法，应用第 3 章所建边坡危险性区划方法，进行排水管网全线边坡危险性分析，以此确定需重点监测、维护加固与分析的边坡，如图 10.10 所示。

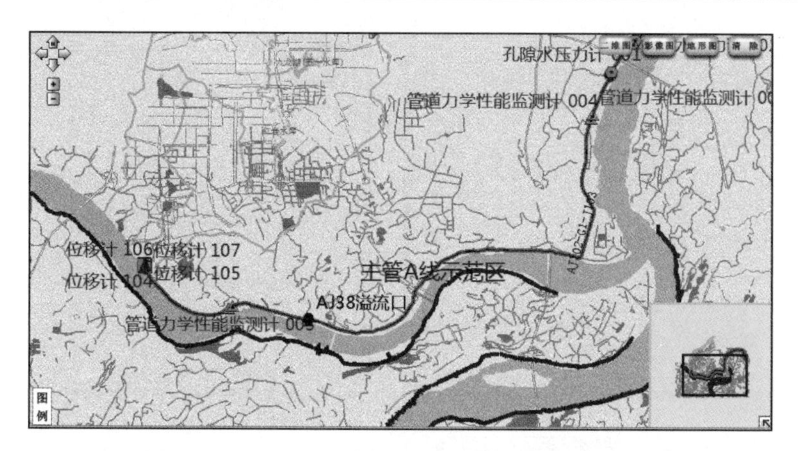

图 10.10　A 线干管危险性区划与监测传感器布置图

边坡及其监测数据显示与查询主要包括雨量、边坡位移、土压力等边坡致灾因子的实时监测数据的显示与查询。系统对各监测数据均每隔一段时间，根据所接收的实时监测数据进行自动更新。用户可选择特定位置或编号的传感器，查询指定时间段内的监测历史数据。图 10.11 和图 10.12 分别给出了监测点分布和雨量、边坡位移与土压力的监测数据示例。

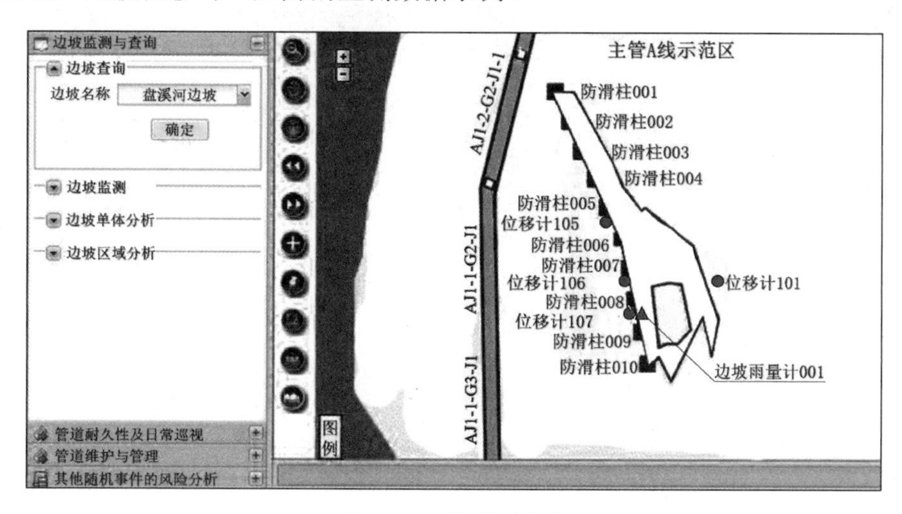

图 10.11　监测点分布

单体边坡危险性分析与预警是针对边坡单体，根据其地形地质条件、位移与降雨等监测数据以及现场观察情况等，采用第 3 章建降雨型滑坡气象预报预警模型，结合专家经验，综合分析边坡安全性等级。可分为非降雨条件和降雨条件两种情况进行边坡安全性等级分析，非降雨条件主要考虑边坡地形地质情况、周边施工荷载情况。根据现场岩土取样得到的岩土参数等，进行边坡稳定性定量分析，

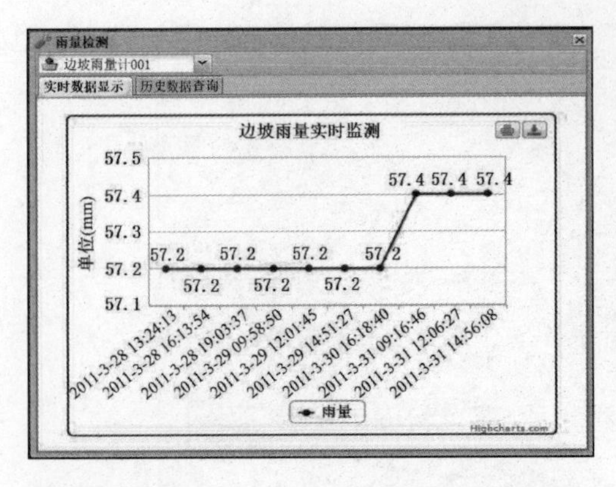

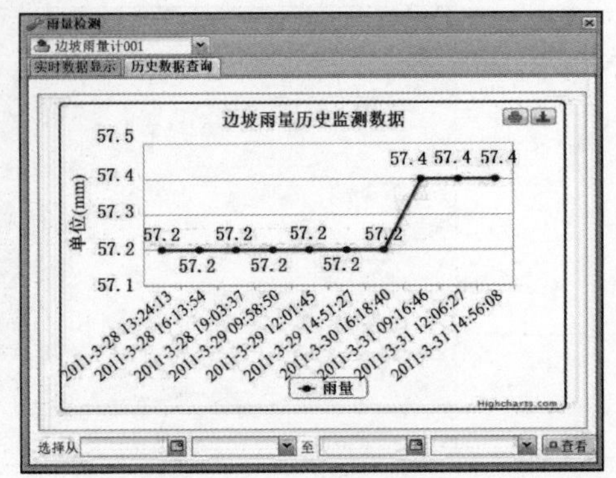

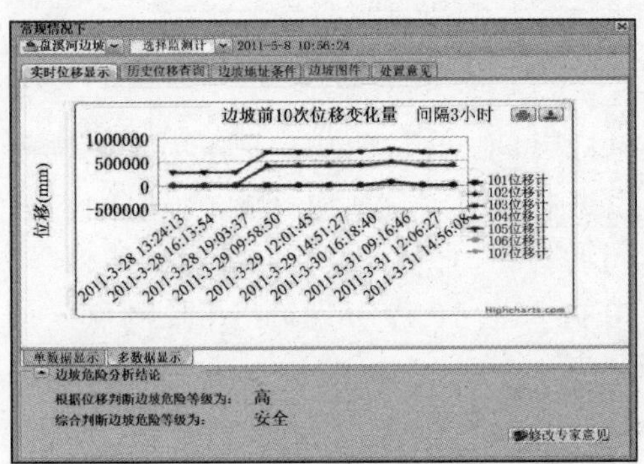

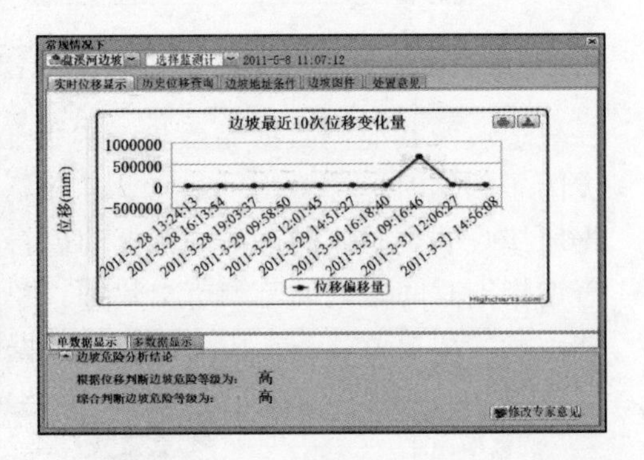

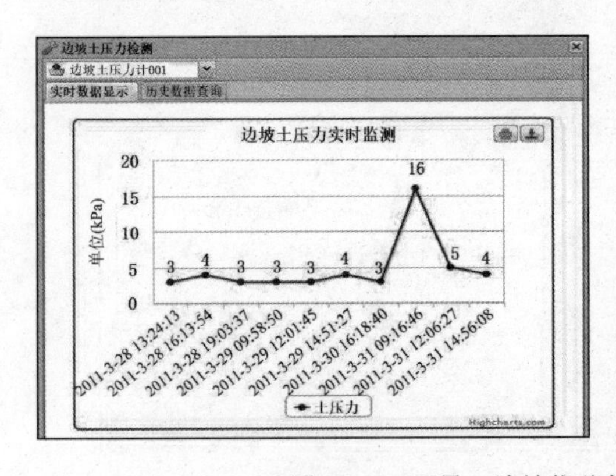

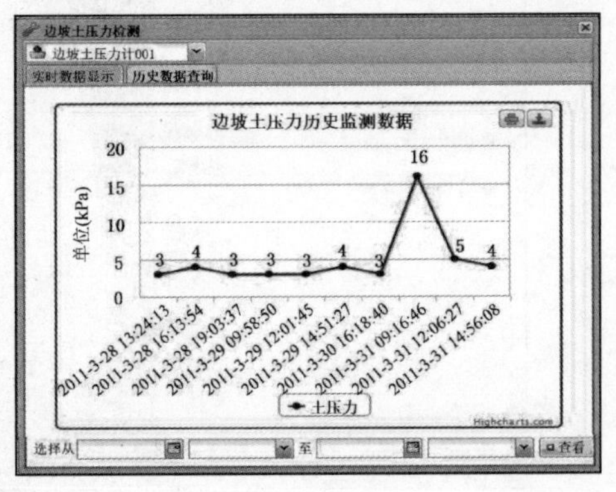

图 10.12　雨量、边坡位移与土压力的监测数据示例

并结合人工现场观察与专家经验，综合判断边坡单体的安全性等级，如对黑石子管段边坡的稳定性定量分析以及对盘溪河入口管段、茅溪管段和大佛寺大桥管段的边坡安全性综合分析。降雨条件下边坡安全性分析主要在前述边坡单体稳定性分析的基础上，考虑降雨对边坡稳定性的影响，应用降雨型滑坡气象预报预警模型，结合专家经验进行降雨条件下单体边坡安全性分析与预警。

10.6.5　管道耐久性及日常巡查模块

管道耐久性及日常巡查模块主要针对管道腐蚀状况及日常巡视结果进行存储、查询和统计。具体包括腐蚀状况查询与日常巡视结果查询两大部分。腐蚀状况查询部分可根据管道编号和腐蚀等级等查询管道腐蚀情况，提供数据、文本、图片和影像信息。日常巡视结果查询是对管道日常巡视结果进行查询、存储与统计等，可根据管道编号或巡查日期进行查询，可按管理需要进行相关数据统计。

10.6.6　管道维护与管理模块

排水管网的维护与管理主要针对此前分析的管道结构安全性、边坡危险性、管道腐蚀状况以及日常巡查的灾害隐患，提供相应的管理、维护、加固与维修建议和措施。例如，针对不同管道腐蚀等级，针对管段相应的材料、施工、结构等信息，提供相应的维护和管理措施建议与成本费用估算。经加固维修或更新后的管段或边坡，该模块还可提供历史维护加固资料。

10.6.7　其他随机事件风险分析模块

针对其他可能造成管网破坏的小概率随机事件，如船舶撞击、不当施工、管道气体爆炸等，该模块提供相应的事件查询、分析功能。具体包括其他随机事件查询与风险分析两个功能。对威胁管道安全的其他随机事件信息，提供三种查询方式：根据管道编号查询、根据风险等级查询和根据随机事件的种类查询。

对管道的其他随机事件风险分析，包括单一随机事件风险分析和综合风险分析。其中，单一随机事件风险分析即针对指定位置或编号的一个或若干连续管段随机事件，根据随机事件的相关参数或现象，结合专家经验和定量分析方法，进行单一随机事件作用下管道的安全性分析。例如，船舶撞击对滨江滨河管道的风险分析，即可参照第 4 章船舶撞击下架空箱形管道的破坏风险方法进行风险分析与预警。

对于多种可能对管道安全造成危害的随机事件并存的问题，需进行管道综合风险分析，即针对指定位置或编号管道，在前述各单一随机事件风险分析的基础上，进行多种随机事件并存下的综合风险分析，可采用层次分析方法或专家经验法。

参考文献

[1] Pullar D，Springer D. Towards integrating GIS and catchment models[J]. Environmental Modelling and Software，2000，15（5）：451-459.

[2] 赵冬泉，王浩正，盛政，等. 城市暴雨管理数字化解决方案[J]. 中国给水排水，2008，24（20）：15-19.

[3] 龚健雅. 地理信息系统基础[M]. 北京：科学出版社，2001.

[4] 周成虎. 全空间地理信息系统展望[J]. 地理科学进展，2015，34（2）：129-131.

[5] 汤国安，杨昕. ArcGIS 地理信息系统空间分析实验教程[M]. 2 版. 北京：科学出版社，2012.

[6] Savage L J. The Foundations of Statistics[M]. New York：Wiley，1954.

[7] 陈朝晖，何强，文海家，等. 重庆主城排水管网系统结构性安全运行与监控管理系统 V1.0：中国，2011SR038497. 2011.